U0682994

电工

（2012年版）

进网作业许可考试

模拟试题

高压类理论部分

本书编委会　组编

浙江人民出版社
ZHEJIANG PEOPLE'S PUBLISHING HOUSE

国家能源局主管
中国电力传媒集团
CHINA ELECTRIC POWER MEDIA GROUP

图书在版编目（CIP）数据

电工进网作业许可考试模拟试题：2012年版．高压类理论部分/《电工进网作业许可考试模拟试题：2012年版》编委会组编．—杭州：浙江人民出版社，2015.3（2017.7 重印）

ISBN 978-7-213-06611-5

Ⅰ．①电…　Ⅱ．①赵…　②电…　Ⅲ．①高电压－电工技术－技术培训－习题集　Ⅳ．①TM-44

中国版本图书馆 CIP 数据核字（2015）第 045644 号

电工进网作业许可考试模拟试题高压类理论部分（2012年版）

作　　者：	本书编委会
出版发行：	浙江人民出版社　中国电力传媒集团
经　　销：	中电联合（北京）图书有限公司　销售部电话：（010）52238170　52238190
印　　刷：	三河市百盛印装有限公司
策　　划：	史同文
责任编辑：	杜启孟　宗　合
责任印制：	郭福宾
网　　址：	http://www.cpnn.com.cn/tsyxzx/
版　　次：	2015 年 3 月第 1 版・2017 年 7 月第 3 次印刷
规　　格：	850mm×1168mm　32 开本・13.125 印张・365 千字
书　　号：	ISBN 978-7-213-06611-5
定　　价：	45.00 元

前　言

为了便于电工进网作业许可考试考生全面掌握知识要点和重点，有针对性地进行考前练习，我们结合 2012 年版国家电力监管委员会电力业务资质管理中心编写组所编的《高压电工进网作业许可考试参考教材　高压类理论部分》，以及 2013～2014 年历次考试共 160 套试卷中的 13760 道考试真题，从中剔除了重复和相似的题型，汇总出 3500 多道具有代表性的习题，按照单选题、判断题、多选题、案例分析及计算题分为 4 类，形成了《电工进网作业许可考试模拟试题高压类理论部分（2012 年版）》。

本书共分为八章：第一章　电工基础知识（12 分），第二章　电力系统基本知识（10 分），第三章　电力变压器（18 分），第四章　高压电器及成套配电装置（20 分），第五章　高压电力线路（8 分），第六章　电力系统过电压（6 分），第七章　继电保护自动装置与二次回路（10 分），第八章　电气安全技术（16 分）。

学员应重点掌握基础理论知识，熟悉各种电器设备的性能和结构，以及日常维护所需要的注意事项。理论考试分为三个能力层次要求，检验应考人员对基本概念、基本原理和基本技能的掌握程度：了解——能正确识别名词、概念、公式、并表述其意义；熟悉——能全面理解基本概念和原理、相关知识间的区别和联系，并能对此作出正确的解释；掌握——能运用基本概念、基本原理和基本技能及相关知识，分析、解决问题。

由于编写时间紧、任务重，本书难免出现差错与不当，敬请广大读者批评指正。同时，在本书的编写过程中得到了各级领导和相关专家的支持与帮助，在此表示诚挚的感谢。

编　者

2015 年 2 月

目　　录

第一章 电工基础知识

一、单选题

1. 带电物体相互作用是因为带电物体周围存在着（　　）。

　　A. 电压　　　　B. 磁场　　　　C. 电场　　　　D. 电晕

2. 电荷的多少和位置都不变化的电场称为（　　）。

　　A. 静电场　　　　　　　　　B. 有旋电场

　　C. 均匀电场　　　　　　　　D. 复合电场

3. 一般规定参考点的电位为（　　）V。

　　A. −1　　　　B. 0　　　　C. 1　　　　D. 2

4. 关于电路中各点的电位与参考点的选择，以下说法正确的是（　　）。

　　A. 各点电位的大小与参考点的选择有关，但正负与参考点的选择无关

　　B. 各点电位的大小与参考点的选择无关，但正负与参考点的选择有关

　　C. 各点电位的大小和正负与参考点的选择都无关

　　D. 各点电位的大小和正负与参考点的选择都有关

5. 电路中两点之间的电位差（　　）。

　　A. 大小与参考点的选择有关，正负与参考点的选择无关

　　B. 大小与参考点的选择无关，正负与参考点的选择有关

　　C. 大小和正负与参考点的选择都无关

　　D. 大小和正负与参考点的选择都有关

6. 电路中任意两点间电位（　　）称为电压（或称电位差）。

　　A. 之和　　　　B. 之差　　　　C. 之积　　　　D. 之商

7. 已知电路中 A 点电位为 15V，B 点电位为 4V，则 A、B 两

1

点间的电压为（　　）V。

　　A. 11　　　　B. −11　　　　C. 19　　　　D. 60

8. 1kV=（　　）mV。

　　A. 10　　　　B. 10^3　　　　C. 10^6　　　　D. 10^9

9. 电流表的量程应（　　）被测电路中实际电流的数值。

　　A. 大于　　　B. 小于　　　C. 等于　　　D. 远大于

10. 若在 3 秒内通过导体横截面的电量为 15 库仑，则电流强度为（　　）安培。

　　A. 3　　　　B. 5　　　　C. 12　　　　D. 45

11. 已知导线中的电流密度为 $10A/mm^2$，导线中流过的电流为 200A，则该导线的横截面积为（　　）。

　　A. $2mm^2$　　　　　　　　B. $20mm^2$

　　C. $200mm^2$　　　　　　　D. $2000mm^2$

12. 若在 5 秒内通过导体横截面的电量为 25 库仑，则电流强度为（　　）安培。

　　A. 5　　　　B. 25　　　　C. 30　　　　D. 125

13. 电流的方向规定为导体中（　　）运动的方向。

　　A. 负电荷　　　　　　　　B. 正电荷

　　C. 电子　　　　　　　　　D. 正电荷反方向

14. 在（　　）中，电动势、电压、电流的大小和方向都不随时间的改变而变化。

　　A. 直流电路　　　　　　　B. 脉动直流电路

　　C. 脉冲电路　　　　　　　D. 交流电路

15. 方向不变，大小随时间有脉动变化的电流叫做（　　）。

　　A. 正弦交流电　　　　　　B. 简谐交流电

　　C. 脉动交流电　　　　　　D. 脉动直流电

16. 测量电路中的电流时，电流表量程应（　　）在该电路中。

　　A. 大于被测电路实际值，并联

　　B. 大于被测电路实际值，串联

　　C. 小于被测电路实际值，并联

D．小于被测电路实际值，串联

17．单位导线截面所通过的电流值称为（　　）。

　　A．额定电流　　　　　　　　B．负荷电流

　　C．电流密度　　　　　　　　D．短路电流

18．流过导体单位截面积的（　　）叫电流密度，其单位符号为A/mm²。

　　A．电压　　　　B．电量　　　　C．电流　　　　D．电荷

19．已知横截面积为 40mm² 的导线中的电流密度为 8A/mm²，则导线中流过的电流为（　　）。

　　A．0.2A　　　　　　　　　　B．5A

　　C．32A　　　　　　　　　　D．320A

20．已知横截面积为 20mm² 的导线中流过的电流为 300A，则该导线中的电流密度为（　　）。

　　A．320A/mm²　　　　　　　　B．25A/mm²

　　C．30A/mm²　　　　　　　　D．15A/mm²

21．横截面积为 1mm² 的铜导线允许通过 6A 的电流，则相同材料的横截面积为 2.5mm² 的铜导线允许通过（　　）的电流。

　　A．0.42A　　　B．2.4A　　　C．15A　　　D．24A

22．（　　）是衡量电源将其他能量转换为电能的本领大小的物理量。

　　A．电流　　　　B．电压　　　　C．电动势　　D．电功率

23．电源是将其他能量转换为（　　）的装置。

　　A．电量　　　　B．电压　　　　C．电流　　　　D．电能

24．在电源内部，正电荷是由（　　）。

　　A．低电位移向高电位　　　　B．高电位移向低电位

　　C．高电位移向参考电位　　　D．低电位移向参考电位

25．电源端电压表示电场力在（　　）将单位正电荷由高电位移向低电位时所做的功。

　　A．外电路　　　　　　　　　　B．内电路

　　C．整个电路　　　　　　　　　D．任意空间

26. 当电路断开时，电源端电压在数值上（　）电源电动势。
    A. 大于　　　　B. 等于　　　　C. 小于　　　　D. 远小于

27. 当电路开路时电源端电压在数值上等于（　）。
    A. 零　　　　　　　　　　　B. 电源的电动势
    C. 电源内阻的电压　　　　　D. 无法确定

28. 电源电动势的大小等于外力克服电场力把单位正电荷在电源内部（　）所做的功。
    A. 从正极移到负极　　　　　B. 从负极移到正极
    C. 从首端移到尾端　　　　　D. 从中间移到外壳

29. 电路闭合时，电源的端电压（　）电源电动势减去电源的内阻压降。
    A. 大于　　　　B. 小于　　　　C. 等于　　　　D. 远大于

30. 电路中，导体对（　）呈现的阻碍作用称为电阻，用参数R表示。
    A. 电压　　　　　　　　　　B. 电量
    C. 电流　　　　　　　　　　D. 电流密度

31. 当导体材料及长度确定之后，如果导体截面越小，则导体的电阻值（　）。
    A. 不变　　　　B. 越大　　　　C. 越小　　　　D. 不确定

32. 当导体材料及导体截面确定之后，如果导体长度越短，则导体的电阻值（　）。
    A. 不变　　　　B. 越大　　　　C. 越小　　　　D. 不确定

33. 流过导体单位截面积的电流叫电流密度，其单位为（　）。
    A. C/mm^2　　B. C/cm^2　　C. A/mm^2　　D. A/cm^2

34. 在电源内部，电动势的方向与电源内（　）的方向相同。
    A. 电流　　　　B. 电压　　　　C. 电场　　　　D. 磁场

35. 用于分析通过电阻的电流与端电压关系的定律称为（　）。
    A. 全电路欧姆定律　　　　　B. 电磁感应定律
    C. 部分电路欧姆定律　　　　D. 基尔霍夫电压定律

36. 已知电路的端电压为12V，电流为2A，则该电路电阻为

（　　）Ω。

　　A．0.16　　　B．6　　　　C．10　　　　D．24

37．用于分析回路电流与电源电动势关系的定律称为（　　）。

　　A．全电路欧姆定律　　　　B．电磁感应定律

　　C．部分电路欧姆定律　　　D．基尔霍夫定律

38．在纯电阻的交流电路中，电流的有效值等于电压的有效值（　　）电阻。

　　A．除以　　　B．乘以　　　C．加上　　　D．减去

39．导体的电导越大，表示该导体的导电性能（　　）。

　　A．不变　　　B．越差　　　C．越好　　　D．不确定

40．导体的电阻越小，则其电导（　　）。

　　A．不变　　　B．越大　　　C．越小　　　D．不确定

41．全电路欧姆定律表明，在闭合回路中，电流的大小与电源电动势成正比，与整个电路的电阻成（　　）。

　　A．正比　　　B．反比　　　C．正弦规律　　D．不确定

42．在闭合电路中，当电源电动势大小和内阻大小一定时，若电路中的电流变大，则电源端电压的数值（　　）。

　　A．越小　　　B．越大　　　C．不变　　　D．不一定

43．已知电源电动势为24V，电源内阻为2Ω，外接负载电阻为6Ω，则电路电流为（　　）A。

　　A．3　　　　B．4　　　　C．6　　　　D．12

44．已知电源电动势为50V，电源内阻为5Ω，外接负载电阻为20Ω，则电源端电压为（　　）V。

　　A．40　　　B．25　　　　C．20　　　　D．24

45．在电阻串联的电路中，电路的总电阻等于（　　）。

　　A．各串联电阻之和的倒数

　　B．各串联电阻之和

　　C．各串联电阻的平均值

　　D．各串联电阻倒数之和的倒数

46．在电阻串联的电路中，电路的端电压 U 等于（　　）。

A. 各串联电阻的端电压

B. 各串联电阻端电压的平均值

C. 各串联电阻端电压的最大值

D. 各串联电阻端电压的总和

47. 几个不等值的电阻串联，则（　　）。

A. 电阻大的端电压小　　　　B. 电阻小的端电压大

C. 电阻小的端电压小　　　　D. 各电阻的电压相等

48. 在电阻串联电路中，各串联电阻上的电流（　　）。

A. 数值不相等　　　　　　　B. 方向相同

C. 方向不同　　　　　　　　D. 不确定

49. 两个电阻串连接入电路，若两个电阻阻值不相等时，则
（　　）。

A. 电阻大的电流小　　　　　B. 电阻小的电流小

C. 电阻大的电流大　　　　　D. 两电阻的电流相等

50. 两个及多个阻值相等的电阻并联，其等效电阻（即总电阻）
（　　）各并联支路的电阻值。

A. 大于　　　　B. 小于　　　　C. 等于　　　　D. 不确定

51. 已知在四个电阻串联的电路中，通过其中一个电阻的电流
为10A，则该电路中的电流为（　　）A。

A. 2.5　　　　　B. 10　　　　　C. 20　　　　　D. 40

52. 在电路中，电阻的连接方法主要有（　　）。

A. 串联和并联　　　　　　　B. 并联和混联

C. 串联和混联　　　　　　　D. 串联、并联和混联

53. 在电阻并联的电路中，电路的端电压 U 等于（　　）。

A. 各并联支路端电压的平均值

B. 各并联支路的端电压

C. 各并联支路的端电压之和

D. 各并联支路端电压的最大值

54. 两个及多个阻值相等的电阻并联，其等效电阻（即总电阻）
（　　）各并联支路的电阻值。

A. 大于 B. 小于 C. 等于 D. 不确定

55. 在电路中，既有电阻的并联，又有电阻的串联，这样的电路称为（ ）电路。

A. 串联 B. 并联

C. 混联 D. 三角形连接

56. 最简单的电路由电源、（ ）和连接导线四部分组成。

A. 电灯和开关 B. 变压器和负荷

C. 负荷和开关 D. 变压器和配电所

57. 开关闭合，电路构成闭合回路，电路中有（ ）流过。

A. 电压 B. 电流 C. 涡流 D. 电功率

58. 在电路中，内阻损耗的功率等于电源产生的功率与负载消耗功率（ ）。

A. 之和 B. 之差 C. 之积 D. 之商

59. 以下关于电功率 P 的计算公式，正确的是（ ）。

A. $P=I^2Rt$ B. $P=W/t$

C. $P=UIt$ D. $W=U^2t/R$

60. 电功率的常用单位符号是（ ）。

A. W B. kWh C. J D. W·s

61. 已知某一设备用电 10h 后消耗的电能为 5kWh，则其电功率为（ ）。

A. 10kW B. 5kW C. 2kW D. 0.5kW

62. 当通过电阻 R 的电流 I 一定时，电阻 R 消耗的电功率 P 与（ ）成正比。

A. 电流 U 的大小 B. 电导 G 的大小

C. 电阻 R 的大小 D. 电阻 R^2 的大小

63. 灯泡通电的时间越长，则（ ）。

A. 消耗的电能就越少 B. 消耗的电能就越多

C. 产生的电能就越少 D. 产生的电能就越多

64. 电路处于（ ）状态时，电路中的电流会因为过大而造成损坏电源、烧毁导线，甚至造成火灾等严重事故。

A. 通路　　　B. 断路　　　C. 短路　　　D. 开路

65. 在纯电阻电路中，交流电压的有效值 U 为 100V，交流电流的有效值 I 为 20A，则有功功率为（　　）kW。

A. 2　　　　　　　　B. 20

C. 200　　　　　　　D. 2000

66. 已知一段电路消耗的电功率为 9W，通过该段电路的电流为 3A，则该段电路的电阻为（　　）Ω。

A. 3　　　B. 3.3　　　C. 0.3　　　D. 1

67. 当通过电阻 R 的电流 I 一定时，电阻 R 消耗的电功率 P 与（　　）成正比。

A. 电压 U 的大小　　　　　B. 电导 G 的大小

C. 电阻 R 的大小　　　　　D. 电阻 R^2 的大小

68. 电路处于断路状态时，电路中没有（　　）流过。

A. 电压　　　B. 电流　　　C. 电阻　　　D. 电功率

69. 已知电路中 A 点电位为 12V，B 点电位为 3V，则 A、B 两点间的电压为（　　）V。

A. −9　　　B. 9　　　C. 15　　　D. 36

70. 电能的常用单位符号是（　　）。

A. W　　　B. kW　　　C. kWh　　　D. W·s

71. 在电路中，负载功率与其通电时间 t 的乘积称为（　　）。

A. 负载产生的电能 W

B. 负载消耗的有功功率 P

C. 负载消耗的无功功率 Q

D. 负载消耗的电能 W

72. 小磁针转动静止后指北的一端叫（　　）极。

A. M　　　B. N　　　C. S　　　D. T

73. 小磁针转动静止后指南的一端叫（　　）极。

A. M　　　B. N　　　C. S　　　D. T

74. 同性磁极相互（　　）。

A. 吸引　　　　　　　B. 排斥

C. 无作用力　　　　　　　　D. 不能确定

75. 异性磁极相互（　　）。

A. 吸引　　　　　　　　　　B. 排斥

C. 无作用力　　　　　　　　D. 不能确定

76. 当两个异性带电物体互相靠近时，它们之间就会（　　）。

A. 互相吸引　　　　　　　　B. 互相排斥

C. 无作用力　　　　　　　　D. 不能确定

77. 规定在磁体外部，磁力线的方向是（　　）。

A. 由 S 极到达 N 极

B. 由 N 极到达 S 极

C. 由 N 极出发到无穷远处

D. 由 S 极出发到无穷远处

78. 磁力线上某点的（　　）就是该点磁场的方向。

A. 法线方向　　　　　　　　B. 正方向

C. 反方向　　　　　　　　　D. 切线方向

79. 磁场中磁力线在某区域的密度与该区域的磁场强弱（　　）。

A. 成正比　　　　　　　　　B. 成反比

C. 成正弦规律　　　　　　　D. 无关系

80. 用右手螺旋定则判定长直载流导线的磁场时，右手握住导线，伸直拇指，大拇指指向电流的方向，则四指环绕的方向为（　　）。

A. 电磁力的方向　　　　　　B. 磁场的方向

C. 电场的方向　　　　　　　D. 电场力的方向

81. 判定通电直导线周围磁的方向，通常采用（　　）进行判定。

A. 左手螺旋定则　　　　　　B. 安培环路定理

C. 右手螺旋定则　　　　　　D. 楞次定律

82. 直载流导线周围磁力线的形状和特点是（　　）。

A. 不环绕导线的椭圆形　　　B. 不环绕导线的同心圆

C. 环绕导线的椭圆形　　　　D. 环绕导线的同心圆

83. 右手螺旋定则可以用于已知磁场的方向来判断（　　）。

  A．电磁力的方向   B．电动势方向

  C．电场的方向   D．产生磁场的电流方向

84．磁通的单位 1Wb（韦）＝（   ）Mx（麦）。

  A．10^4 B．10^6 C．10^8 D．10^{12}

85．表示磁场强弱和方向的物理量是（   ）。

  A．磁通   B．磁力线

  C．磁感应强度   D．电磁力

86．在磁感应强度 $B＝0.8T$ 的均匀磁场中，垂直于磁场方向放置面积 $S＝0.2m^2$ 的平面单匝线圈，则穿过线圈的磁通量是（   ）Wb。

  A．0.16 B．0.25 C．0.32 D．4

87．磁感应强度 B 与垂直于磁场方向的面积 S 的乘积，称为通过该面积的（   ）。

  A．电磁力 F B．电场强度 E

  C．磁通量 Φ D．磁场强度 H

88．在磁感应强度 $B＝8.8T$ 的均匀磁场中，垂直于磁场方向放置面积 $S＝0.4mm^2$ 的平面单匝线圈，则穿过线圈的磁通量是（   ）Wb。

  A．0.25 B．0.352 C．0.16 D．3.52

89．右手螺旋定则可以用于已知电流方向来判断（   ）。

  A．电磁力的方向

  B．电流所产生的磁场方向

  C．电动势方向

  D．电场的方向

90．在工程上，较小的磁感应强度常用单位是高斯，其符号为（   ）。

  A．Gs B．Mx C．H/m D．T

91．磁感应强度的单位 1T（特）＝（   ）Gs（高斯）。

  A．10^2 B．10^4 C．10^6 D．10^8

92．真空的磁导率为（   ）。

A. $2\pi \times 10^{-7}$H/m   B. $3\pi \times 10^{-7}$H/m

C. $4\pi \times 10^{-7}$H/m   D. $5\pi \times 10^{-7}$H/m

93. 铝是一种（　　）磁性物质。

     A. 反   B. 顺   C. 铁   D. 永

94. 银是一种（　　）磁性物质。

     A. 反   B. 顺   C. 铁   D. 永

95. 镍是一种（　　）磁性物质。

     A. 反   B. 顺   C. 铁   D. 永

96. 顺磁性物质的相对导磁率（　　）。

     A. 略小于1   B. 略大于1

     C. 等于1   D. 远大于1

97. 铁磁性物质的相对导磁率（　　）。

     A. 略小于1   B. 略大于1

     C. 等于1   D. 远大于1

98. 变压器、电动机、发电机等的铁芯，以及电磁铁等都采用（　　）磁性物质。

     A. 反   B. 顺   C. 铁   D. 永

99. 磁场中某点的磁感应强度 B 与磁导率 μ 的比值，称为该点的（　　）。

     A. 电磁力 F B. 磁通量 Φ

     C. 磁场强度 H D. 磁感应强度 B

100. 磁场强度的单位符号是（　　）。

     A. Wb   B. T   C. H/m   D. A/m

101. 关于磁场强度和磁感应强度，错误的说法是（　　）。

     A. 磁感应强度和磁场强度都是表征磁场强弱和方向的物理量，是一个矢量

     B. 磁场强度与磁介质性质有关

     C. 磁感应强度的单位是特斯拉

     D. 磁感应强度与磁介质性质有关

102. A/m 是（　　）的单位符号。

    A．磁通   B．导磁率

    C．磁感应强度   D．磁场强度

103．磁场强度的单位 1 奥斯特＝（　）安/米。

    A．40   B．60   C．80   D．100

104．闭合回路中感应电流产生的磁场总是（　）。

    A．顺应原来电流的变化

    B．阻碍原来电流的变化

    C．顺应原来磁通量的变化

    D．阻碍原来磁通量的变化

105．导体处于变化的磁场中时，导体内会产生（　）。

    A．电阻   B．电流

    C．感应电动势   D．电感

106．对于在磁场中切割磁力线直导体来说，感应电动势可用（　）公式计算。

    A．$e＝BSv\cos\alpha$ B．$e＝BSv\sin\alpha$

    C．$e＝BLv\cos\alpha$ D．$e＝BLv\sin\alpha$

107．一直导体沿着与磁场磁力线垂直的方向运动，磁感应强度 B 为 5T，导体切割磁力线速度为 v 为 1m/s，导体在磁场中的有效长度 L 为 2m。则感应电动势 e 为（　）V。

    A．5   B．10   C．15   D．20

108．通过电磁感应现象可以知道，当导体的切割速度和切割长度一定时，磁场的磁感应强度越大，则导体中的感应电动势（　）。

    A．越小   B．不变   C．越大   D．不确定

109．直导体运动方向与磁力线平行时，感应电动势 e（　）。

    A．最大   B．最小   C．为 0   D．不确定

110．通过电磁感应现象可以知道，导体切割磁力线的运动速度越快，导体中的感应电动势（　）。

    A．越小   B．不变   C．越大   D．不确定

111．直导体垂直于磁力线运动时，感应电动势 e（　）。

    A．最大   B．最小   C．为 0   D．不确定

112. 应用右手定则判断导体上感应电动势的方向时，拇指所指的是（　　）。

  A. 导线切割磁力线的运动方向

  B. 导线受力后的运动方向

  C. 在导线中产生感应电动势的方向

  D. 在导线中产生感应电流的方向

113. 设通过线圈的磁通量为 Φ，则对 N 匝线圈，其感应电动势为（　　）。

  A. $e = -\Delta\Phi/\Delta t$ B. $e = -N\Delta t/\Delta\Phi$

  C. $e = -N\Delta\Phi/\Delta t$ D. $e = -\Delta t/\Delta\Phi$

114. 对法拉第电磁感应定律的理解，错误的是（　　）。

  A. 电磁感应是发电机、变压器工作的理论基础

  B. 线圈中磁感应电动势的大小，决定于线圈中磁通变化速率

  C. N 匝线圈的感应电动势的大小是其单匝线圈的感应电动势的 N 倍

  D. 回路中的磁通变化量越大，感应电动势一定越高

115. 用楞次定律可判断感应电动势（电流）的（　　）。

  A. 强弱   B. 方向

  C. 大小   D. 大小和方向

116. 磁铁插入或拔出线圈的速度越快，则回路中感应电动势就（　　）。

  A. 越小   B. 不变   C. 越大   D. 不确定

117. 电磁力的大小与导体所处的磁感应强度、导体在磁场中的长度和通过导体中的电流的乘积（　　）。

  A. 无关系   B. 成反比

  C. 成正比   D. 以上答案皆不对

118. 通电导线在磁场中受力的方向可用（　　）判断。

  A. 左手定则   B. 右手定则

  C. 楞次定律   D. 安培环路定理

119．线圈自身电流变化在线圈中产生的感应电动势称为（　　）。

　　A．自感电动势　　　　　　　B．互感电动势

　　C．交变电动势　　　　　　　D．电源电动势

120．当磁感应强度、导体在磁场中的有效长度、导体与磁力线的夹角一定时，（　　）越大，则通电直导体在磁场中所受的力越大。

　　A．电压 U　　B．电流 I　　C．电阻 R　　D．电感 L

121．当线圈中的电流（　　）时，线圈两端产生自感电动势。

　　A．变化　　　B．不变　　　C．很大　　　D．很小

122．在磁感应强度为 5T 的均匀磁场中，有一条长 0.2m 的通电直导线，其中电流为 3A，电流方向跟磁场方向垂直。则该通电直导线所受的作用力为（　　）N。

　　A．0　　　　B．1.5　　　C．3　　　D．6

123．用左手定则判断通电导线在磁场中的受力方向时，大拇指所指方向是（　　）。

　　A．磁力线方向　　　　　　　B．导体受力方向

　　C．电场的方向　　　　　　　D．电流方向

124．当两个线圈放得很近，或两个线圈同绕在一个铁芯上时，如果其中一个线圈中电流变化，在另一个线圈中产生的感应电动势称为（　　）。

　　A．自感电动势　　　　　　　B．互感电动势

　　C．交变电动势　　　　　　　D．电源电动势

125．日常用的交流电是（　　）交流电。

　　A．正切　　　B．余切　　　C．正弦　　　D．余弦

126．在正弦交流电的交变过程中，随着时间变化而改变的参数是（　　）。

　　A．瞬时值　　B．最大值　　C．有效值　　D．平均值

127．在正弦交流电的交变过程中，电流的最大值随着时间的变化（　　）。

　　A．变大　　　　　　　　　　B．变小

　　C．保持不变　　　　　　　　D．按照正弦交变

128. 在正弦交流电路中，电压、电流、电动势都是随时间（　）。

　　A．非周期性变化　　　　　　B．恒定不变

　　C．按正弦规律变化　　　　　D．按余弦规律变化

129. 交流电气设备的铭牌上所注明的额定电压和额定电流都是指电压和电流的（　）。

　　A．瞬时值　　B．最大值　　C．有效值　　D．平均值

130. 周期为 0.01s 的交流电，其角频率是（　）rad/s。

　　A．628　　B．314　　C．157　　D．78.5

131. 最大值为 311V 的正弦交流电压，其有效值等于（　）。

　　A．200V　　B．220V　　C．300V　　D．311V

132. 频率为 50Hz 的交流电，其周期是（　）s。

　　A．0.2　　B．0.02　　C．0.2　　D．2

133. 周期为 0.01s 的交流电，其频率是（　）Hz。

　　A．50　　B．60　　C．100　　D．200

134. 对于正弦交流电，最大值等于有效值的（　）倍。

　　A．1　　B．$\sqrt{2}$　　C．$\sqrt{3}$　　D．2

135. 有效值为 220V 的正弦交流电压，其最大值等于（　）。

　　A．220V　　B．280V　　C．311V　　D．380V

136. 频率为 50Hz 的交流电，其角频率是（　）rad/s。

　　A．628　　B．314　　C．157　　D．78.5

137. 关于交流电参数的表示，以下说法正确的是（　）。

　　A．瞬时值常用大写字母表示，有效值常用小写字母表示

　　B．瞬时值常用小写字母表示，有效值常用大写字母表示

　　C．瞬时值和有效值都用小写字母表示

　　D．瞬时值和有效值都用大写字母表示

138. 在纯电阻电路中，R 两端的电压为 $U = U_m \sin\omega t$（V），那么，通过 R 的电流为（　）A。

　　A．$i = U_m R \sin\omega$　　　　　　B．$i = U_m R \sin\omega t$

　　C．$i = (U_m \sin\omega t)/R$　　　　D．$i = (U_m \cos\omega t)/R$

139. 在纯电阻的交流电路中，电路的有功功率等于电路（　）

15

乘以电流的有效值。

  A. 电压 B. 电感 C. 电阻 D. 电导

140. 在纯电阻电路中，交流电压的有效值 U 为120V，交流电流的有效值 I 为10A，则有功功率 P 为（ ）kW。

  A. 12 B. 1200 C. 1.2 D. 12000

141. 在直流电路中，电感元件的（ ）。

  A. 容抗值大于零   B. 感抗值大于零

  C. 感抗值等于零   D. 感抗值小于零

142. 在直流电路中，电容元件的容抗值（ ）。

  A. 小于零 B. 等于零 C. 大于零 D. 无穷大

143. 在纯电感的交流电路中，电压的有效值与电流有效值的比值为（ ）。

  A. 电阻 B. 感抗 C. 容抗 D. 阻抗

144. 在正弦交流纯电容电路中，下列各式正确的是（ ）。

  A. $IC=UXC$ B. $IC=U/C$

  C. $IC=XC/U$ D. $IC=U/XC$

145. 已知通过一段电路的电流为2A，该段电路的电阻为5Ω，则该段电路的电功率为（ ）W。

  A. 2 B. 5 C. 20 D. 10

146. 已知一段电路的端电压为10V，该段电路的电阻为5Ω，则该段电路的电功率为（ ）W。

  A. 10 B. 5 C. 2 D. 20

147. 在纯电阻的交流电路中，电路的有功功率等于电路（ ）乘以电压的有效值。

  A. 电流的有效值   B. 电阻的平方

  C. 电阻   D. 以上答案皆不对

148. 在交流电路中，电感元件的感抗与线圈的电感（ ）。

  A. 成反比   B. 成正比

  C. 无关系   D. 以上答案皆不对

149. 交流电流的频率越高，则电容元件的（ ）。

  A. 容抗值越小   B. 容抗值越大

  C. 感抗值越小   D. 感抗值越大

150. 在交流电路中，电容元件的容抗 X_C 和其电容 C（ ）。

  A. 成反比   B. 成正比

  C. 无关系   D. 以上答案皆不对

151. 在纯电容交流电路中，电路的（ ）。

  A. 有功功率小于零   B. 有功功率大于零

  C. 有功功率等于零   D. 无功功率等于零

152. 在纯电阻电路中，电流和电压（ ）。

  A. 同相位   B. 反相位

  C. 相位差为 $\pi/2$ D. 相位差为 π

153. 在纯电感交流电路中，电路的无功功率（ ）。

  A. 小于电路电压与电流的有效值的乘积

  B. 等于电路电压与电流的有效值的乘积

  C. 大于电路电压与电流的有效值的乘积

  D. 等于零

154. 在纯电感交流电路中，电路的（ ）。

  A. 有功功率大于零   B. 有功功率等于零

  C. 有功功率小于零   D. 无功功率等于零

155. 在纯电感的交流电路中，电流的相位滞后电压相位（ ）。

  A. 30° B. 60° C. 90° D. 180°

156. 在纯电感的交流电路中，电路的无功功率等于（ ）。

  A. 电流乘以感抗   B. 电流的平方乘以感抗

  C. 电压除以感抗   D. 电压的平方乘以感抗

157. 阻抗 Z 的单位是（ ）。

  A. Ω B. H   C. F   D. T

158. 在 R、L、C 串联的交流电路中，阻抗 Z 的计算公式为（ ）。

  A. $Z=\sqrt{X_L^2+(R-X_C)^2}$ B. $Z=\sqrt{X_C^2+(X_L-R)^2}$

  C. $Z=\sqrt{R^2+(X_L-X_C)^2}$ D. $Z=\sqrt{R^2+X_L^2}$

159. 在阻抗三角形中，电抗 X 的大小等于（　　）。

　　A. X_L　　B. X_C　　　C. X_L-X_C　　D. X_C-X_L

160. 在 R、L、C 串联的交流电路中，当 $X_C>X_L$ 时，电路呈（　　）。

　　A. 纯电阻性质　　　　　　B. 感抗性质

　　C. 容抗性质　　　　　　　D. 阻抗性质

161. 在 R、L、C 串联的交流电路中，当 $X_C=X_L$ 时，电路呈（　　）。

　　A. 纯电阻性质　　　　　　B. 感抗性质

　　C. 容抗性质　　　　　　　D. 阻抗性质

162. 在 R、L、C 串联的交流电路中，总电流的有效值 I 等于总电压的有效值 U 除以电路中的（　　）。

　　A. 电阻 R　　B. 电抗 X　　C. 电感 XL　　D. 阻抗 Z

163. 在实际应用中，常用（　　）定为设备的额定容量，并标在铭牌上。

　　A. 有功功率 P　　　　　　B. 无功功率 Q

　　C. 视在功率 S　　　　　　D. 瞬时功率 p

164. 在交流电路中，关于有功功率 P、无功功率 Q、视在功率 S、功率因数角 φ 的关系，正确的是（　　）。

　　A. $P=S\sin\varphi$　　　　　　B. $Q=S\cos\varphi$

　　C. $\mathrm{tg}\varphi=P/Q$　　　　　　D. $S=\sqrt{P^2+Q^2}$

165. 为提高功率因数，运行中可在工厂变配电所的母线上或用电设备附近装设（　　），用其来补偿电感性负载过大的感性电流，减小无功损耗，提高末端用电电压。

　　A. 并联电容器　　　　　　B. 并联电感器

　　C. 串联电容器　　　　　　D. 串联电感器

166. 电力系统进行无功补偿起到的作用之一是（　　）。

　　A. 降低了设备维护成本

　　B. 降低了线损

　　C. 降低了对设备的技术要求

　　D. 降低了设备维护标准

167. 在感性负载交流电路中，采用（　）的方法可提高电路功率因数。

　　A. 串联电阻　　　　　　　B. 并联电阻

　　C. 串联电容　　　　　　　D. 并联电容

168. 电力系统进行无功补偿起到的作用之一是（　）。

　　A. 提高设备安全性　　　　B. 提高设备可靠性

　　C. 提高设备利用效率　　　D. 降低设备利用效率

169. 相对称交流电源的特点是（　）。

　　A. 三相电动势的幅值和频率相等，初相位互差 120°

　　B. 三相电动势的幅值和频率相等，初相位互差 90°

　　C. 三相电动势的幅值和频率不相等，初相位互差 120°

　　D. 三相电动势的幅值和频率不相等，初相位互差 90°

170. 初相位为"负"，表示正弦波形的起始点在坐标原点 O 点的（　）。

　　A. 左方　　　B. 右方　　　C. 上方　　　D. 下方

171. 初相位为"正"，表示正弦波形的起始点在坐标原点 O 点的（　）。

　　A. 左方　　　B. 右方　　　C. 上方　　　D. 下方

172. 在三相交流电路中，常用颜色（　）来表示 U、V、W 三相。

　　A. 黄、红、绿　　　　　　B. 黄、绿、红

　　C. 红、绿、黄　　　　　　D. 绿、红、黄

173. 三相电动势正序的顺序是（　）。

　　A. V、U、W　　　　　　B. U、V、W

　　C. W、V、U　　　　　　D. U、W、V

174. 星形连接时三相电源的公共点叫三相电源的（　）。

　　A. 接地点　　B. 参考点　　C. 中性点　　D. 短路点

175. 三相电路中流过每相电源或每相负载的电流叫（　）。

　　A. 线电流　　　　　　　　B. 相电流

　　C. 额定电流　　　　　　　D. 接地电流

176. 在 380/220V 低压配电系统中，以下说法正确的是（　　）。

　　A. 当三相负载不对称时，零线的作用是保证各相负载均
　　　　能承受对称的电压

　　B. 零干线上可以安装开关和熔丝

　　C. 对零线的机械强度和截面积要求不高

　　D. 零线断线，接在负载的电压不变

177. 负载接成三角形时，相电压等于线电压的（　　）倍。

　　A. $\sqrt{2}$　　　　B. $\sqrt{3}$　　　　C. 1　　　　D. $1/\sqrt{3}$

178. 负载接成星形时，相电压等于线电压的（　　）倍。

　　A. $\sqrt{2}$　　　　B. $\sqrt{3}$　　　　C. 1　　　　D. $1/\sqrt{3}$

179. 下图所示为三相平衡负载的星形连接示意图，下列关于
线电流 I_L 与相电流 I_p、线电压 U_L 与相电压 U_p 之间的关系表达正确
的是（　　）。

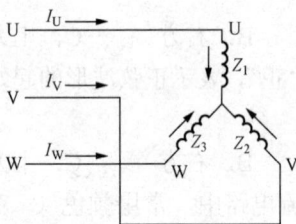

　　A. $I_L = \sqrt{3}\,I_p$，$U_L = U_p$　　　　B. $I_L = \sqrt{2}\,I_p$，$U_L = U_p$

　　C. $I_L = I_p$，$U_L = \sqrt{3}\,U_p$　　　　D. $I_L = I_p$，$U_L = \sqrt{2}\,U_p$

180. 三相变压器绕组为 Y 连接时，（　　）。

　　A. 线电流为 $\sqrt{3}$ 倍的绕组电流

　　B. 线电流为绕组电流

　　C. 线电流为 2 倍的绕组电流

　　D. 线电流为 3 倍的绕组电流

181. 三相变压器绕组为 D 连接时，（　　）。

　　A. 线电流为 $\sqrt{3}$ 倍的绕组电流

　　B. 线电流为绕组电流

C. 线电流为 2 倍的绕组电流

D. 线电流为 3 倍的绕组电流

182. 三相对称交流电源作△形连接时，线电流 I_L 与相电流 I_p 的数值关系为（　　）。

A. $I_L = \sqrt{2} I_p$ 　　　　B. $I_L = \sqrt{3} I_p$

C. $I_L = I_p$ 　　　　D. $I_L = 3I_p$

183. 电路中，电源产生的功率（　　）负载消耗功率与内阻损耗的功率之和。

A. 大于　　　B. 小于　　　C. 等于　　　D. 不确定

184. 在三相交流电路中，负载消耗的总有功功率等于（　　）。

A. 各相有功功率之差　　　B. 各相有功功率之和

C. 各相视在功率之差　　　D. 各相视在功率之和

185. 无论三相电路是 Y 接或△接，当三相电路对称时，其总有功功率为（　　）。

A. $P = 3U_L I_L \cos\varphi$ 　　　　B. $P = \sqrt{3} U_L I_L \cos\varphi$

C. $P = \sqrt{2} U_L I_L \cos\varphi$ 　　　D. $P = 2U_L I_L \cos\varphi$

186. 所谓对称三相负载就是（　　）。

A. 三相负载电阻相等，且阻抗角相等

B. 三相负载电阻相等，且阻抗角相差 120°

C. 三相负载阻抗相等，且阻抗角相等

D. 三相负载阻抗相等，且阻抗角相差 120°

187. 电功率为 5kW 的设备，用电 10h 消耗的电能为（　　）kWh。

A. 0.5　　　B. 2　　　C. 25　　　D. 50

188. 已知一段电路消耗的电功率为 10W，该段电路的电阻为 2.5Ω，则通过该段电路的电流为（　　）A。

A. 2　　　B. 5　　　C. 4　　　D. 2

189. 已知电源内阻为 4Ω，外接负载电阻为 10Ω，电路电流为 5A，则电源端电压为（　　）V。

A. 20　　　B. 20　　　C. 50　　　D. 70

190. 已知电源电动势为 30V，电源内阻为 2Ω，外接负载电阻为 8Ω，则电源端电压为（ ）V。

    A. 6   B. 12   C. 20   D. 24

191. 已知电源内阻为 1Ω，外接负载电阻为 8Ω，电路电流为 5A，则电源电动势为（ ）V。

    A. 5   B. 40   C. 40   D. 45

192. 在三个电阻并联的电路中，已知三条并联支路的电流分别为 4A、8A 和 15A，则电路的电流等于（ ）A。

    A. 9   B. 15   C. 24   D. 27

193. 在四个电阻并联的电路中，已知其中一条并联支路的端电压为 5V，则电路的端电压等于（ ）V。

    A. 5   B. 10   C. 15   D. 20

194. 已知在三个电阻串联的电路中，各电阻的阻值分别为 6Ω、8Ω 和 19Ω，则电路的总电阻等于（ ）Ω。

    A. 11   B. 14   C. 27   D. 33

195. 两个电阻值为 R 的等值电阻并联，其等效电阻（即总电阻）等于（ ）Ω。

    A. 0.5R   B. R   C. 1.5R   D. 2R

二、判断题

1. 带电物体之间的作用力是靠磁场来传递的。（ ）

2. 带有电荷的物体具有一定的电位能，称为电能。（ ）

3. 电场中某点的电位等于电子在该点所具有的电位能。（ ）

4. 选择不同的参考点，电路中各点电位的大小和正负都不受影响。（ ）

5. 一般规定电路参考点的电位为零。（ ）

6. 一般规定电路参考点的电位为 1。（ ）

7. 计算电路中某点的电位就是求该点与参考点之间的电位差。

                  （ ）

8. 在实际电路中常以大地作为公共参考点。（ ）

9. 电压的换算单位 $1kV = 10^9 mV$。（ ）

10. 电位差是产生电阻的原因。（　）

11. 电路中任意两点间电位的差值称为电压。（　）

12. 已知横截面积为 4mm^2 的导线中，流过的电流为 20A，则该导线中的电流密度为 5A/mm^2。（　）

13. 伏特是电流强度的单位。（　）

14. 电流的方向规定为电子移动的方向。（　）

15. 导线允许通过的电流强度和电线的截面大小无关。（　）

16. 1 秒内通过导体横截面的电量称为电流强度，以字母 I 表示。（　）

17. 电流分交流电和直流电两大类。（　）

18. 大小不随时间变化的电流称为直流电流。（　）

19. 在测量直流电流时要注意，应使电流从电流表的正端流入，负端流出。（　）

20. 电路中电流大小可以用电流表进行测量，测量时是将电流表并联在电路中。（　）

21. 电流表的量程应等于被测电路中实际电流的数值。（　）

22. 在电路中，给电路提供能源的装置称为电源。（　）

23. 电源高电位一端称为正极，低电位一端称为负极。（　）

24. 电动势表征电源中外力将非电形式的能量转变为电能时做功的能力。（　）

25. 导体电阻的大小与导体的长度、横截面积和材料的性质有关。（　）

26. 电阻的单位是欧姆，符号表示为Ω。（　）

27. 电动势的大小等于外力克服电场力把单位正电荷在电源内部从正极移到负极所做的功。（　）

28. 电源端电压表示电场力在外电路将单位负电荷由高电位移向低电位时所做的功。（　）

29. 在电源内部，电动势和电流的方向相反。（　）

30. 在电路中，负载可以将其他形式的能量转换为电能。（　）

31. 电源高电位一端称为正极，低电位一端称为负极。（　）

32．电源的电动势是一个定值，与外电路的负载大小无关。（　）

33．导体电阻的大小与导体的长度成正比，与横截面积成反比，并与材料的性质有关。（　）

34．电源是将其他能量转换为电能的装置。（　）

35．导体的电阻随温度变化而变化。（　）

36．导体的电阻大小与温度变化无关，在不同温度时，同一导体的电阻相同。（　）

37．导体电阻的大小与导体的长度成反比，与横截面积成反比，并与材料的性质相关。（　）

38．ρ称为电阻率，单位是欧姆·米（$\Omega \cdot m$）。（　）

39．从电阻消耗能量的角度来看，不管电流怎样流，电阻都是消耗能量的。（　）

40．当导体的长度相同时，同种材料导体的横截面积越大，导体的电阻越大。（　）

41．当导体的长度相同时，同种材料导体的横截面积越大，导体的电阻越小。（　）

42．电阻的倒数称为电导，电阻越大，电导越小。（　）

43．部分电路欧姆定律表明，当电阻一定时，通过电阻的电流与电阻两端的电压成反比。（　）

44．部分电路欧姆定律表明，当电压一定时，通过电阻的电流与电阻大小成正比。（　）

45．全电路欧姆定律表明，在闭合回路中，电流的大小与电源电动势成正比，与整个电路的电阻成正比。（　）

46．全电路欧姆定律用于分析回路电流与电源电动势的关系。（　）

47．全电路欧姆定律用于分析支路电流与电源电动势的关系。（　）

48．全电路欧姆定律用于分析回路电流与电源电压的关系。（　）

49．在电源内部，电动势和电流的方向相同。（　）

24

50. 电源电动势的电功率表示电源电压 U 与通过电源电流 I 的乘积，即 $P=UI$。（ ）

51. 电源电动势的电功率表示电源电动势 E 与通过电源电流 I 的乘积，即 $P=EI$。（ ）

52. 在电阻串联的电路中，流过各串联电阻上的电流相等。（ ）

53. 几个等值的电阻串联，每个电阻中通过的电流不相等。（ ）

54. 在电路中，将两个及以上的电阻的一端全部连接在一点上，而另一端全部连接在另一点上，这样的连接称为电阻的并联。（ ）

55. 在电阻并联的电路中，电路的电流等于各分支电流之和。（ ）

56. 在并联电路中，各支路的电流一定相等。（ ）

57. 在电阻并联的电路中，电路总电阻的倒数等于各并联电阻的倒数之和。（ ）

58. 两个电阻并联，其等效电阻比其中任何一个电阻都大。（ ）

59. 并联电路的各支路对总电流有分流作用。（ ）

60. 在电路中，既有电阻的并联，又有电阻的串联，这样的电路称为混联电路。（ ）

61. 在电路中，连接电源和负载的部分称为中间环节。（ ）

62. 电路是由电气设备和电器元件按一定方式组成的，是电流的流通路径。（ ）

63. 不能构成电流通路的电路处于短路状态。（ ）

64. 在电路中，电能的常用单位是 kWh，1kWh 的电能俗称为 1 度电。（ ）

65. 在一个电路中，电源产生的功率和负载消耗功率以及内阻损耗的功率是平衡的。（ ）

66. 1 焦耳表示 1 安培电流通过 1 欧姆电阻在 1 秒之内产生全部热量时所消耗的电能。（ ）

67. 在电路中，负载消耗的电能 W 为负载功率 P 与其通电时间 t 的乘积，即 $W=Pt$。（ ）

68. 当通过电阻 R 的电流一定时，电阻 R 消耗的电功率 P 与电阻 R 的大小成反比。（ ）

69. 负载的电功率表示负载在单位时间消耗的电能。（ ）

70. 电阻元件消耗（或吸收）的电能 $W=I^2Rt$ 或 $W=UIt$。（ ）

71. 磁铁具有一个重要性质，就是异性磁极互相吸引。（ ）

72. 人们把具有吸引铜、镍、钴等物质的性质称为磁性，具有磁性的物体叫磁体。（ ）

73. 磁铁两端磁性最强的区域称为磁极。（ ）

74. 磁力线在某区域的密度与该区域的磁场强弱成反比。（ ）

75. 磁力线是描述磁场结构的一组曲线，磁力线的疏密程度，反映磁场中各点磁场的强弱。（ ）

76. 右手螺旋定则可以用已知电流方向来判断其所产生的磁场方向，也可以用已知磁场的方向来判断产生磁场的电流方向。（ ）

77. 磁力线上某点的法线方向就是该点磁场的方向。（ ）

78. 在磁体外部，磁力线的方向是由 N 极到达 S 极。（ ）

79. 在磁体外部，磁力线的方向是由 S 极到达 N 极。（ ）

80. 在磁体内部，磁力线的方向是由 S 极到达 N 极。（ ）

81. 磁力线是闭合曲线。（ ）

82. 直载流导线周围的磁力线是环绕导线的同心圆状，离导线越近，磁力线分布越疏，离导线越远，磁力线分布越疏。（ ）

83. 直线载流导线周围的磁力线是环绕导线的同心圆形状，离导线越近，磁力线分布越疏，离导线越远，磁力线分布越密。（ ）

84. 长直载流导线周围的磁力线是环绕导线的同心圆形状，离导线越近，磁力线分布越密，离导线越远，磁力线分布越疏。（ ）

85. 磁场的方向与产生磁场的电流的方向由左手螺旋定则决定。（ ）

86. 磁力线在某区域的密度与该区域的磁场强弱成正比。（ ）

87. 用右手螺旋定则判定长直载流导线的磁场时，右手握住导线，伸直拇指，大拇指指向电流的方向，则四指环绕的方向为磁场的方向。（ ）

88. 通过与磁场方向平行的某一面积上的磁力线总线，称为通过该面积的磁通。（ ）

89．磁感应强度 B 是用来描述磁场的强弱和方向的物理量。（　）

90．磁感应强度 B 与垂直于磁场方向的面积 S 的乘积，称为通过该面积的磁通量 Φ，简称磁通，即 $\Phi = BS$。（　）

91．线圈中通过的电流越小，在其周围产生磁场就越强。（　）

92．通电线圈的圈数越多，在其周围产生磁场就越强。（　）

93．磁通越大，则表示磁场越强。（　）

94．在工程上，常用较小的磁感应强度单位"高斯（GS）"，$1T = 10^4 GS$。（　）

95．磁感应强度的单位是"特斯拉"，用字母"T"表示。（　）

96．空气的磁导率为 $4\pi \times 10^{-7}$ H/m。（　）

97．其他材料的导磁率和空气相比较，其比值称为相对导磁率。（　）

98．反磁性物质的相对导磁率小于1。（　）

99．顺磁性物质的相对导磁率略大于1。（　）

100．铁磁性物质的相对导磁率略大于1。（　）

101．磁场中某点的磁感应强度 B 与磁导率 μ 的比值，称为该点的磁场强度 H。（　）

102．通过同样大小电流的载流导线，在同一相对位置的某一点，不管磁介质是否相同，都具有相同的磁场强度。（　）

103．通过电磁感应现象可以知道，导体在磁场中切割磁力线的运动速度越快，导体的感应电动势越小。（　）

104．线圈匝数越多，线圈电感越大。（　）

105．感应电动势的方向与磁力线方向、导体运动方向相关。（　）

106．导体切割磁力线一定会产生感应电流。（　）

107．使用右手定则来判断导体上感应电动势的方向时，掌心应迎着磁力线，大拇指指向导体的运动方向，四指的方向即是感应电动势的方向。（　）

108．使用右手定则来判断导体上感应电动势的方向时，掌心应迎着磁力线，四指指向导体的运动方向，大拇指的方向即是感应电动势的方向。（　）

109. 导体处于变化的磁场中时，导体内会产生感应电动势。

（　　）

110. 线圈中因磁通变化而产生的感应电动势（电流）的大小和方向，可以用楞次定律来确定。（　　）

111. 电磁力的大小与导体所处的磁感应强度、导体在磁场中的长度和通过导体中的电流的乘积成反比。（　　）

112. 当通电导体与磁力线垂直时，导体受到的磁力为零。（　　）

113. 判断载流导体在磁场中运动方向时，应使用右手定则。（　　）

114. 在交流电路中，电压、电流、电动势都是不交变的。（　　）

115. 将 10A 的直流电流和最大值为 10A 的交流电流分别通过阻值相同的电阻，则在同一时间内通过交流电流的电阻发热大。（　　）

116. 交流电流的有效值和最大值之间的关系为 $I=I_\mathrm{m}/\sqrt{2}$。（　　）

117. 频率为 50Hz 的交流电，其周期是 0.02s。（　　）

118. 频率为 50Hz 的交流电，其角频率为 157rad/s。（　　）

119. 角频率的单位是 rad（弧度）。（　　）

120. 在交流电路中当频率高到一定时，电流就明显地集中到导线表面附近流动，这种现象称为趋肤效应。（　　）

121. 无功功率中的"无功"的含义是"交换"。（　　）

122. 无功功率中的"无功"的含义是"无用"。（　　）

123. 在纯电容电路中，容抗 X_C 与线圈的电容 C 和交流电频率 f 成正比。（　　）

124. 交流电流的频率越高，则电感元件的感抗值越小，而电容元件的容抗值越大。（　　）

125. 在纯电阻电路中，只有有功功率，没有无功功率。（　　）

126. 交流电路中，电阻元件通过的电流与其两端电压是同相位的。（　　）

127. 在纯电阻电路中，在相同时间内，相同电压条件下，通过的电流越大，电路消耗的电能就越少。（　　）

128. 在电感电路中，感抗与频率成反比，频率越高，感抗越小。（　　）

129. 实验证明，在纯电容电路中，交流电的频率越高，容抗就越大。（　　）

130. 视在功率 S 常用来表征设备的最大容量，并标在铭牌上。（　　）

131. 交流电路中的阻抗包括电阻和电抗，而电抗又分为感抗和容抗。（　　）

132. 在交流电路中，电阻、纯电感和纯电容都是耗能元件。（　　）

133. 三相交流电路有三个交变电动势，它们频率相同、相位相同。（　　）

134. 提高功率因数会使线路上的电能损耗增大。（　　）

135. 对于感性负载电路，可以通过无功补偿将电路的功率因数 $\cos\phi$ 提高到等于1，电路仍能够正常运行。（　　）

136. 三相交流电路的功率和单相交流电路的功率一样，都有有功功率、无功功率和视在功率之分。（　　）

137. 三相交流电的相序是 U—V—W—U，称为正序。（　　）

138. 三相交流电的相序是 U—W—V—U，称为正序。（　　）

139. 有中性线或零线的三相制系统称为三相三线制系统。（　　）

140. 三相交流对称电路中，如采用三角形接线时，线电流等于相电流的 $\sqrt{3}$ 倍。（　　）

141. 两根相线之间的电压称为线电压。（　　）

142. 两根相线之间的电压称为相电压。（　　）

143. 相线与中性线（或零线）间的电压称为线电压。（　　）

144. 在三相对称电路中，总的有功功率等于线电压、线电流和功率因数三者乘积的 $\sqrt{2}$ 倍。（　　）

三、多选题

1. 以下有关电场的说法，正确的有（　　）。

    A. 当两个带电物体互相靠近时，它们之间就有作用力

    B. 带电物体周围空间存在一种特殊物质，称为电场

    C. 电荷的周围不一定有电场存在

    D. 电荷的多少不变化的电场称为静电场

2. 当一物体带有电荷时，以下说法正确的有（　　）。

    A. 该物体周围必然有电场存在

    B. 该物体对靠近的其他物体有排斥的作用力

    C. 该物体对靠近的其他物体有吸引的作用力

    D. 该物体具有一定的电位能

3. 以下有关参考点电位的说法，正确的有（　　）。

    A. 一般规定参考点的电位为零

    B. 在实际电路中常以大地作为公共参考点

    C. 电路中各点电位的大小与参考点的选择有关

    D. 电路中各点电位的正负与参考点的选择有关

4. 电场中某点 A 的电位（　　）。

    A. 等于电子在该点所具有的电位能

    B. 等于单位正电荷在该点所具有的电位能

    C. 用符号 V_A 表示，单位是伏特

    D. 等于该点与参考点之间的电位差

5. 以下有关电位差的说法，正确的有（　　）。

    A. 电路中任意两点间电位的差值称为电压（电位差）

    B. A、B 两点的电压以 U_{AB} 表示，$U_{AB}=U_B-U_A$

    C. 电位差是产生电流的原因

    D. 常用的电位差单位：$1Kv=10^3mV$

6. 以下有关不同种类电流的说法，正确的有（　　）。

    A. 凡大小不随时间变化的电流称为直流电流，简称直流

    B. 凡方向不随时间变化的电流称为直流电流，简称直流

    C. 方向不变，大小随时间有脉动变化的电流叫做脉动直流电

    D. 大小、方向都随时间变化的电流叫做交流电流

7. 以下有关电流的说法，正确的有（　　）。

    A. 电流就是电荷有规律的定向移动

    B. 电流的方向规定为负电荷移动的方向

    C. 电流的大小取决于在一定时间内通过导体横截面的电荷量

　　D．电流强度的单位是伏特，以字母 V 表示

8．以下有关电流密度的说法正确的有（　　）。

　　A．电流密度的计算公式 $J=I/S$

　　B．电流密度的单位是 A/mm^2

　　C．在直流电路中，均匀导线横截面上的电流密度是均匀的

　　D．导线允许通过的电流强度随导体的截面不同而不同

9．以下有关电流表的使用方法，说法正确的有（　　）。

　　A．测量时是将电流表串联在电路中

　　B．测量时是将电流表并联在电路中

　　C．应使电流从电流表的正端流入，负端流出

　　D．电流表的量程应大于被测电路中实际电流的数值

10．在电路里（　　）是产生电流的原因。

　　A．电动势　　　B．电位　　　　C．电压　　　　　D．电功率

11．以下有关电源端电压的说法，正确的有（　　）。

　　A．电源端电压表示电场力在外电路将单位负电荷由低电
　　　　位移向高电位时所做的功

　　B．电路闭合时，电源的端电压等于电源电动势减去电源
　　　　的内阻压降

　　C．电源端电压表示电场力在外电路将单位正电荷由高电
　　　　位移向低电位时所做的功

　　D．当电源内阻为零时，电源端电压等于电源电动势

12．有关电路中电流流向的说法，正确的有（　　）。

　　A．在电源内部从电源的负极流向正极

　　B．从负载的负极流向正极

　　C．在外电路中从电源的正极流向负极

　　D．在外电路中从电源的负极流向正极

13．以下有关电阻的说法，正确的有（　　）。

　　A．导体对电流的阻力小，表明它的导电能力强

　　B．导体对电流的阻力大，表示它的导电能力强

　　C．电阻用字母 R 表示，单位是欧姆

D. 电阻的表达式为 $R=\rho S/L$

14. 以下有关电阻的表达式 $R=\rho L/S$，说法正确的有（　　）。

　　A. R 是电阻，单位是西门子（s）

　　B. ρ 为电阻率，单位是欧姆/米（Ω/m）

　　C. L 是导体的长度，单位是米（m）

　　D. S 是导体的截面积，单位是平方毫米（mm^2）

15. 以下有关同种材料导体电阻的说法，正确的有（　　）。

　　A. 当导体截面一定时，如果导体长度越短，导体的电阻值则越小

　　B. 当导体长度一定时，如果导体截面越小，导体的电阻值则越大

　　C. 当导体长度一定时，如果导体截面越小，导体的电阻值则越小

　　D. 当导体截面一定时，如果导体长度越短，导体的电阻值则越大

16. 欧姆定律是反映电路中（　　）三者之间关系的定律。

　　A. 电压　　　　B. 电流　　　　C. 电位　　　　D. 电阻

17. 以下有关电导的说法，正确的有（　　）。

　　A. 电导用符号 G 表示

　　B. 导体的电阻越小，电导就越大

　　C. 导体的电导越大，表示该导体的导电性能越差

　　D. 电导的单位西门子，简称西，用字母 S 表示

18. 以下有关同种材料导体电导的说法，正确的有（　　）。

　　A. 当导体截面一定时，如果导体长度越短，导体的电导值则越小

　　B. 当导体长度一定时，如果导体截面越小，导体的电导值则越大

　　C. 当导体截面一定时，如果导体长度越长，导体的电导值则越小

　　D. 当导体长度一定时，如果导体截面越大，导体的电导

值则越大

19. 以下有关部分电路欧姆定律的说法，正确的有（　　）。

　　A．部分电路欧姆定律的数学表达式是 $I=U/R$

　　B．部分电路欧姆定律的数学表达式是 $I=R/U$

　　C．该定律表明，当电阻一定时，通过电阻的电流与电阻
　　　　两端的电压成正比

　　D．该定律表明，当电压一定时，电阻的大小与通过电阻
　　　　的电流成反比

20. 以下有关全电路欧姆定律的说法，正确的有（　　）。

　　A．它用于分析回路电流与电源电动势的关系

　　B．全电路欧姆定律的数学表达式是 $I=E/R$

　　C．全电路欧姆定律的数学表达式是 $I=E/(R+r_0)$

　　D．它用于分析通过电阻的电流与端电压的关系

21. 最简单的电路由（　　）组成。

　　A．电源　　　　　　　　　B．负荷

　　C．开关　　　　　　　　　D．连接导线

22. 以下有关全电路欧姆定律的说法，正确的有（　　）。

　　A．该定律表明，电流的大小与电源电动势成反比，与整
　　　　个电路的电阻成正比

　　B．该定律表明，电流的大小与电源电动势成正比，与整
　　　　个电路的电阻成反比

　　C．它用于分析回路电流与电源电动势的关系

　　D．它用于分析通过电阻的电流与端电压的关系

23. 在多个电阻并联构成的电路中，以下说法正确的有（　　）。

　　A．电路的端电压等于各并联支路的端电压之和

　　B．电路总电阻的倒数等于各并联支路电阻的倒数之和

　　C．电路的总功率等于各并联支路的功率之和

　　D．电路的总功率等于各并联支路的功率

24. 电路通常有三种状态，分别是（　　）。

　　A．通路　　　B．接地　　　C．断路　　　D．短路

25. 以下有关电路状态的说法，正确的有（　　）。

    A. 电路在通路状态时，电路中有电流流过

    B. 电路在开路状态时，电路中没有电流流过

    C. 电路在短路状态时，电路中的电流将比通路时大很多倍

    D. 短路是一种正常的电路状态

26. 以下有关电功率的计算公式中，正确的有（　　）。

    A. $P=Wt$

    B. $P=UI$

    C. $P=I^2R$

    D. $P=U/R^2$

27. 以下有关电能的计算公式，正确的有（　　）。

    A. $W=IRt$

    B. $W=UIt$

    C. $W=U^2t/R$

    D. $W=P/t$

28. 电气设备或元件通过吸收的电能转换成其他形式的能量，例如（　　）。

    A. 热能　　　B. 光能　　　C. 机械能　　D. 磁能

29. 在纯电阻电路中，以下有关电能的说法中正确的有（　　）。

    A. 在相同时间内，相同电压条件下，通过的电流越大，消耗的电能就越少

    B. 在相同时间内，相同电压条件下，通过的电流越大，消耗的电能就越多

    C. 在相同时间内，相同电流条件下，电阻值越小，消耗的电能就越多

    D. 在相同时间内，相同电流条件下，电阻值越小，消耗的电能就越少

30. 当两个带电物体互相靠近时，以下说法正确的是（　　）。

    A. 同性带电物体互相吸引

    B. 同性带电物体互相排斥

    C. 异性带电物体会相互吸引

    D. 异性带电物体会相互排斥

31. 以下有关长直载流导线所产生的磁场，说法正确的有（　　）。

    A. 流过导体的电流越大，周围产生的磁场越弱

B. 流过导体的电流越小，周围产生的磁场越弱

C. 距离导体越远，磁场强度越弱

D. 磁场的方向可用左手螺旋定则确定

32. 以下有关通电线圈所产生的磁场，说法正确的有（　　）。

A. 通电线圈所产生的磁场与磁铁相似

B. 通电线圈所产生的磁场强弱与通电电流的大小无关

C. 通电线圈所产生的磁场强弱与线圈的圈数无关

D. 通电线圈所产生的磁场方向可用右手螺旋定则判别

33. 以下有关均匀磁场的说法中正确的有（　　）。

A. 各处磁感应强度相同的磁场称为均匀磁场

B. 在均匀磁场中，磁感应强度 $B＝\varPhi S$

C. 通过单位面积的磁通越少，则磁场越强

D. 磁感应强度有时又称磁通密度

34. 以下有关磁通的说法，正确的是（　　）。

A. 磁通的单位是 Wb（韦伯），简称韦

B. 1Wb（韦）＝10^6Mx（麦）

C. 磁通是描述磁场在一定面积上分布情况的物理量

D. 面积一定时，如果通过该面积的磁通越多，则表示磁场越强

35. 以下有关磁感应强度的说法，正确的有（　　）。

A. 磁感应强度是表示磁场中某点磁场强弱和方向的物理量

B. 磁场中某点磁感应强度 B 的方向就是该点磁力线的法线方向

C. 如果磁场中各处的磁感应强度 B 相同，则该磁场称为均匀磁场

D. 在均匀磁场中，磁感应强度 $B＝S/\varPhi$

36. 以下对不同导磁性能的物质，描述正确的有（　　）。

A. 顺磁性物质的相对导磁率小于1

B. 反磁性物质的相对导磁率略大于1

C. 铁磁性物质的相对导磁率远大于 1

D. 铁磁性材料在生产中应用很广泛

37. 以下有关导磁率的说法正确的有（　　）。

A. 导磁率表示材料的导磁性能

B. 真空的导磁率 $\mu_0 = 4\pi \times 10^{-7}\Omega \cdot m$

C. 其他材料的导磁率和空气相比较，其比值称为相对导磁率

D. 变压器、发电机等的铁芯以及电磁铁等都采用铁磁性物质

38. 人们把具有吸引（　　）等物质的性质称为磁性，具有磁性的物体叫磁体。

A. 铁　　　　B. 镍　　　　C. 铜　　　　D. 钴

E. 铝

39. 以下有关磁场强度的说法，正确的有（　　）。

A. 磁场强度是一个标量，常用字母 H 表示

B. 其大小等于磁场中某点的磁感应强度 B 与媒介质导磁率μ的比值

C. 磁场强度的单位是 A/m

D. 较大的单位：1 奥斯特＝10^4 安/米

40. 以下有关电磁感应现象的说法，正确的有（　　）。

A. 导体在磁场中做切割磁力线运动时，导体内就会产生感应电动势

B. 导体在磁场中做切割磁力线运动时，导体内就会产生感应电流

C. 切割同一磁场的导体运动速度越慢，导体的感应电动势越小

D. 切割同一磁场的导体运动速度越快，导体的感应电动势越小

41. 以下对于在磁场中运动的直导体，说法正确的有（　　）。

A. 直导体运动方向与磁力线平行时，感应电动势为零

B. 直导体运动方向与磁力线平行时，感应电动势最大

C. 直导体运动方向与磁力线垂直时，感应电动势为零

D. 直导体运动方向与磁力线垂直时，感应电动势最大

42. 以下有关导体上感应电动势方向的判定，说法正确的有（　）。

A. 可用左手定则来判定

B. 手背迎着磁力线

C. 大拇指指向导线运动速度 v 的方向

D. 四指的方向即是感应电动势 e 的方向

43. 关于线圈感应电动势的大小，以下说法正确的有（　）。

A. 与穿过这一线圈的磁通量成正比

B. 与穿过这一线圈的磁感应强度成正比

C. 与穿过这一线圈的磁通量的变化率成正比

D. 与线圈的匝数成正比

44. 用楞次定律可以确定（　）。

A. 线圈中因磁通变化而产生的感应电动势的大小

B. 线圈中因磁通变化而产生的感应电动势的方向

C. 线圈中因磁通变化而产生的感应电流的大小

D. 线圈中因磁通变化而产生的感应电流的方向

45. 以下有关磁场对通电直导体的作用，说法正确的有（　）。

A. 磁场越强，直导体所受的力就越小

B. 磁场越弱，直导体所受的力就越小

C. 直导体通过的电流越大，其所受的力就越大

D. 直导体通过的电流越小，其所受的力就越大

46. 关于楞次定律，说法错误的是（　）。

A. 可以确定线圈中因磁通变化而产生的感应电动势的大小

B. 可以确定线圈中因磁通变化而产生的感应电动势的方向

C. 线圈中因磁通变化而使感应电流的方向改变

D. 感应电流的大小总是使它产生的磁场阻碍闭合回路中原来磁通量的变化

47. 以下有关通电直导体在磁场中的两种特殊方法，说法正确的有（　）。

    A. 当导体与磁力线平行时，导体受到的磁力为零

    B. 当导体与磁力线平行时，导体受到的磁力最大

    C. 当导体与磁力线垂直时，导体受到的磁力为零

    D. 当导体与磁力线垂直时，导体受到的磁力最大

48. 描述交流电大小的物理量是（　）。

    A. 瞬时值　　　　　　　　B. 最大值

    C. 有效值　　　　　　　　D. 平均值

49. 以下有关交流电的基本概念，描述正确的有（　）。

    A. 交流电在某一瞬时的数值，称为瞬时值

    B. 交流电的最大瞬时值，称为交流电的有效值

    C. 有效值就是与交流电热效应相等的直流值

    D. 平均值就是交流电正半周内，其瞬时值的平均数

50. 正弦交流电的三要素是（　）。

    A. 最大值　　B. 角频率　　C. 初相角　　　D. 周期

51. 在纯电阻的交流电路中，以下说法正确的有（　）。

    A. 电流与电压的相位相同

    B. 电流与电压的相位不相同

    C. 电路的有功功率等于各电阻有功功率之和

    D. 电流的有效值乘以电阻等于电压的有效值

52. 在纯电容的交流电路中，以下说法正确的有（　）。

    A. 电流的相位超前电压相位 90°

    B. 电压的有效值与电流有效值的比值为容抗

    C. 电流的相位滞后电压相位 90°

    D. 电容元件的容抗与频率成正比

53. 在纯电感的交流电路中，以下说法正确的有（　）。

    A. 电路的有功功率等于零

    B. 电压的有效值与电流有效值的比值为容抗

    C. 电路的无功功率等于电路电压与电流的有效值的乘积

D. 电路的有功功率大于零

54. 以下有关直流电路电功率的说法正确的有（   ）。

A. 某段电路的电功率 P 等于电路两端的电压 U 与通过该段电路的电流 I 的乘积，即 $P=UI$

B. 当电阻 R 两端的电压 U 一定时，电阻 R 消耗的电功率 P 与电阻 R 的大小成正比

C. 当通过电阻 R 的电流 I 一定时，电阻 R 消耗的电功率 P 与电阻 R 的大小成反比

D. 当通过电阻 R 的电流 I 一定时，电阻 R 消耗的电功率 P 与电阻 R 的大小成正比

55. 在 R、L、C 串联的交流电路中，以下计算公式正确的有（   ）。

A. 阻抗：$Z=\sqrt{R^2+(XL-XC)^2}$

B. 电抗：$X=X_L-X_C$

C. 感抗：$X_L=1/\omega L=1/2\pi fL$

D. 容抗：$X_C=\omega_C=2\pi fC$

56. 对于 R、L、C 串联交流电路的阻抗性质，以下说法正确的有（   ）。

A. 当 XL>XC 时：电路呈感抗性质，$\varphi<0$

B. 当 XL<XC 时：电路呈容抗性质，$\varphi>0$

C. 当 XL=XC 时：电路的电抗部分等于零

D. 当 XL=XC 时：电流与电压同相

57. 在电力系统中提高功率因数的意义有（   ）。

A. 使电力设备的容量得到充分利用

B. 降低电能在传输中过程中的功率损耗

C. 使线路上电压降ΔU 增大

D. 提高供、用电的可靠性

58. 三相交流电与单相交流电相比，优点是（   ）。

A. 三相发电机比尺寸相同的单相发电机输出的功率要大

B. 三相发电机运转时比单相发电机的振动小

C．三相发电机比单相发电机的检修周期更短

D．三相输电线比单相输电线省约更多的材料

59．三相交流电与单相交流电相比，以下说法正确的是（　　）。

A．三相发电机比尺寸相同的单相发电机输出功率要大

B．三相发电机运转时比单相发电机的振动大

C．一般情况下单相交流电都是从三相交流电中取得

D．在同样条件下，输送同样大的功率时，三相输电线比单相输电线可省约 35%左右的材料

60．对称三相电源的特点有（　　）。

A．三相对称电动势在任意瞬间的代数和不等于零

B．对称三相电动势最大值相等、角频率相同、彼此间相位差 120°

C．三相对称电动势的相量和等于零

D．三相对称电动势在任意瞬间的代数和等于零

61．关于线电流和绕组电流的关系，描述正确的是（　　）。

A．三相变压器绕组为 Y 联结时，线电流为绕组电流

B．三相变压器绕组为 D 联结时，线电流为 $\sqrt{3}$ 倍的绕组电流

C．三相变压器绕组为 D 联结时，线电流为绕组电流

D．三相变压器绕组为 Y 联结时，线电流为 $\sqrt{3}$ 倍的绕组电流

62．关于三相对称负载的有功功率，以下计算公式正确的有（　　）。

A．$P=PU+PV+PW$　　　　　B．$P=3UPIPsin\varphi$

C．$P=\sqrt{3}\,ULILcos\varphi$　　　　D．$P=3U_pI_pcos\varphi$

四、案例分析及计算题

1．蓄电池组的电源电压 E 为 6V，将 R 为 2.9Ω 电阻接在它的两端，测出电流 I 为 2A，则它的内阻 R_0 为（　　）Ω。

A．0　　　　B．0.1　　　　C．0.2　　　　D．0.5

2．已知一灯泡的电压 220V，功率为 40W，它的电阻是（　　）Ω。

A．620　　　　B．1210　　　　C．1600　　　　D．3200

3. 在电压 U 为 220V 的电源上并联两只灯泡，它们的功率分别是 P_1 为 100W 和 P_2 为 400W，则总电流 I 为（　　）A。

　　A. 0.45　　　　B. 1.37　　　　C. 1.82　　　　D. 2.27

4. 三个阻值相同的电阻 R，两个并联后与另一个串联，其总电阻等于（　　）Ω。

　　A. 0.5R　　　　B. 1R　　　　C. 1.5R　　　　D. 2R

5. 某长度的 1 mm^2 铜线的电阻为 3.4Ω，若同长度的 4 mm^2 的同种铜线，其电阻值为（　　）Ω。

　　A. 0.85　　　　B. 1.7　　　　C. 5.1　　　　D. 6.8

6. 导线的电阻为 4Ω，把它均匀地拉长到原来的 2 倍，电阻变为（　　）Ω。

　　A. 8　　　　B. 16　　　　C. 24　　　　D. 32

7. 有一额定值为 220V、1500W 的电阻炉，接在 220V 的交流电源上，则电阻炉的电阻和通过它的电流各为（　　）。

　　A. 32.3Ω，6.82A　　　　　　B. 35.3Ω，8.82A

　　C. 42.3Ω，9.82A　　　　　　D. 47.3Ω，14.82A

8. 把 L 为 0.1H 的电感线圈接在 U 为 220V、f 为 50Hz 的交流电源上，则感抗 X_L、电流 I 的值分别是（　　）。

　　A. 31.4Ω，3.5A　　　　　　B. 31.4Ω，7A

　　C. 62.8Ω，3.5A　　　　　　D. 62.8Ω，7A

9. 某直流电路的电压为 220V，电阻为 40Ω，其电流为（　　）A。

　　A. 1.8　　　　B. 4.4　　　　C. 5.5　　　　D. 8.8

10. 在交流电压为 220V 的供电线路中，若要使用一个额定电压为 110V，功率为 40W 的灯泡，则应串联一个阻值为（　　）Ω的电阻。

　　A. 285.5　　　　B. 290.5　　　　C. 295.5　　　　D. 302.5

11. 有一电源的电动势 E 为 3V，内阻 R_0 为 0.4Ω，外电路电阻 R 为 9.6Ω，则电源内部电压降 U_0 和端电压 U 的值分别为（　　）。

　　A. 0.8V，2V　　　　　　　B. 0.1V，2.2V

　　C. 0.12V，2.88V　　　　　　D. 0.15V，3.12V

12. 有一电路由三个电阻串联，$R_1=10\Omega$，$R_2=20\Omega$，$R_3=30\Omega$，电流 $I=8A$，则电路总电阻 R、电路端电压 U、电阻 R_1 上的电压 U_1 的值分别为（　　）。

      A. 15Ω，240V，80V   B. 60Ω，240V，160V

      C. 15Ω，480V，160V   D. 60Ω，480V，80V

13. 某对称三相负载作三角形（D）连接，接在线电压为 380V 的电源上，测得三相总功率为 6kW，每相功率因数 0.8。则负载的相电流和线电流的值分别为（　　）。

      A. 11.4A，6.58A   B. 6.58A，11.4A

      C. 6.58A，6.58A   D. 11.4A，11.4A

14. 某对称三相负载作三角形连接，接在线电压为 380V 的电源，测得三相总功率为 12kW，每相功率因数为 0.8。则负载的相电流和线电流的值分别为（　　）。

      A. 11.4A，6.58A   B. 6.58A，11.4A

      C. 13.16A，22.79A   D. 22.79A，13.16A

15. 已知正弦电流 $i_1=20\sqrt{2}\sin(314t+60°)$，$i_2=30\sin(314t-90°)$A，则用电流表分别测两电流值，其读数符合下列选项（　　）。（提示 $\sqrt{2}=1.414$）

      A. 20，30A   B. 20A，21.2A

      C. 28.28A，30A   D. 28.28A，21.2A

16. 某一正弦交流电的表达式 $i=I_m\sin(\omega t+\varphi_0)=1\times\sin(628t+30°)$A，则其有效值 I、频率 f、初相角 φ 的值符合下列选项（　　）。（提示 $\sqrt{2}=1.414$）

      A. 1A，50Hz，30°   B. 1A，100Hz，−30°

      C. 0.707A，100Hz，30°   D. 0.707A，50Hz，30°

17. 一额定电流 I_n 为 20A 的电炉箱接在电压为 220V 的电源上，求该电炉的功率 P 及用 10h 电炉所消耗电能 W 值，其值符合下列选项（　　）。

      A. 1.1kW，11kWh   B. 2.2kW，22kWh

      C. 3.3kW，33kWh   D. 4.4kW，44kWh

18. 有一用户，用一个功率为 1000W 的电开水壶每天使用 2h，三只功率为 100W 的白炽灯泡每天使用 4h。问一个月（30 天）的总用电量为（　　）kWh。

  A．82   B．90   C．96   D．104

19. 一台功率为 10kW 的电动机，每天工作时间为 8h，求一个月（30 天）的用电量为（　　）kWh。

  A．80   B．240   C．300   D．2400

20. 一负载接到电压 U 为 220V 的单相交流电路中，电路电流 I 为 5A，功率因数 $\cos\phi$ 为 0.8，求该电路视在功率 S 和有功功率 P 值符合下列选项（　　）。

  A．2200VA，1760W   B．2200VA，1320W

  C．1100VA，660W   D．1100VA，880W

21. 一电熨斗发热元件的电阻为 40Ω，通入 3A 电流，则其功率 P 为（　　）W。

  A．120   B．360   C．1200   D．4800

22. 在仅有一负载电阻为 484Ω 的闭合回路中，已知电压为 220V，这时负载消耗的功率值是（　　）W。

  A．20   B．50   C．80   D．100

23. 将 2Ω 与 3Ω 的两个电阻串联后，接在电压为 10V 的电源上，2Ω 电阻上消耗的功率为（　　）W。

  A．4   B．6   C．8   D．10

24. 有一额定值为 220V、1500W 的电阻炉，接在 220V 的交流电源上，则电阻炉被连续使用 4 个小时所消耗的电能为（　　）kWh。

  A．3   B．4.5   C．6   D．7.5

25. 有一额定值为 220V、1500W 的电阻炉，接在 220V 的交流电源上，则电阻炉的电阻和通过它的电流各为（　　）。

  A．32.3Ω，6.82A   B．35.3Ω，8.82A

  C．42.3Ω，9.82A   D．47.3Ω，14.82A

26. 有一额定值为 220V、2500W 的电阻炉，接在 220V 的交流电源上，则电阻炉的电阻和通过它的电流各为（　　）。

A. 32.3Ω，6.82A　　　　　B. 19.36Ω，11.37A

C. 42.3Ω，9.82A　　　　　D. 47.3Ω，14.82A

27. 某 10kV 变电所采用环网供电，本变电所 10kV 负荷电流为 60A，穿越电流为 40A，10kV 母线三相短路电流为 1000A，则应按（　）选择环网柜高压母线截面积。

A. 1060A　　　B. 1040A　　　C. 100A　　　D. 1100A

28. 在阻值为 100Ω 的电阻两端加交流电压 $U=220\sqrt{2}\sin 314t$。求流过该电阻的电流有效值 I，电阻消耗的功率 P，并写出电流的瞬时值表达式 i，其值符合下列选项（　）。

A. 2.2A，484W，$2.2\sqrt{2}\sin 314t$（A）

B. 2.2A，242W，$2.2\sqrt{2}\sin 314t$（A）

C. 3.11A，484W，$3.11\sqrt{2}\sin 314t$（A）

D. 3.11A，967W，$3.11\sqrt{2}\sin 314t$（A）

29. 将一根导线放在均匀磁场中，导线与磁力线方向垂直，已知导线长度 L 为 10m，通过的电流 I 为 50A 磁通密度为 B 为 0.5T，则该导线所受的电场力 F 为（　）N。

A. 50　　　B. 100　　　C. 200　　　D. 250

30. 有两个正弦电压：$U_1=100\sin(314t+120°)$ V，$U_2=50\sin(314t-90°)$ V，则 U_1 与 U_2 的相位差 Ψ 值和 U_1、U_2 的相位关系符合下列选项（　）。

A. 210°，超前　　　　　B. 210°，滞后

C. 30°，超前　　　　　D. 30°，滞后

31. 有一台电动机功率 P 为 1.1kW，接在 U 为 220V 的工频电源上，工作电流 I 为 10A，则该电动机的功率因数 $\cos\varphi$ 为（　）。

A. 0.45　　　B. 0.5　　　C. 0.7　　　D. 0.9

32. 在电容 C 为 50μF 的电容器上加电压 U 为 220V、频率 f 为 50Hz 的交流电，求容抗 X_C、无功功率 Q 的值符合下列选项（　）。

A. 63.69Ω，837.8kvar　　　　B. 63.69Ω，759.9kvar

C. 75.78Ω，837.8kvar　　　　D. 75.78Ω，759.9kvar

本 章 答 案

一、单选题

1. C	2. A	3. B	4. D	5. D
6. B	7. A	8. C	9. A	10. B
11. B	12. A	13. B	14. A	15. D
16. B	17. C	18. C	19. D	20. D
21. C	22. C	23. D	24. A	25. A
26. B	27. B	28. B	29. C	30. C
31. B	32. C	33. C	34. A	35. C
36. B	37. A	38. A	39. C	40. B
41. B	42. B	43. A	44. A	45. B
46. D	47. C	48. B	49. A	50. B
51. B	52. D	53. B	54. B	55. C
56. C	57. B	58. B	59. B	60. A
61. D	62. C	63. B	64. C	65. A
66. D	67. C	68. B	69. B	70. C
71. D	72. B	73. C	74. B	75. A
76. A	77. B	78. D	79. A	80. B
81. C	82. D	83. D	84. C	85. C
86. A	87. C	88. D	89. B	90. A
91. B	92. C	93. A	94. A	95. C
96. B	97. D	98. C	99. C	100. D
101. D	102. D	103. C	104. D	105. C
106. D	107. B	108. C	109. C	110. C
111. A	112. A	113. C	114. D	115. B
116. C	117. C	118. A	119. A	120. B
121. A	122. C	123. B	124. B	125. C
126. A	127. D	128. C	129. C	130. A

131. B	132. B	133. C	134. B	135. C
136. B	137. B	138. C	139. A	140. C
141. C	142. D	143. B	144. D	145. C
146. D	147. A	148. B	149. A	150. A
151. C	152. A	153. B	154. B	155. C
156. B	157. A	158. C	159. C	160. C
161. A	162. D	163. C	164. D	165. A
166. B	167. D	168. C	169. A	170. D
171. C	172. B	173. B	174. C	175. B
176. A	177. C	178. D	179. C	180. B
181. A	182. B	183. C	184. B	185. B
186. D	187. D	188. A	189. C	190. D
191. D	192. D	193. A	194. D	195. A

二、判断题

1. ×	2. ×	3. ×	4. ×	5. √
6. ×	7. √	8. √	9. ×	10. ×
11. √	12. √	13. ×	14. ×	15. √
16. √	17. √	18. ×	19. √	20. ×
21. ×	22. √	23. √	24. ×	25. √
26. √	27. ×	28. ×	29. ×	30. ×
31. √	32. √	33. √	34. √	35. √
36. ×	37. ×	38. √	39. √	40. ×
41. √	42. √	43. ×	44. √	45. ×
46. √	47. ×	48. ×	49. √	50. ×
51. √	52. √	53. ×	54. √	55. √
56. ×	57. √	58. ×	59. √	60. √
61. √	62. √	63. ×	64. √	65. √
66. √	67. √	68. ×	69. √	70. √
71. √	72. ×	73. √	74. ×	75. √
76. √	77. ×	78. √	79. ×	80. √

81. √　　82. ×　　83. ×　　84. √　　85. ×
86. √　　87. √　　88. ×　　89. √　　90. √
91. ×　　92. √　　93. ×　　94. √　　95. √
96. ×　　97. ×　　98. √　　99. √　　100. ×
101. √　　102. ×　　103. ×　　104. √　　105. √
106. ×　　107. √　　108. ×　　109. √　　110. ×
111. ×　　112. ×　　113. ×　　114. ×　　115. ×
116. √　　117. √　　118. ×　　119. ×　　120. √
121. √　　122. ×　　123. ×　　124. ×　　125. √
126. √　　127. ×　　128. ×　　129. ×　　130. ×
131. √　　132. ×　　133. ×　　134. ×　　135. ×
136. √　　137. √　　138. ×　　139. ×　　140. √
141. √　　142. ×　　143. ×　　144. ×

三、多选题

1. ABD　　2. AD　　3. ABCD　　4. BCD
5. AC　　6. BCD　　7. AC　　8. ABCD
9. ACD　　10. AC　　11. BCD　　12. AC
13. AC　　14. CD　　15. AB　　16. ABD
17. ABD　　18. CD　　19. ACD　　20. AC
21. ABCD　　22. BC　　23. BC　　24. ACD
25. ABC　　26. BC　　27. BC　　28. ABCD
29. BD　　30. BC　　31. BC　　32. AD
33. AD　　34. ACD　　35. AC　　36. CD
37. AD　　38. ABD　　39. BC　　40. AC
41. AD　　42. CD　　43. CD　　44. BD
45. BC　　46. AD　　47. AD　　48. ABCD
49. ACD　　50. ABC　　51. ACD　　52. AB
53. AC　　54. AD　　55. AB　　56. CD
57. ABD　　58. ABD　　59. AC　　60. BCD
61. AB　　62. ACD

四、案例分析及计算题

1. B	2. B	3. D	4. C	5. A
6. B	7. A	8. B	9. C	10. D
11. C	12. D	13. B	14. C	15. B
16. C	17. D	18. C	19. D	20. D
21. B	22. D	23. C	24. C	25. A
26. B	27. C	28. A	29. D	30. A
31. B	32. B			

第二章 电力系统基本知识

一、单选题

1．以煤、石油、天然气等作为燃料，燃料燃烧时的化学能转换为热能，然后借助汽轮机等热力机械将热能变为机械能，并由汽轮机带动发电机将机械能变为电能，这种发电厂称为（　）。

  A．风力电站   B．火力发电厂

  C．水力发电厂   D．核能发电厂

2．（　）是由于核燃料在反应堆内产生核裂变，释放出大量热能，由冷却剂（水或气体）带出，在蒸发器中将水加热为蒸汽，用高温高压蒸汽推动汽轮机，再带动发电机发电。

  A．风力电站   B．火力发电厂

  C．水力发电厂   D．核能发电厂

3．发电厂与用电负荷中心相距较远，为了减少网络损耗，所以必须建设（　）、高压、超高压输电线路，将电能从发电厂远距离输送到负荷中心。

  A．升压变电所   B．降压变电所

  C．中压变电所   D．低压变电所

4．从发电厂到用户的供电过程包括发电机、（　）、输电线、降压变压器、配电线等。

  A．汽轮机   B．电动机

  C．调相机   D．升压变压器

5．为了提高供电可靠性、经济性，合理利用动力资源，充分发挥水力发电厂作用，以及减少总装机容量和备用容量，现在都是将各种类型的发电厂、变电所通过（　）连接成一个系统。

  A．用电线路   B．输配电线路

C．发电线路　　　　　　　　D．配电线路

6．由各级电压的电力线路，将各种发电厂、变电所和电力用户联系起来的一个（　　）和用电的整体，叫做电力系统。

　　A．发电、输电、配电　　　　B．发电、输电、变电

　　C．变电、输电、配电　　　　D．发电、变电、配电

7．从发电厂到用户的供电过程包括发电机、升压变压器、（　　）、降压变压器、配电线路等。

　　A．输电线路　　　　　　　　B．变电线

　　C．磁力线　　　　　　　　　D．发电线

8．从发电厂发电机开始一直到（　　）为止，这一整体称为电力系统。

　　A．变电设备　　　　　　　　B．输电设备

　　C．发电设备　　　　　　　　D．用电设备

9．环网供电的目的是为了提高（　　）。

　　A．调度灵活性　　　　　　　B．供电安全性

　　C．供电可靠性　　　　　　　D．供电经济性

10．大型电力系统有强大的调频和（　　）能力，有较大的抵御谐波的能力，可以提供质量更高的电能。

　　A．调相　　　B．调功　　　C．调流　　　D．调压

11．大型电力系统有强大的（　　）和调压能力，有较大的抵御谐波的能力，可以提供质量更高的电能。

　　A．调频　　　B．调相　　　C．调功　　　D．调流

12．一般电力网通常由输电、变电、（　　）三个部分组成。

　　A．发电　　　B．配电　　　C．用电　　　D．强电

13．电网按其在电力系统中的作用不同，分为（　　）。

　　A．强电网和弱电网　　　　　B．输电网和配电网

　　C．大电网和小电网　　　　　D．高电网和低电网

14．电力系统中的各级电压线路及其联系的各级（　　），这一部分叫做电力网，或称电网。

　　A．变、配电所　　　　　　　B．断路器

C．隔离开关　　　　　　D．电流互感器

15．交流特高压输电网一般指（　）及以上电压电网。

A．800kV　　B．900kV　　C．1000kV　　D．1100kV

16．交流高压输电网一般指（　）、220kV 电网。

A．10kV　　B．20kV　　C．35kV　　D．110kV

17．直接将电能送到用户的网络称为（　）。

A．发电网　　B．输电网　　C．配电网　　D．电力网

18．中压配电网一般指 20kV、10kV、（　）、3kV 电压等级的配电网。

A．6kV　　B．110kV　　C．480V　　D．35kV

19．中压配电网一般指（　）、10kV、6kV、3kV 电压等级的配电网。

A．20kV　　B．110kV　　C．480V　　D．35kV

20．直流（　）称为特高压直流输电。

A．±600kV　　B．±700kV　　C．±800kV　　D．±900kV

21．一般直流（　）及以下称为高压直流输电。

A．±200kV　　B．±300kV　　C．±400kV　　D．±500kV

22．低压配电网一般指 220V、（　）电压等级的配电网。

A．3kV　　B．110kV　　C．400V　　D．35kV

23．低压配电网一般指（　）、400V 电压等级的配电网。

A．3kV　　B．110kV　　C．220V　　D．35kV

24．高压配电网一般指 35kV、（　）及以上电压等级的配电网。

A．10kV　　B．20kV　　C．110kV　　D．480V

25．电能不能大量储存，电力系统中瞬间生产的电力，必须（　）同一瞬间使用的电力。

A．等于　　B．大于　　C．小于　　D．略小于

26．当电压由 10kV 升压至 20kV，在一定的情况下，供电半径可增加（　）倍。

A．1　　B．2　　C．3　　D．4

27．当 20kV 取代 10kV 中压配电电压，原来线路导线线径不变，

则升压后的配电容量可以提高（ ）倍。

    A．1   B．2   C．3   D．4

28．在负荷不变的情况下，配电系统电压等级由 10kV 升至 20kV，功率损耗降低至原来的（ ）。

    A．10%   B．15%   C．20%   D．25%

29．电力生产的特点是同时性、集中性、适用性、（ ）。

    A．先行性   B．广泛性   C．统一性   D．储存性

30．发电厂、电网经一次投资建成之后，它就随时可以运行，电能（ ）时间、地点、空间、气温、风雨、场地的限制，与其他能源相比是最清洁、无污染、对人类环境无害的能源。

    A．不受或很少受   B．很受

    C．非常受   D．从来不受

31．用电负荷是用户在某一时刻对电力系统所需求的（ ）。

    A．电压   B．电流   C．功率   D．电阻

32．为了更好地保证用户供电，通常根据用户的重要程度和对供电可靠性的要求，将电力负荷分为（ ）类。

    A．三   B．四   C．五   D．六

33．下列各项，一般情况下属于一类用电负荷的是（ ）。

    A．农村照明用电

    B．中断供电时将造成人身伤亡

    C．市政照明用电

    D．小企业动力用电

34．中断供电时将影响有重大政治、经济意义的用电单位的正常工作，属于（ ）负荷。

    A．一类   B．二类   C．三类   D．四类

35．在一类用电负荷中，当中断供电将发生中毒、爆炸和火灾等情况的负荷，以及特别重要场所的不允许中断供电的负荷，称为（ ）。

    A．超一类负荷   B．重点负荷

    C．特别重要负荷   D．重载负荷

36．中断供电时将在经济上造成较大损失，属于（　）负荷。

　　A．一类　　　B．二类　　　C．三类　　　D．四类

37．一类负荷中的特别重要负荷，除由（　）独立电源供电外，还应增设应急电源，并不准将其他负荷接入应急供电系统。

　　A．一个　　　B．两个　　　C．三个　　　D．四个

38．凡不属于（　）负荷的用电负荷称为三类负荷。

　　A．一类和二类　　　　　　B．一类

　　C．二类　　　　　　　　　D．特别重要

39．在一类负荷的供电要求中，允许中断供电时间在（　）个小时以上的供电系统，可选用快速自启动的发电机组。

　　A．12　　　B．13　　　C．14　　　D．15

40．在一类负荷的供电要求中，允许中断供电时间为（　）的系统可选用蓄电池不间断供电装置等。

　　A．毫秒级　　　B．秒级　　　C．分级　　　D．小时级

41．在二类负荷的供电要求中，二类负荷的供电系统宜采用（　）回路线供电。

　　A．双　　　B．单　　　C．三　　　D．四

42．（　）是电力网中的线路连接点，是用以变换电压、交换功率和汇集、分配电能的设施。

　　A．变、配电所　　　　　　B．发电厂

　　C．输电线路　　　　　　　D．配电线路

43．变、配电所主要由主变压器、（　）、控制系统等部分构成，是电网的重要组成部分和电能传输的重要环节。

　　A．输电线路　　　　　　　B．配电线路

　　C．配电装置及测量　　　　D．发电厂

44．变、配电所主要由（　）、配电装置及测量、控制系统等部分构成，是电网的重要组成部分和电能传输的重要环节。

　　A．主变压器　　　　　　　B．发电厂

　　C．输电线路　　　　　　　D．配电线路

45．按变电所在电力系统中的位置、作用及其特点划分，变电

所的主要类型有枢纽变电所、区域变电所、地区变电所、（　　）、用户变电所、地下变电所和无人值班变电所等。

  A．配电变电所   B．110kV 变电所

  C．10kV 变电所   D．35kV 变电所

46．变电所通常按其（　　）来分类，如 500kV 变电所、220kV 变电所等。

  A．最高一级电压   B．平均电压

  C．最低一级电压   D．中间电压

47．变、配电所一次主接线中所用的电气设备，称为（　　）。

  A．一次设备   B．二次设备

  C．远动设备   D．通信设备

48．在 10kV 变电所中，主变压器将（　　）的电压变为 380/220V 供给 380/220V 的负荷。

  A．10kV B．35kV C．110kV D．20kV

49．电流互感器是将高压系统中的电流或者低压系统中的大电流改变为（　　）标准的小电流。

  A．低压系统   B．中压系统

  C．高压系统   D．超高压系统

50．双电源的高压配电所电气主接线，可以一路电源供电，另一路电源进线备用，两段母线并列运行，当工作电源断电时，可手动或自动地投入（　　），即可恢复对整个配电所的供电。

  A．工作电源   B．备用电源

  C．发电电源   D．直流电源

51．（　　）的配电系统中，在一段母线故障或检修时，另一段母线仍旧能继续运行。

  A．单母线分段接线   B．单母线接线

  C．内桥接线   D．外桥接线

52．电源进线电压为 10kV 的用户，一般总降压变压所将 10kV 电压降低到（　　）V 后，然后经低压配电线路供电到各用电场所，供给低压用电设备用电。

A．500/400　　B．380/220　　C．380/260　　D．500/220

53．关于380/220V市电系统，说法正确的是（　　）。

A．220V是相电压，380V是线电压

B．220V是线电压，380V是相电压

C．220V和380V都是相电压

D．以上答案皆不对

54．当单电源变电所的高压为（　　）接线，低压为单母线接线方式，只要线路或变压器及变压器低压侧任何一元件发生故障或检修，整个变电所都将停电，母线故障或检修，整个变电所也要停电。

A．线路—变压器组　　　　B．双母线接线

C．单母线分段接线　　　　D．单母线接线

55．当负荷较大而且有很多重要负荷的用户时，通常采用（　　）的总降压变电所的电气主接线。

A．双电源进线单台变压器

B．双电源进线两台变压器

C．单电源进线两台变压器

D．单电源进线单台变压器

56．（　　）的特点是变压器故障或检修不影响线路运行，而线路故障或检修要影响变压器运行，相应的变压器要短时停电。

A．外桥接线　　　　　　　B．内桥接线

C．单母线接线　　　　　　D．单母线分段接线

57．只要在配电装置的布置上采取适当措施，采用桥接线的变电所主接线还可能发展为（　　），以便增加进出线回路。

A．单母线接线　　　　　　B．单母线分段接线

C．线路变压器组接线　　　D．双母线

58．小容量配电所高压侧通常采用负荷开关—熔断器、（　　）等主接线形式。

A．隔离开关　　　　　　　B．熔断器

C．隔离开关—熔断器　　　D．断路器—熔断器

59. 装设双台变压器的用电变电所，当一台变压器故障、检修或正常停运时，断开该变压器高、低压侧断路器，合上（ ），即可将负荷改由另一台运行变压器供电。

    A. 旁路断路器　　　　　　　　B. 分段断路器

    C. 主变断路器　　　　　　　　D. 线路断路器

60. 供电质量指（ ）与供电可靠性。

    A. 电能质量　　　　　　　　　B. 电压质量

    C. 电流质量　　　　　　　　　D. 功率质量

61. 电能质量包括（ ）、频率和波形的质量。

    A. 电流　　　B. 电压　　　C. 电阻　　　D. 功率

62. 电压质量包含（ ）、电压允许波动与闪变、三相电压允许不平衡度等内容。

    A. 电流允许偏差　　　　　　　B. 电压允许偏差

    C. 电阻允许偏差　　　　　　　D. 功率允许偏差

63. 供电电压允许偏差通常是以电压实际值和电压额定值之差与电压（ ）之比的百分数来表示。

    A. 额定值　　　B. 实际值　　　C. 瞬时值　　　D. 有效值

64. 当电压上升时，白炽灯的（ ）将大为缩短。

    A. 寿命　　　　　　　　　　　B. 光通量

    C. 发光效率　　　　　　　　　D. 发热量

65. 灯泡通电的时间越长，则（ ）。

    A. 消耗的电能就越少　　　　　B. 消耗的电能就越多

    C. 产生的电能就越少　　　　　D. 产生的电能就越多

66. 当电压过高时，电动机可能（ ）。

    A. 不能启动　　　　　　　　　B. 绝缘老化加快

    C. 反转　　　　　　　　　　　D. 倒转

67. 电视、广播、传真、雷达等电子设备对电压质量的要求更高，（ ）将使特性严重改变而影响正常运行。

    A. 电压过高或过低　　　　　　B. 只有电压过高

    C. 只有电压过低　　　　　　　D. 电压合格

68. 供电电压允许偏差规定，35kV 及以上电压供电的，电压正、负偏差绝对值之和不超过额定电压的（　　）。

    A. 6%　　　B. 8%　　　C. 10%　　　D. 12%

69. 供电电压允许偏差规定，（　　）电压允许偏差为额定电压的±7%。

    A. 10kV 及以下三相供电的

    B. 10kV 及以上三相供电的

    C. 35kV 及以下三相供电的

    D. 35kV 及以上三相供电的

70. 在某一个时段内，电压急剧变化而偏离额定值的现象，称为（　　）。

    A. 电压波动　　　　　　B. 电压闪避

    C. 电压偏移　　　　　　D. 电压剧变

71. 供电电压允许偏差规定，低压照明用户供电电压允许偏差为额定电压的（　　）。

    A. +4%～-10%　　　　　B. +5%～-10%

    C. +6%～-10%　　　　　D. +7%～-10%

72. 电压变化的速率大于（　　），即为电压急剧变化。

    A. 1%　　　B. 2%　　　C. 3%　　　D. 4%

73. （　　）电压急剧波动引起灯光闪烁，光通量急剧波动，而造成人眼视觉不舒适的现象，称为闪变。

    A. 长期性　　B. 周期性　　C. 连续性　　D. 间隔性

74. 用户用的电力变压器一般为无载调压型，其高压绕组一般有（　　）UN 的电压分接头，当用电设备电压偏低时，可将变压器电压分接头放在较低档。

    A. 1±1×2.5%　　　　　B. 1±2×2.5%

    C. 1±3×2.5%　　　　　D. 1±4×2.5%

75. 电力系统中进行无功补偿可提高（　　）。

    A. 负荷率

    B. 用电量

C．功率因素

D．提高断路器开断短路电流能力

76．系统中过多的（　　）传送，很可能引起系统中电压损耗增加、电压下降，从而引起电网电压偏低。

A．有功功率　　　　　　　B．无功功率

C．传输功率　　　　　　　D．自然功率

77．供电频率偏差通常是以实际频率和额定频率之（　　）与额定频率之比的百分数来表示。

A．和　　　　B．差　　　　C．积　　　　D．商

78．供电频率的允许偏差规定，电网装机容量在 3000MW 及以下的为（　　）Hz。

A．±0.3　　B．±0.4　　C．±0.5　　D．±0.6

79．供电频率的允许偏差规定，在电力系统非正常状态下供电频率允许偏差可超过（　　）Hz。

A．±0.8　　B．±0.9　　C．±1.0　　D．±1.1

80．在并联运行的同一电力系统中，不论装机容量的大小、任一瞬间的（　　）在全系统都是一致的。

A．频率　　　B．电压　　　C．电流　　　D．波形

81．为了保证频率偏差不超过规定值，必须维持电力系统的（　　）平衡，采取相应的调频措施。

A．有功功率　　B．无功功率　　C．电流　　　D．电压

82．电网谐波的产生，主要在于电力系统中存在各种（　　）元件。

A．电感元件　　　　　　　B．电容元件

C．非线性元件　　　　　　D．三相参数不对称

83．大型的（　　）和大型电弧炉，产生的谐波电流最为突出，是造成电网谐波的主要因素。

A．荧光灯　　　　　　　　B．晶闸管变流设备

C．高压汞灯　　　　　　　D．变压器

84．大型的晶闸管变流设备和（　　），它们产生的谐波电流最

为突出，是造成电网谐波的主要因素。

  A．荧光灯   B．变压器

  C．高压汞灯   D．大型电弧炉

  85．电力系统中相与相之间或相与地之间（对中性点直接接地系统而言）通过金属导体、电弧或其他较小阻抗连接而形成的非正常状态称为（   ）。

  A．短路   B．开路   C．接地   D．暂态

  86．在发电机出口端发生短路时，流过发电机的短路电流最大瞬时值可达额定电流的（   ）倍。

  A．10～15   B．5～10   C．0～5   D．15～20

  87．三相系统中发生的短路有 4 种基本类型，三相短路、两相短路、（   ）和两相接地短路。

  A．单相接地短路   B．相相短路

  C．相地短路   D．瞬时短路

  88．在三相系统中发生的短路中，除（   ）时，三相回路依旧对称，其余三类均属不对称短路。

  A．三相短路   B．两相短路

  C．单相接地短路   D．两相接地短路

  89．在中性点接地的电力系统中，以（   ）的短路故障最多，约占全部故障的 90%。

  A．三相短路   B．两相短路

  C．单相接地   D．两相接地短路

  90．在中性点（   ）的电力系统中，以单相接地的短路故障最多，约占全部故障的 90%。

  A．接地   B．不接地

  C．经消弧线圈接地   D．经小电阻接地

  91．发生短路时，电力系统从正常的稳定状态过渡到短路的稳定状态，一般需（   ）秒。

  A．1～2   B．2～3   C．3～4   D．3～5

  92．发生短路时，在短路后约（   ）秒时将出现短路电流的最

大瞬时值，称为冲击电流。

    A．0.01   B．0.02   C．0.03   D．0.05

93．发生短路时，冲击电流会产生很大的电动力，其大小可用来校验电气设备在发生短路时的（　　）。

    A．动稳定性   B．动平衡性

    C．热稳定性   D．热平衡性

94．（　　）的分析、计算是电力系统分析的重要内容之一，它为电力系统的规划设计和运行中选择电气设备、整定继电保护、分析事故提供了有效手段。

    A．短路电流   B．短路电压

    C．开路电流   D．开路电压

95．电路处于（　　）状态时，电路中的电流会因为过大而造成损坏电源、烧毁导线，甚至造成火灾等严重事故。

    A．通路   B．断路   C．短路   D．开路

96．电力系统发生短路时，短路点的（　　）可能烧毁电气设备的载流部分。

    A．电弧   B．电场   C．电磁   D．电炉

97．（　　）短路，其不平衡电流将产生较强的不平衡磁场，会对附近的通信线路、电子设备及其他弱电控制系统产生干扰信号，使通信失真、控制失灵、设备产生误动作。

    A．不对称的接地   B．三相接地

    C．对称接地   D．对称或者不对称接地

98．在降压变电所内，为了限制中压和低压配电装置中的短路电流，可采用变压器低压侧（　　）方式。

    A．分列运行   B．并列运行

    C．分列和并列运行   D．分列或并列运行

99．电网经常解列是将机组和线路分配在不同的母线系统或母线分段上，并将（　　）断开运行，这样可显著减小短路电流。

    A．母线联络断路器或母线分段断路器

    B．主变断路器

  C．主变或线路断路器

  D．线路断路器

  100．在电力系统中，用得较多的限制短路电流的方法有（ ）、采用分裂绕组变压器和分段电抗器、采用线路电抗器、采用微机保护及综合自动化装置等。

  A．选择合适的接线方式 B．真空断路器

  C．并联电容器   D．液压断路器

  101．在电力系统中，用得较多的限制短路电流的方法有，选择合适的接线方式、采用分裂绕组变压器和分段电抗器、采用线路电抗器、采用（ ）等。

  A．微机保护及综合自动化装置

  B．电磁保护

  C．晶体管保护

  D．熔断器

  102．为了限制 6～10kV 配电装置中的短路电流，可以在母线上装设（ ）。

  A．分段电抗器   B．并联电容器

  C．避雷器   D．电压互感器

  103．（ ）主要用于发电厂向电缆电网供电的 6～10kV 配电装置中，其作用是限制短路电流，使电缆网络在短路情况下避免过热，减少所需要的开断容量。

  A．线路电抗器   B．线路电容器

  C．线路阻波器   D．线路电阻

  104．一般发生短路故障后约 0.01s 时出现最大短路冲击电流，采用微机保护一般仅需（ ）s 就能发出跳闸指令，使导体和设备避免承受最大短路电流的冲击，从而达到限制短路电流的目的。

  A．0.002 B．0.003 C．0.004 D．0.005

  105．配电变压器或低压发电机中性点通过接地装置与大地相连，即为（ ）。

  A．工作接地   B．防雷接地

C．保护接地　　　　　　　D．设备接地

106．（　　）是指为了保证电气设备在系统正常运行或发生事故情况下能正常工作而进行的接地。

A．工作接地　　　　　　　B．防雷接地

C．保护接地　　　　　　　D．设备接地

107．工作接地的接地电阻一般不应超过（　　）Ω。

A．3　　　　B．4　　　　C．5　　　　D．6

108．在中性点直接接地的电力系统中，发生单相接地故障时，非故障相对地电压（　　）。

A．不变　　　B．升高　　　C．降低　　　D．消失

109．在中性点（　　）接地的电力系统中，发生单相接地故障时，非故障相对地电压会不变。

A．直接　　　　　　　　　B．不

C．经消弧线圈　　　　　　D．经小电阻

110．在中性点直接接地的电力系统中，发生单相接地故障时，各相对地绝缘水平取决于（　　）。

A．相电压　　　　　　　　B．线电压

C．线或相电压　　　　　　D．额定电压

111．在110kV及以上的电力系统，一般采用中性点直接接地的运行方式，以（　　）。

A．降低设备的绝缘水平　　B．保障人身安全

C．保障人身设备安全　　　D．提高供电可靠性

112．在110kV及以上的电力系统，一般采用（　　）的运行方式，以降低线路的绝缘水平。

A．中性点不接地　　　　　B．中性点直接接地

C．中性点经消弧线圈接地　D．中性点经电阻接地

113．在低压配电系统中广泛采用的TN系统和TT系统，均为（　　）运行方式，其目的是保障人身设备安全。

A．中性点不接地　　　　　B．中性点直接接地

C．中性点经消弧线圈接地　D．中性点经电阻接地

114. 在（　　）中广泛采用的 TN 系统和 TT 系统，均为中性点直接接地运行方式，其目的是保障人身设备安全。

  A. 中压配电系统   B. 低压配电系统

  C. 高压配电系统   D. 中低压配电系统

115. 中性点直接接地是指电力系统中（　　）中性点直接或经小阻抗与接地装置相连接。

  A. 只有 1 个   B. 至少 1 个

  C. 至少 2 个   D. 必须全部

116. 中性点不接地的电力系统中，当系统正常运行时，相电压对称，三相对地电容电流也对称流入大地中的电流为（　　）。

  A. 相电流   B. 线电流

  C. 零   D. 额定电流

117. 中性点不接地的电力系统中，发生单相接地故障时，接地相对地电压（　　）。

  A. 最高为线电压   B. 最高为相电压

  C. 最低为相电压   D. 最低为零

118. 在中性点不接地的电力系统中，当系统发生单相完全接地故障时，单相接地电流数值上等于系统正常运行时每相对地电容电流的（　　）倍。

  A. 1   B. 2   C. 3   D. 4

119. 在中性点不接地的电力系统中，由于发生单相完全接地时，非故障相对地电位升高为（　　）容易引起绝缘损坏，从而引起两相或三相短路，造成事故。

  A. 相电压   B. 线电压

  C. 线或相电压   D. 额定电压

120. 中性点不接地的电力系统中，发生单相接地故障时，非故障相对故障相的电压为（　　）。

  A. 相电压   B. 最高为相电压

  C. 线电压   D. 最高为线电压

121. 在（　　）的电力系统中，由于发生单相完全接地时，非故障相对地电位升高为线电压，容易引起绝缘损坏，从而引起两相或三相短路，造成事故。

  A．中性点经消弧线圈接地

  B．中性点不接地

  C．中性点直接接地

  D．中心点经小电阻接地

  122．在中性点不接地的电力系统中，由于发生（ ）时，非故障相对地电位升高为线电压，容易引起绝缘损坏，从而引起两相或三相短路，造成事故。

  A．两相接地   B．三相接地

  C．单相接地   D．单相完全接地

  123．我国 10kV 电网，为提高供电的可靠性，一般采用（ ）的运行方式。

  A．中性点不接地

  B．中性点直接接地

  C．中性点经消弧线圈接地

  D．中性点经电阻接地

  124．一般在 10kV 系统中，当（ ）电流大于 30A，电源中性点就必须采用经消弧线圈接地方式。

  A．单相接地   B．三相接地短路

  C．电容   D．中性点

  125．一般在 10kV 系统中，当单相接地电流大于（ ）A，电源中性点就必须采用经消弧线圈接地方式。

  A．10 B．20   C．30   D．40

  126．中性点非直接接地系统中用电设备的绝缘水平应按（ ）考虑。

  A．相电压   B．$\sqrt{2}$ 倍相电压

  C．$\sqrt{3}$ 倍相电压   D．2 倍相电压

  127．在中性点不接地的电力系统中，当发生单相接地故障时，流入大地的电流若过大，就会在接地故障点出现断续电弧而引起

（ ）。

  A．过电压 B．过电流 C．过负荷 D．欠电压

  128．中性点不接地的电力系统中，发生单相接地故障时，可继续运行（ ）h。

  A．20   B．2

  C．12   D．没有规定

  129．我国 10kV 电网，为提高（ ），一般采用中性点不接地的运行方式。

  A．供电的可靠性   B．电能质量

  C．电压质量   D．频率质量

  130．消弧线圈实际是一个铁芯线圈，其电阻很小，（ ）很大。

  A．电阻 B．电压 C．电抗 D．电容

  131．消弧线圈实际是一个铁芯线圈，其（ ）很小，电抗很大。

  A．电阻   B．电压   C．电抗   D．电容

  132．在中性点经消弧线圈接地系统中，当系统发生单相接地时，接地电容电流与消弧线圈电流（ ），在接地点相互补偿，使接地电流减小。

  A．方向相反   B．方向相同

  C．相差 90°   D．相差 45°

  133．在中性点经消弧线圈接地系统中，如果消弧线圈选择得当，可使接地点电流小于（ ），而不会产生断续电弧和过电压现象。

  A．电弧电流   B．补偿电流

  C．对地电容电流   D．生弧电流

  134．在中性点经消弧线圈接地系统中，当发生单相接地故障时，一般允许运行 2h，同时需发出（ ）。

  A．三相跳闸信号   B．故障相跳闸信号

  C．报警信号   D．提示信号

  135．在中性点经消弧线圈接地系统中，当发生（ ）故障时，

一般允许运行 2h，需发出报警信号。

    A．三相接地短路   B．两相接地短路

    C．单相接地   D．两相短路

136．在中性点（　）接地系统中，当发生单相接地故障时，一般允许运行 2h，需发出报警信号。

    A．经消弧线圈   B．直接

    C．经小电阻   D．经小电容

137．根据消弧线圈的电感电流对接地电容电流补偿程度的不同，分为全补偿、（　）、过补偿三种补偿方式。

    A．电容补偿   B．电感补偿

    C．欠补偿   D．电阻补偿

138．根据消弧线圈的电感电流对接地电容电流补偿程度的不同，分为全补偿、欠补偿、（　）三种补偿方式。

    A．电容补偿   B．电感补偿

    C．过补偿   D．电阻补偿

139．根据（　）对接地电容电流补偿程度的不同，分为全补偿、欠补偿、过补偿三种补偿方式。

    A．消弧线圈的电感电流

    B．接地电阻的电阻电流

    C．接地小阻抗的感性电流

    D．直接接地电流

140．当调整消弧线圈的分接头使得消弧线圈的电感电流等于接地电容电流，则流过接地点的电流为（　）A，称为全补偿。

    A．0   B．10   C．5   D．1

141．过补偿方式可避免（　）的产生，因此得到广泛采用。

    A．谐振过电流   B．谐振过电压

    C．大气过电压   D．操作过电压

142．（　）可避免谐振过电压的产生，因此得到广泛采用。

    A．过补偿   B．完全补偿

    C．欠补偿   D．电阻补偿

143．当消弧线圈的电感电流大于接地电容电流时，接地处具有多余的电感性电流，这种补偿方式称为（　）。

　　A．欠补偿　　　　　　　B．过补偿

　　C．全补偿　　　　　　　D．适度补偿

144．当消弧线圈的电感电流大于（　）时，接地处具有多余的电感性电流称为过补偿。

　　A．接地电容电流

　　B．接地电感电流

　　C．接地电阻性电流

　　D．接地电容电流和接地电阻性电流

145．当消弧线圈的电感电流大于接地电容电流时，接地处具有多余的（　）称为过补偿。

　　A．电容性电流　　　　　B．电感性电流

　　C．电阻性电流　　　　　D．泄漏电流

146．在中性点不接地的电力系统中，当发生单相接地故障时，流入大地的电流若过大，就会在接地故障点出现断续电弧而引起（　）。

　　A．过电压　　　　　　　B．过电流

　　C．过负荷　　　　　　　D．欠电压

147．电力系统中性点低电阻接地方式的主要特点是在电网发生（　）时，能获得较大的阻性电流，直接跳开线路开关，迅速切除单相接地故障，过电压水平低，谐振过电压发展不起来，电网可采用绝缘水平较低的电气设备。

　　A．单相接地　　　　　　B．三相接地短路

　　C．两项接地短路　　　　D．两项短路

148．低电阻接地方式的主要特点是在电网发生单相接地时，能获得较大的（　）。

　　A．容性电流　　　　　　B．阻性电流

　　C．感性电流　　　　　　D．线性电流

149．我国国标对 35～110kV 系统规定的电压波动允许值是

67

（ ）。

  A. 1.6% B. 2%   C. 2.5%   D. 5%

二、判断题

1. 由各级电压的电力线路，将各种发电厂、变电所和电力用户联系起来的一个发电、输电、配电和用电的整体，叫做电力系统。（ ）

2. 以煤、石油、天然气等作为燃料，燃料燃烧时的化学能转换为热能，然后借助汽轮机等热力机械将热能变为机械能，并由汽轮机带动发电机将机械能变为电能，这种发电厂称火力发电厂。（ ）

3. 火力发电厂假如既发电又供热则称热电厂。（ ）

4. 利用江河所蕴藏的水力资源来发电，这种电厂称水力发电厂。（ ）

5. 除火电厂、水电厂、核电厂外还有地热电站、风力电站、潮汐电站等等。（ ）

6. 从发电厂发电机开始一直到变电设备为止，这一整体称为电力系统。（ ）

7. 大型电力系统构成了环网、双环网，对重要用户的供电有保证，当系统中某局部设备故障或某部分线路需要检修时，可以通过变更电力网的运行方式，对用户连续供电，减少由于停电造成的损失。（ ）

8. 电力系统的运行具有灵活性，各地区可以通过电力网互相支持，为保证电力系统安全运行所必需的备用机组必须大大地增加。（ ）

9. 输电网中又分为交流高压输电网（一般指 110、220kV 电网）、交流超高压输电网（一般指 330、500、750kV 电网）、交流特高压输电网（一般指 1000kV 及以上电压电网）。（ ）

10. 电网按其在电力系统中的作用不同，分为输电网和配电网，配电网是以高压甚至超高电压将发电厂、变电所或变电所之间连接起来的送电网络，所以又称为电力网中的主网架。（ ）

11. 配电网的电压根据用户负荷情况和供电要求而定，配电网中又分为高压配电网（一般指 35kV、110kV 及以上电压）、中压配电网（一般指 20kV、10kV、6kV、3kV 电压）及低压配电网（220V、400V）。（　　）

12．直接将电能送到用户的网络称为输电网。（　　）

13．一般电压等级为 35kV 或 110kV 的线路称为高压配电线路。（　　）

14．电能的生产、输送、分配以及转换为其他形态能量的过程，是分时进行的。（　　）

15．电力系统的发电、供电、用电无须保持平衡。（　　）

16．装设双台变压器的用电、用电在同一时间内完成的特点，决定了发电、供电、用电必须时刻保持平衡，发供电随用电的瞬时增减而增减。（　　）

17．电力生产具有发电、供电、用电在同一时间内完成的特点，决定了发电、供电、用电必须时刻保持平衡，发供电随用电的瞬时增减而增减。（　　）

18．在一个电网里不论有多少个发电厂、供电公司，都必须接受电网的统一调度，并依据统一质量标准、统一管理办法，在电力技术业务上受电网的统一指挥和领导，电能由电网统一分配和销售，电网设备的启动、检修、停运、发电量和电力的增减，都由电网来决定。（　　）

19．发电厂、电网经一次投资建成之后，它就随时可以运行，电能不受或很少受时间、地点、空间气温、风雨、场地的限制，与其他能源相比是最清洁、无污染、对人类环境无害的能源。（　　）

20．用电负荷是用户在某一时刻对电力系统所需求的电流。
（　　）

21．若中断供电时可能造成人身伤亡情况，则称为＿类负荷。
（　　）

22．若中断供电时将在经济上造成较大损失，则称为一类负荷。
（　　）

23．若中断供电将影响重要用电单位的正常工作，则称为二类

负荷。（　　）

24. 凡不属于一类和二类负荷的用电负荷称为三类负荷。（　　）

25. 对一类负荷的供电要求，应由两个独立电源供电，当一个电源发生故障时，另一个电源不应同时受到损坏。（　　）

26. 在供电要求中，对一类负荷中的特别重要负荷，除由两个独立电源供电外，还应增设应急电源，并可以将其他负荷接入应急供电系统。（　　）

27. 对于三类负荷，应采取最少不少于两个独立电源供电。（　　）

28. 配备应急电源时，自动投入装置的动作时间能满足允许中断供电时间的系统可选用带自动投入装置的独立于正常电源的专用馈电线路。（　　）

29. 配备应急电源时，对于允许中断供电时间在 5 小时以上的供电系统，可选用快速自启动的发电机组。（　　）

30. 配备应急电源时，允许中断供电时间为秒级的系统可选用蓄电池不间断供电装置等。（　　）

31. 二类负荷的供电系统宜采用双回路线供电，两回路线应尽量引自不同变压器或两段母线。（　　）

32. 对三类负荷供电要求，一般不考虑特殊要求。（　　）

33. 变、配电所是电力网中的线路连接点，是用以变换电压、交换功率和汇集、分配电能的设施。（　　）

34. 按变电所在电力系统中的位置、作用及其特点划分，变电所的主要类型有枢纽变电所、区域变电所、地区变电所、配电变电所、用户变电所、地下变电所和无人值班变电所等。（　　）

35. 电气主接线中所用的电气设备，称为二次设备。（　　）

36. 变、配电所中用来承担输送和分配电能任务的电路，称为一次电路或电气主接线。（　　）

37. 单母线分段接线在母线故障或检修时，配电所将全所停电。（　　）

38. 单母线接线，在一段母线故障或检修时，另一段母线仍旧能继续运行。（　　）

39. 在降压变电所内，变压器是将高电压改变为低电压的电气设备。（ ）

40. 高压为线路一变压器组接线，低压为单母线接线，只要线路或变压器及变压器低压侧任何一元件发生故障或检修，整个变电所都将停电，母线故障或检修，整个变电所也要停电。（ ）

41. 对于没有总降压变电所和高压配电所的用电区变电所或小型用户降压变电所，在变压器高压侧必须配置足够的高压开关设备以便对变压器控制和保护。（ ）

42. 装设双台变压器的用电区变电所或小型用户变电所，一般负荷较重要或者负荷变化较大，需经常带负荷投切，所以变压器高低压侧开关都采用断路器（低压侧装设低压断路器，即自动空气开关）。（ ）

43. 系统最高工作电压对电气设备和电力系统安全运行危害极大。（ ）

44. 就照明负荷来说，当电压降低时，白炽灯的发光效率和光通量都急剧上升。（ ）

45. 当电压比额定值高 10% 时，白炽灯的寿命将下降 20%。（ ）

46. 电视、广播、传真、雷达等电子设备对电压质量的要求不高，电压过高或过低都不会使特性严重改变而影响正常运行。（ ）

47. 在某一个时段内，电压急剧变化而偏离最大值的现象，称为电压波动。（ ）

48. 电压变化的速率大于 2% 的，即为电压急剧变化。（ ）

49. 低压照明用户供电电压允许偏差为额定电压的 +10% ~ -10%。（ ）

50. 10kV 及以下三相供电的，电压允许偏差为额定电压的 ±10%。（ ）

51. 35kV 及以上电压供电的，电压正、负偏差绝对值之和不超过额定电压 5%。（ ）

52. 一般地，电力系统的运行电压在正常情况下不允许超过额定电压。（ ）

53．一般地，电力系统的运行电压在正常情况下不允许超过最高工作电压。（　）

54．电动机的起动、电焊机的工作，特别是大型电弧炉和大型轧钢机等冲击性负荷的工作，均会引起电网电压的波动，电压波动可影响电动机的正常起动，甚至使电动机无法起动。（　）

55．非周期性电压急剧波动引起灯光闪烁，光通量急剧波动，而造成人眼视觉不舒适的现象，称为闪变。（　）

56．对调压要求高的情况，可选用有载调压变压器，使变压器的电压分接头在带负荷情况下实时调整，以保证电压稳定。（　）

57．供配电系统中的电压损耗在输送功率确定后，其数值与各元件的阻抗成正比，所以增大供配电系统的变压级数和减少供配电线路的导线截面，是减小电压损耗的有效方法，线路中各元件电压损耗减少，就可提高末端用电设备的供电电压。（　）

58．三相负荷假如不平衡，会使有的相负荷过大，有的相负荷过小，负荷过小的相，电压损耗大大增加，这样使末端用电设备端电压太低，影响用电安全。（　）

59．对于电力系统中过多的无功功率传送引起的电压损耗增加和电压下降，应采用无功补偿设备（例如：投入并联电容器或增加并联电容器数量）解决。（　）

60．电力系统无功补偿一般采用耦合电容器。（　）

61．为了保证电压质量合乎标准，往往需要装设必要的有功补偿装置和采取一定的调压措施。（　）

62．若系统中过多的有功功率传送，则可能引起系统中电压损耗增加，电压下降。（　）

63．在供电系统设计时要正确选择设备，防止出现"大马拉小车"等不合理现象，即提高自然功率因数。（　）

64．由两台变压器并联运行的工厂，当负荷小时可改为一台变压器运行。（　）

65．运行中可在工厂变配电所的母线上或用电设备附近装设并联电容器，用其来补偿电感性负载过大的感性电流，减小无功损耗，

提高功率因数，提高末端用电电压。（　）

66．系统功率因数太低，会使系统无功损耗增大，同时使线路中各元件的电压损耗也增加，导致末端用电设备端电压太低，影响安全可靠用电。（　）

67．在电力系统中，若供电距离太长，线路导线截面太小，变压级数太多，则可能造成电压损耗增大，引起电压下降。（　）

68．在电力系统中，对于供电距离太长、线路导线截面太小、变压级数太多等引起的电压下降，可采用调整变压器分接头、降低线路阻抗等方法解决。（　）

69．电网中发电机发出的正弦交流电压每分钟交变的次数，称为频率，或叫供电频率。（　）

70．频率是电能质量的重要指标之一，我国电力采用交流 60Hz 频率，俗称"工频"。（　）

71．频率自动调节装置可以提高电力系统的供电可靠性。（　）

72．对电动机而言，频率降低将使电动机的转速上升，增加功率消耗，特别是某些对转速要求较严格的工业部门（如纺织、造纸等），频率的偏差将大大影响产品质量，甚至产生废品。（　）

73．对电动机而言，频率增高将使其转速降低，导致电动机功率的降低，将影响所带动转动机械的出力，并影响电动机的寿命。（　）

74．在电力系统正常状态下，电网装机容量在 3000MW 及以上，供电频率允许偏差为±0.3Hz。（　）

75．在电力系统正常状态下，电网装机容量在 3000MW 及以下，供电频率允许偏差为±1.0Hz。（　）

76．在电力系统非正常状态下，供电频率允许偏差可超过±2.0Hz。（　）

77．日常用的交流电是正弦交流电，正弦交流电的波形要求是严格的正弦波（包括电压和电流）。（　）

78．谐波电流通过交流电动机，不仅会使电动机的铁芯损耗明显增加，绝缘介质老化加速，缩短使用寿命，而且还会使电动机转子发生振动现象，严重影响机械加工的产品质量。（　）

79．当电源波形不是严格正弦波时，它就有很多的高次谐波成分，谐波对电气设备的危害很大，可使变压器的铁芯损耗明显增加，从而使变压器出现过热，不仅增加能耗，而且使其绝缘介质老化加速，缩短使用寿命。（　）

80．谐波电压加在电容器两端时，由于电容器对谐波的阻抗很小，因此电容器很容易发生过电流发热导致绝缘击穿甚至造成烧毁。（　）

81．谐波电流可使电力系统发生电流谐振，从而在线路上引起过电流，有可能击穿线路的绝缘。（　）

82．电网谐波的产生，主要在于电力系统中存在各种线性元件。（　）

83．产生谐波的元件很多，最为严重的是大型的晶闸管变流设备和大型电弧炉，它们产生的谐波电流最为突出，是造成电网谐波的主要因素。（　）

84．电力系统正常运行时，各相之间是导通的。（　）

85．电力系统中相与相之间或相与地之间（对中性点直接接地系统而言）通过金属导体、电弧或其他较小阻抗连接而形成的正常状态称为短路。（　）

86．电力系统在运行中，相与相之间或相与地（或中性线）之间发生短路时流过的电流，其值可远远大于额定电流，并取决于短路点距电源的电气距离。（　）

87．在发电机出口端发生短路时，流过发电机的短路电流最大瞬时值可达额定电流的 10～15 倍，大容量电力系统中，短路电流可达数万安培。（　）

88．三相系统中发生的短路有 4 种基本类型：三相短路，两相短路，单相接地短路和两相接地短路。（　）

89．在中性点接地的电力系统中，以两相接地的短路故障最多，约占全部故障的 90%。（　）

90．短路的常见原因之一是设备绝缘正常而被过电压（包括雷电过电压）击穿。（　）

91．短路的常见原因之一是设备长期运行，绝缘自然老化。（　）

92．短路的常见原因之一是设备本身设计、安装和运行维护不良。（　）

93．短路的常见原因之一是绝缘材料陈旧。（　）

94．短路的常见原因之一是设备绝缘受到外力损伤。（　）

95．短路的常见原因之一是工作人员由于未遵守安全操作规程而发生误操作。（　）

96．短路的常见原因之一是误将低电压设备接入较高电压的电路中。（　）

97．短路的常见原因之一是电力线路发生断线和倒杆事故。
（　）

98．短路的常见原因之一是鸟兽跨越在裸露的相线之间或相线与接地物体之间，或者咬坏设备导线的绝缘等。（　）

99．发生短路时，电力系统从正常的稳定状态过渡到短路的稳定状态，一般需3～5分。（　）

100．在短路后约半个周波（0.01秒）时将出现短路电流的最小瞬时值，称为冲击电流。（　）

101．短路电流的分析、计算是电力系统分析的重要内容之一，它为电力系统的规划设计和运行中选择电气设备、整定继电保护、分析事故提供了有效手段。（　）

102．短路电流通过导体时，会使导体大量发热，温度急剧升高，从而破坏设备绝缘。（　）

103．通过短路电流的导体会受到很大的电动力作用，可能使导体变形甚至损坏。（　）

104．短路点的电弧可能烧毁电气设备的载流部分。（　）

105．短路电流通过线路，要产生很大的电流降，使系统的电流水平骤降，引起电动机转速突然下降，甚至停转，严重影响电气设备的正常运行。（　）

106．短路可造成停电状态，而且越靠近电源，停电范围越大，给国民经济造成的损失也越大。（　）

107．严重的短路故障若发生在靠近电源的地方，且维持时间较长，可使并联运行的发电机组失去同步，严重的可能造成系统解列。（　）

108．限制短路电流的方法有选择合适的接线方式、采用分裂绕组变压器和分段电抗器、采用线路电抗器、采用微机保护及综合自动化装置等。（　）

109．为了限制大电流接地系统的单相接地短路电流，可采用部分变压器中性点接地的运行方式，还可采用三角形—星形接线的同容量普通变压器来代替系统枢纽点的联络自耦变压器。（　）

110．在降压变电所内，为了限制中压和低压配电装置中的短路电流，可采用变压器低压侧分列运行方式。（　）

111．电气接地一般可分为两类：工作接地和保护接地。（　）

112．配电变压器或低压发电机中性点通过接地装置与大地相连，即为工作接地。（　）

113．电力系统中性点接地是属于保护接地，它是保证电力系统安全可靠运行的重要条件。（　）

114．工作接地是指为了保证人身安全和设备安全，将电气设备在正常运行中不带电的金属部分可靠接地。（　）

115．工作接地分为直接接地与非直接接地（包括不接地或经消弧线圈接地或经电阻接地）两大类。（　）

116．工作接地的接地电阻一般不应超过 8Ω。（　）

117．保护接地是指为了保证电气设备在系统正常运行或发生事故情况下能正常工作而进行的接地。（　）

118．我国 110kV 及 110kV 以上的电力系统，都采用中性点非直接接地的运行方式，以降低线路的绝缘水平。（　）

119．中性点直接接地系统发生单相接地故障时，其他两相对地电压肯定会升高。（　）

120．在低压配电系统中广泛采用的 TN 系统和 TT 系统，均为中性点非直接接地运行方式，其目的是保障人身设备安全。（　）

121．在中性点非直接接地的电力系统中，短路故障主要是单

相接地短路。（　　）

122．中性点不接地的电力系统发生单相接地时，由于三相线电压不发生改变，三相用电设备能正常工作，其单相接地故障运行时间一般不超过 2h。（　　）

123．在中性点不接地的电力系统中，单相接地故障运行时间一般不应超过 2h。（　　）

124．在中性点不接地系统中，当单相接地电流大于一定值，如 3～10kV 系统中接地电流大于 30A，35kV 及以上系统接地电流大于 10A 时，电源中性点就必须采用经消弧线圈接地方式。（　　）

125．电源中性点经消弧线圈接地方式，其目的是减小接地电流。（　　）

126．消弧线圈实际就是一个铁芯线圈，其电阻很大，电抗很小。（　　）

127．如果消弧线圈选择得当，可使接地点电流大于生弧电流，而不会产生断续电弧和过电压现象。（　　）

128．当调整消弧线圈的分接头使得消弧线圈的电感电流等于接地电容电流，则流过接地点的电流为零，称为全补偿。（　　）

129．以消弧的观点来看，全补偿应为最佳，但实际上并不采用这种补偿方式。（　　）

130．当消弧线圈的电感电流小于接地电容电流时，接地点尚有未补偿的电容性电流，称过补偿。（　　）

131．低电阻接地方式的主要特点是能较好限制单相接地故障电流，抑制弧光接地和谐振过电压，单相接地故障后不立即跳闸，不加重电气设备的绝缘负担。（　　）

132．高电阻接地方式的主要特点是在电网发生单相接地时，能获得较大的阻性电流，直接跳开线路开关，迅速切除单相接地故障，过电压水平低，谐振过电压发展不起来，电网可采用绝缘水平较低的电气设备。（　　）

三、多选题

1．电力系统是由（　　）组成的整体。

    A. 发电厂   B. 输变电线路

    C. 变配电所   D. 用电单位

2. 很高电压的电能不能直接使用，必须建设（　　），将电能降低到用电设备使用电压的电能送到用电设备，才能使用。

    A. 升压变电所   B. 高压、超高压输电线路

    C. 配电线路   D. 降压变电所

3. 发电厂与用电负荷中心之间一般相距较远，为了减少网络损耗，所以必须建设（　　），将电能从发电厂远距离输送到负荷中心。

    A. 升压变电所   B. 高压、超高压输电线路

    C. 配电线路   D. 降压变电所

4. 要提高供电可靠率就要尽量缩短用户平均停电时间，停电时间包括（　　）。

    A. 事故停电时间   B. 计划检修停电时间

    C. 临时性停电时间   D. 正常送电时间

5. 大型电力系统主要是技术经济上具有的优点包括（　　）。

    A. 提高了供电可靠性   B. 减少系统的备用容量

    C. 调整峰谷曲线   D. 提高了供电质量

6. 中压配电线路的电压等级一般为（　　）。

    A. 220/380V   B. 10kV   C. 20kV   D. 35kV

    E. 110kV

7. 电力生产具有其他工业产品生产不同的特点，一般包括（　　）。

    A. 集中性   B. 同时性   C. 适用性   D. 先行性

    E. 间断性

8. 电力生产具有与其他工业产品生产不同的特点，包括（　　）。

    A. 同时性   B. 集中性   C. 适用性   D. 先行性

    E. 计划性

9. 20kV中压配电优越性包括（　　）。

    A. 提高了中压配电系统的容量

    B. 降低了线路上的电压损失

　　C．增大了中压配电网的供电半径

　　D．降低线损

10．为了更好地保证用户供电，通常根据用户的重要程度和对供电可靠性的要求，将电力负荷分为三类，包括（　　）。

　　A．一类负荷　　　　　　　　B．二类负荷

　　C．三类负荷　　　　　　　　D．四类负荷

11．凡属于（　　）的用电负荷称为一类用电负荷。

　　A．中断供电时将造成人身伤亡

　　B．中断供电时将在经济上造成重大损失

　　C．中断供电时将影响有重大政治、经济意义的用电单位的正常工作

　　D．中断供电时将影响一般农村短时供电

12．一类负荷的供电要求包括（　　）。

　　A．一类负荷由两个独立电源供电，当一个电源发生故障时，另一个电源不应同时受到损坏

　　B．一类负荷中的特别重要负荷，除由两个独立电源供电外，还应增设应急电源，并不准将其他负荷接入应急供电系统

　　C．一类负荷由两个独立电源供电，当一个电源发生故障时，另一个电源应同时受到损坏

　　D．一类负荷中的特别重要负荷，除由两个独立电源供电外，不需要增设应急电源，可以将其他负荷接入应急供电系统

13．一类负荷中的应急电源包括（　　）。

　　A．独立于正常电源的发电机组

　　B．供电网络中独立于正常电源的专用馈电线路

　　C．蓄电池组

　　D．正常电源之一

14．二类负荷的供电要求包括（　　）。

　　A．二类负荷的供电系统宜采用单回路线供电

B. 两回路线应尽量引自不同变压器

C. 二类负荷的供电系统宜采用双回路线供电

D. 两回路线应尽量引自两段母线

15. 变电所是按最高一级电压来分类，包括（   ）等。

　　A. 500kV 变电所　　　　　　　B. 220kV 变电所

　　C. 110kV 变电所　　　　　　　D. 35kV 变电所

16. 变电所桥接线分两种形式，包括（   ）接线。

　　A. 内桥　　　B. 外桥　　　C. 大桥　　　D. 小桥

17. 一般用户总降压变电所高压侧主接线方案包括（   ）。

　　A. 高压电缆进线，无开关

　　B. 高压电缆进线，装隔离开关

　　C. 高压电缆进线，装隔离开关—熔断器（室内）

　　D. 高压电缆进线，装跌落式熔断器（室外）

18. 小容量配电所高压侧通常采用（   ）主接线形式。

　　A. 隔离开关—熔断器或跌落式熔断器

　　B. 断路器—熔断器

　　C. 负荷开关—熔断器

　　D. 隔离开关—断路器

19. 当输出功率一定时，异步电动机的（   ）随电压而变化。

　　A. 定子电流　　　　　　　　B. 功率因数

　　C. 效率　　　　　　　　　　D. 额定功率

20. 当端电压降低时，（   ）都显著增大，导致电动机的温度上升，甚至烧坏电动机。

　　A. 定子电流　　　　　　　　B. 转子电流

　　C. 定子电压　　　　　　　　D. 转子电压

21. 电动机的起动、电焊机的工作，特别是（   ）等冲击性负荷的工作，均会引起电网电压的波动，电压波动可影响电动机的正常启动，甚至使电动机无法启动。

　　A. 大型电弧炉　　　　　　　B. 大型轧钢机

　　C. 大量照明灯　　　　　　　D. 大量计算机

22. 电视、广播、传真、雷达等电子设备对电压质量的要求更高，电力系统（　　）都将使特性严重改变而影响正常运行。

    A．电压过低　　　　　　　　B．电压过高

    C．额定电压　　　　　　　　D．额定电流

23. 我国《电能质量供电电压允许偏差》（GB 12325—90）规定供电企业供到用户受电端的供电电压允许偏差包括（　　）。

    A．35kV 及以上电压供电的，电压正、负偏差绝对值之和不超过额定电压的 10%

    B．10kV 及以下三相供电的，电压允许偏差为额定电压的 ±7%

    C．低压照明用户供电电压允许偏差为额定电压的 +7%～ −10%

    D．10kV 及以下三相供电的，电压允许偏差为额定电压的 ±10%

24. 我国输变电线路的始端电压包括（　　）kV。

    A．10.5　　　B．38.5　　　C．121　　　D．242

25. （　　）是减小电压损耗的有效方法。

    A．增大供配电系统的变压级数

    B．减少供配电线路的导线截面

    C．减少供配电系统的变压级数

    D．增大供配电线路的导线截面

26. 对于由于供电距离不适当、线路导线截面以及变压级数选择不合理引起的电压下降，可采用（　　）等方法解决。

    A．调整变压器分接头　　　　B．增加线路阻抗

    C．投入并联电抗器　　　　　D．降低线路阻抗

27. 用户供配电系统常用的电压调整措施包括降低系统阻抗、使三相负荷平衡和（　　）。

    A．正确选择变压器的变比和电压分接头

    B．中性点采用小阻抗接地

    C．选用节能型变压器

D. 采取补偿无功功率措施

28. 三相负荷假如不平衡，（　　）会使得某些相末端用电设备端电压太低，影响用电安全。

    A. 有的相负荷过大   B. 有的相负荷过小

    C. 有的相产生谐波电压   D. 有的相谐波电压过大

29. 电力系统提高功率因数的方法一般有两种，包括（　　）。

    A. 提高自然功率因数   B. 装设并联电容器

    C. 装设并联电抗器   D. 装设并联电阻

30. 对电动机而言，频率增高带来的后果可能包括（　　）。

    A. 电动机的转速上升

    B. 导致电动机功率的增加

    C. 电动机的转速降低

    D. 导致电动机功率的降低

31. 在电力系统正常状态下，供电频率的允许偏差为（　　）。

    A. 电网装机容量在 3000MW 及以上的为 ±0.2Hz

    B. 电网装机容量在 3000MW 以下的为 ±0.5Hz

    C. 在电力系统非正常状态下，供电频率允许偏差可超过 ±1.0Hz

    D. 电网装机容量在 3000MW 及以上的为 ±0.5Hz

32. 保证交流电波形是正弦波，必须遵守的要求包括（　　）。

    A. 发电机发出符合标准的正弦波形电压

    B. 在电能输送和分配过程中，不应使波形发生畸变

    C. 消除电力系统中可能出现的其他谐波源

    D. 并联电抗器补偿

33. 产生谐波的元件很多，如荧光灯和高压汞灯等气体放电灯、异步电动机、电焊机、变压器和感应电炉等，都要产生（　　）。

    A. 谐波电流   B. 谐波电阻

    C. 谐波电压   D. 谐波功率

34. 谐波电流的危害包括（　　）。

    A. 电力线路的电压损耗减小

B．电力线路的电能损耗增加

C．电力线路的电压损耗增加

D．计量电能的感应式电度表计量不准确

35．引起电气设备线路发生短路的原因有（　　）

　　A．绝缘自然老化，绝缘强度不符合要求

　　B．绝缘受外力损伤引起短路事故

　　C．运行中误操作造成弧光短路

　　D．小动物误入带电间隔

　　E．过负荷

36．三相系统中发生短路的基本类型有（　　）。

　　A．三相短路　　　　　　　　B．两相短路

　　C．单相接地短路　　　　　　D．两相接地短路

37．电力系统中相与相之间或相与地之间（对中性点直接接地系统而言）通过（　　）连接而形成的非正常状态称为短路。

　　A．绝缘体　　　　　　　　　B．金属导体

　　C．电弧　　　　　　　　　　D．其他较小阻抗

38．三相系统中发生短路的常见原因包括（　　）。

　　A．设备长期运行，绝缘自然老化

　　B．设备本身设计、安装和运行维护不良

　　C．工作人员由于未遵守安全操作规程而发生误操作

　　D．绝缘强度不够而被工作电压击穿

39．电力系统中（　　）之间（对中性点直接接地系统而言）通过金属导体，电弧或其他较小阻抗连接而形成的非正常状态称为短路。

　　A．相与相　　　B．相与地　　　C．地与地　　　D．相与线

40．为控制各类非线性用电设备所产生的谐波引起电网电压正弦波畸变，常采用的措施包括（　　）。

　　A．各类大功率非线性用电设备由容量较大的电网供电

　　B．选用高压绕组三角形接线，低压绕组星形接线的三相配电变压器

C. 装设静止有功补偿装置，吸收冲击负荷的动态谐波电压

D. 装设静止无功补偿装置，吸收冲击负荷的动态谐波电流

41. 在供电系统的设计和运行中必须进行短路电流计算，原因包括（　）。

A. 选择电气设备和载流导体时，需用短路电流校验其动稳定性、热稳定性

B. 选择和整定用于短路保护的继电保护装置时，需应用短路电流参数

C. 选择用于限制短路电流的设备时，也需进行短路电流计算

D. 选择电气设备和载流导体时，需用短路电流校验其热稳定性

42. 目前在电力系统中，用得较多的限制短路电流的方法包括（　）。

A. 选择合适的接线方式

B. 采用分裂绕组变压器和分段电抗器

C. 采用线路电抗器

D. 采用微机保护及综合自动化装置

43. 在中性点直接接地系统中，系统发生单相完全接地故障时的特点包括（　）。

A. 其他非接地的两相对地电压不会升高

B. 各相对地绝缘水平取决于相电压

C. 其他非接地的两相对地电压升高到线电压

D. 接地相电压为零

44. 电力系统接地系统一般包括（　）。

A. 中性点直接接地系统

B. 中性点不接地系统

C. 中性点经消弧线圈接地系统

D. 中性点经电阻接地系统

45. 中性点非直接接地包括电力系统中性点经（　　）与接地装置相连接等。

  A. 消弧线圈   B. 高电阻

  C. 小阻抗   D. 电压互感器

46. 在中性点不接地系统中，系统发生单相完全接地故障时特点包括（　　）。

  A. 三相线电压不发生改变，三相用电设备能正常工作

  B. 三相线电压发生改变，三相用电设备不能正常工作

  C. 非故障相对地电位不升高，不会引起绝缘损坏

  D. 非故障相对地电位升高为线电压，容易引起绝缘损坏

47. 在中性点经消弧线圈接地系统中，根据消弧线圈的电感电流对接地电容电流补偿程度的不同，分三种补偿方式，包括（　　）。

  A. 全补偿   B. 欠补偿

  C. 过补偿   D. 合理补偿

48. 对电气主接线的基本要求有供电可靠性、（　　）。

  A. 供电质量   B. 可扩建性   C. 经济性   D. 灵活性

四、案例分析及计算题

1. 在变（配）电所内高压成套装置采用固定式断路器功能单元时，高压出线开关柜内一般装设有（　　）等一次设备。

  A. 隔离开关   B. 断路器

  C. 接地开关   D. 电流互感器

  E. 电压互感器

2. 电压波动是由于负荷急剧变动的冲击性负荷所引起的，如（　　）等均会引起电网电压的波动。

  A. 电动机的起动   B. 电焊机的工作

  C. 大型电弧炉的工作   D. 大型轧钢机的工作

3. 电压波动的危害表现为（　　）。

  A. 影响电动机的正常启动，甚至使电动机无法启动

  B. 引起同步电动机转子振动

C. 使电子设备、计算机和自控设备无法正常工作

D. 使照明灯发生明显的闪烁，严重影响视觉

E. 使人无法正常生产，工作和学习

4. 对于由于供电距离不适当、线路导线截面以及变压级数选择不合理引起的电压下降，可采用（ ）等方法解决。

A. 减少线路导线截面　　　　B. 调整变压器分接头

C. 降低线路阻抗　　　　　　D. 增大供电距离

E. 减少供电距离

5. 谐波电压加于电容器两端时，由于电容器对谐波的阻抗很小，很容易发生（ ）。

A. 过电流　　B. 过电压　　C. 过饱和　　D. 低电流

6. 一般最大短路冲击电流出现在短路故障的时间和采用微机保护能发出跳闸指令的时间分别是（ ）。

A. 0.01s、0.005s　　　　　B. 0.01s、0.04s

C. 0.1s、0.05s　　　　　　D. 0.02s、0.004s

7. 在中性点不接地系统中发生单相金属性接地时，健全相对地电压为（ ）。

A. 0　　　　　　　　　　　B. 相电压

C. 线电压　　　　　　　　　D. 电刷接触不良

8. 在中性点经消弧线圈接地系统中，当系统发生单相接地时，流过接地点的电容电流与消弧线圈电流相位（ ），使接地电流减小。

A. 方向相同　　　　　　　　B. 方向相反

C. 方向相差 60°　　　　　　D. 方向相差 30°

9. 当（ ）时，接地处具有多余的电感性电流称为过补偿。

A. 消弧线圈的电容电流等于接地电感电流

B. 消弧线圈的电感电流等于接地电容电流

C. 消弧线圈的电感电流大于接地电容电流

D. 消弧线圈的电感电流小于接地电容电流

本 章 答 案

一、单选题

1. B	2. D	3. A	4. D	5. B
6. A	7. A	8. D	9. C	10. D
11. A	12. B	13. B	14. A	15. C
16. D	17. C	18. A	19. A	20. C
21. D	22. C	23. C	24. C	25. A
26. A	27. A	28. D	29. A	30. A
31. C	32. A	33. B	34. A	35. C
36. B	37. B	38. A	39. D	40. A
41. A	42. A	43. C	44. A	45. A
46. A	47. A	48. A	49. A	50. B
51. A	52. B	53. A	54. A	55. B
56. A	57. B	58. C	59. B	60. A
61. B	62. B	63. A	64. A	65. B
66. B	67. A	68. C	69. A	70. A
71. D	72. A	73. B	74. B	75. C
76. B	77. B	78. C	79. C	80. A
81. A	82. C	83. B	84. D	85. A
86. A	87. A	88. A	89. C	90. A
91. D	92. A	93. A	94. A	95. C
96. A	97. A	98. A	99. A	100. A
101. A	102. A	103. A	104. D	105. A
106. A	107. B	108. A	109. A	110. A
111. A	112. A	113. B	114. B	115. B
116. C	117. D	118. C	119. B	120. C
121. B	122. D	123. A	124. A	125. C
126. C	127. B	128. B	129. A	130. C

131. A	132. A	133. D	134. C	135. C
136. A	137. C	138. C	139. A	140. A
141. B	142. A	143. B	144. A	145. B
146. B	147. A	148. B	149. B	

二、判断题

1. √	2. √	3. √	4. √	5. √
6. ×	7. √	8. ×	9. ×	10. ×
11. √	12. ×	13. √	14. ×	15. ×
16. ×	17. √	18. √	19. √	20. ×
21. ×	22. ×	23. √	24. √	25. √
26. ×	27. √	28. √	29. ×	30. ×
31. √	32. √	33. √	34. √	35. ×
36. √	37. √	38. ×	39. √	40. √
41. √	42. √	43. √	44. ×	45. ×
46. ×	47. √	48. ×	49. ×	50. √
51. √	52. √	53. √	54. √	55. ×
56. √	57. √	58. √	59. √	60. √
61. ×	62. ×	63. √	64. √	65. √
66. √	67. √	68. √	69. ×	70. ×
71. √	72. ×	73. ×	74. ×	75. ×
76. ×	77. √	78. √	79. √	80. √
81. ×	82. ×	83. √	84. ×	85. ×
86. √	87. √	88. √	89. ×	90. √
91. √	92. √	93. √	94. √	95. √
96. √	97. √	98. √	99. ×	100. ×
101. √	102. √	103. √	104. √	105. ×
106. √	107. √	108. √	109. ×	110. √
111. √	112. √	113. ×	114. ×	115. √
116. ×	117. ×	118. ×	119. ×	120. ×
121. √	122. √	123. √	124. √	125. √

126. ×   127. ×   128. √   129. √   130. ×

131. ×   132. ×

三、多选题

1. ACD   2. CD   3. AB   4. ABC

5. ABCD   6. BC   7. ABCD   8. ABCD

9. ABCD   10. ABC   11. ABC   12. AB

13. ABC   14. BCD   15. ABCD   16. AB

17. ABCD   18. ACD   19. ABC   20. AB

21. AB   22. AB   23. ABC   24. ABCD

25. CD   26. AD   27. AD   28. AB

29. AB   30. AB   31. ABC   32. ABC

33. AC   34. BCD   35. ABCD   36. ABCD

37. BCD   38. ABCD   39. AB   40. ABD

41. ABC   42. ABCD   43. AB   44. ABCD

45. ABD   46. AD   47. ABC   48. ABCD

四、案例分析及计算题

1. ABDE   2. ABCD   3. ABCDE   4. BCE

5. A   6. A   7. A   8. B

9. C

第三章　电力变压器

一、单选题

1. 变压器是一种（　　）的电气设备，它利用电磁感应原理将一种电压等级的交流电转变成同频率的另一种电压等级的交流电。

　　A．滚动　　　　B．运动　　　　C．旋转　　　　D．静止

2. 变压器是一种静止的电气设备，它利用（　　）将一种电压等级的交流电转变成同频率的另一种电压等级的交流电。

　　A．电路原理　　　　　　　　B．电力原理

　　C．电磁感应原理　　　　　　D．电工原理

3. 电力变压器利用电磁感应原理将（　　）。

　　A．一种电压等级的交流电转变为同频率的另一种电压等级的交流电

　　B．一种电压等级的交流电转变为另一种频率的另一种电压等级的交流电

　　C．一种电压等级的交流电转变为另一种频率的同一电压等级的交流电

　　D．一种电压等级的交流电转变为同一种频率的同一电压等级的交流电

4. 关于电力变压器能否转变直流电的电压，（　　）是正确的。

　　A．变压器可以转变直流电的电压

　　B．变压器不能转变直流电的电压

　　C．变压器可以转变直流电的电压，但转变效果不如交流电好

　　D．以上答案皆不对

5. 电力变压器按照（　　）可以分为油浸式和干式两种。

A．用途　　　　　　　　　　B．原理

C．电压等级　　　　　　　　D．冷却介质

6．变压器铁芯的结构一般分为心式和（　）两类。

A．圆式　　　B．壳式　　　C．角式　　　D．球式

7．由于（　）铁芯结构比较简单，绕组的布置和绝缘也比较容易，因此被我国电力变压器主要采用。

A．圆式　　　B．壳式　　　C．心式　　　D．球式

8．变压器的铁芯一般采用（　）叠制而成。

A．铜钢片　　B．硅钢片　　C．铝钢片　　D．磁钢片

9．变压器的冷轧硅钢片的厚度有 0.35、（　）、0.27mm 等多种。

A．0.20　　　B．0.30　　　C．0.40　　　D．0.50

10．变压器的冷轧硅钢片的厚度有 0.35、0.30、（　）mm 等多种。

A．0.27　　　B．0.37　　　C．0.47　　　D．0.57

11．当金属块处在变化的磁场中或相对于磁场运动时，金属块内部产生感应电流，金属块中形成一圈圈的闭合电流线，类似流体中的涡旋，称为（　）。

A．涡流　　　B．涡压　　　C．电流　　　D．电压

12．绕组是变压器的（　）部分，一般用绝缘纸包的铜线绕制而成。

A．电路　　　B．磁路　　　C．油路　　　D．气路

13．根据（　），变压器绕组分为同心式和交叠式两种。

A．高低压绕组的排列方式　　B．高低压绕组的冷却方式

C．高低压绕组的绝缘方式　　D．高低压绕组的连接方式

14．对于（　）变压器绕组，为了便于绕组和铁芯绝缘，通常将低压绕组靠近铁芯柱。

A．同心式　　B．混合式　　C．交叉式　　D．异心式

15．对于（　）变压器绕组，为了减小绝缘距离，通常将低压绕组靠近铁轭。

A．同心式　　B．混合式　　C．交叉式　　D．交叠式

16. 对于交叠式绕组变压器，为了（　　），通常将低压绕组靠近铁轭。

　　A. 增加冷却效果

　　B. 提高低压绕组电磁耦合效果

　　C. 减少绝缘距离

　　D. 降低变压器损耗

17. 对于交叠式绕组变压器，为了减少绝缘距离，通常将（　　）靠近铁轭。

　　A. 高压绕组　　　　　　　　B. 中压绕组

　　C. 低压绕组　　　　　　　　D. 高压或者中压绕组

18. 对于同心式绕组变压器，为了便于（　　），通常将低压绕组靠近铁芯柱。

　　A. 绕组和外壳绝缘　　　　　B. 绕组和铁芯绝缘

　　C. 铁芯和外壳绝缘　　　　　D. 铁芯和套管绝缘

19. 变压器中，一般情况下是在（　　）上抽出适当的分接。

　　A. 高压绕组　　　　　　　　B. 中压绕组

　　C. 低压绕组　　　　　　　　D. 第三绕组

20. 变压器内部主要绝缘材料有（　　）、绝缘纸板、电缆纸、皱纹纸等。

　　A. 变压器油　　　　　　　　B. 套管

　　C. 冷却器　　　　　　　　　D. 瓦斯继电器

21. 变压器内部主要绝缘材料有变压器油、（　　）、电缆纸、皱纹纸等。

　　A. 套管　　　　　　　　　　B. 冷却器

　　C. 绝缘纸板　　　　　　　　D. 瓦斯继电器

22. 为了供给稳定的电压、控制电力潮流或调节负载电流，均需对变压器进行（　　）调整。

　　A. 电压　　　B. 电流　　　C. 有功　　　D. 无功

23. 从变压器绕组中抽出分接以供调压的电路，称为（　　）。

　　A. 调频电路　　　　　　　　B. 调压电路

C．调流电路　　　　　　　　　D．调功电路

24．变压器中，变换分接以进行调压所采用的开关，称为（　　）。

　　A．分接开关　　　　　　　　　B．分段开关

　　C．负荷开关　　　　　　　　　D．分列开关

25．一般无励磁调压的配电变压器的调压范围是（　　）。

　　A．±2×2.5%　　　　　　　　　B．+2×2.5%

　　C．−2×2.5%　　　　　　　　　D．±1×2.5%

26．吊器身式油箱，多用于（　　）及以下的变压器，其箱沿设在顶部，箱盖是平的，由于变压器容量小，所以重量轻，检修时易将器身吊起。

　　A．6300kVA　　B．5000kVA　　C．8000kVA　　D．4000kVA

27．吊箱壳式油箱，多用于（　　）及以上的变压器，其箱沿设在下部，上节箱身做成钟罩形，故又称钟罩式油箱。

　　A．5000kVA　　B．6300kVA　　C．4000kVA　　D．8000kVA

28．变压器的冷却装置是起（　　）的装置，根据变压器容量大小不同，采用不同的冷却装置。

　　A．绝缘作用　　　　　　　　　B．散热作用

　　C．导电作用　　　　　　　　　D．保护作用

29．对于（　　）的变压器，绕组和铁芯所产生的热量经过变压器油与油箱内壁的接触，以及油箱外壁与外界冷空气的接触而自然地散热冷却，无须任何附加的冷却装置。

　　A．小容量　　　　　　　　　　B．容量稍大些

　　C．容量更大　　　　　　　　　D．50000kVA 及以上

30．对于（　　）的变压器，则应安装冷却风扇，以增强冷却效果。

　　A．小容量　　　　　　　　　　B．容量稍大些

　　C．容量更大　　　　　　　　　D．50000kVA 及以上

31．强迫油循环水冷却器或强迫油循环风冷却器的主要差别为冷却介质不同，（　　）。

　　A．前者为水，后者为风　　　　B．前者为风，后者为水

C. 两者全为水　　　　　　　D. 两者全为风

32. 一般变压器在正常运行时，储油柜油位应该在油位计的（　　）之间位置。

　　A. 1/4～2/4　B. 1/4～3/4　C. 2/4～3/4　D. 3/4～1

33. （　　）位于变压器的顶盖上，其出口用玻璃防爆膜封住。

　　A. 冷却装置　B. 储油柜　　C. 安全气道　D. 吸湿器

34. 变压器吸湿器中装有氯化钙浸渍过的硅胶，以吸收空气中的（　　）。

　　A. 灰尘　　　B. 颗粒物　　C. 二氧化碳　D. 水分

35. 当变压器吸湿器中的硅胶（　　）到一定程度时，其颜色发生变化。

　　A. 脏污　　　B. 氧化　　　C. 受潮　　　D. 老化

36. 当吸湿器中的硅胶受潮到一定程度时，其颜色由蓝变为（　　）。

　　A. 黄色、淡黄色　　　　　　B. 绿色、粉绿色

　　C. 白色、粉红色　　　　　　D. 灰色、深灰色

37. 在变压器内部发生故障（如绝缘击穿、相间短路、匝间短路、铁芯事故等）产生（　　）时，接通信号或跳闸回路，进行报警或跳闸，以保护变压器。

　　A. 气体　　　B. 液体　　　C. 固体　　　D. 气味

38. （　　）位于储油柜与箱盖的联管之间。

　　A. 冷却装置　　　　　　　　B. 吸湿器

　　C. 安全气道　　　　　　　　D. 气体（瓦斯）继电器

39. 变压器套管由带电部分和绝缘部分组成，带电部分一般是导电杆、导电管、电缆或（　　）。

　　A. 铜排　　　B. 铝排　　　C. 铁排　　　D. 钢排

40. 变压器绝缘部分分为（　　）。

　　A. 上绝缘和下绝缘　　　　　B. 外绝缘和内绝缘

　　C. 高绝缘和低绝缘　　　　　D. 左绝缘和右绝缘

41. 当交流电源电压加到变压器一次侧绕组后，就有交流电流

通过该绕组,在铁芯中产生交变磁通,这个交变磁通( ),两个绕组分别产生感应电势。

    A. 只穿过一次侧绕组

    B. 只穿过二次侧绕组

    C. 有时穿过一次侧绕组,有时穿过二次侧绕组

    D. 不仅穿过一次侧绕组,同时也穿过二次侧绕组

42. 在闭合的变压器铁芯上,绕有两个互相绝缘的绕组,其中,接入电源的一侧叫( ),输出电能的一侧为二次侧绕组。

    A. 高压侧绕组   B. 低压侧绕组

    C. 一次侧绕组   D. 中压侧绕组

43. 在闭合的变压器铁芯上,绕有两个互相绝缘的绕组,其中,接入电源的一侧叫一次侧绕组,输出电能的一侧为( )。

    A. 高压侧绕组   B. 低压侧绕组

    C. 二次侧绕组   D. 中压侧绕组

44. 关于变压器绕组,( )说法是正确的。

    A. 接入电源的一侧叫二次侧绕组,输出电能的一侧为一次侧绕组

    B. 接入电源的一侧叫一次侧绕组,输出电能的一侧为二次侧绕组

    C. 接入电源的一侧叫高压侧绕组,输出电能的一侧为低压侧绕组

    D. 接入电源的一侧叫低压侧绕组,输出电能的一侧为高压侧绕组

45. 变压器一、二次侧的漏电抗压降分别等于( )。

    A. 一、二次侧的漏磁通   B. 一、二次侧的漏电感

    C. 一、二次侧的漏磁电势   D. 以上答案都不对

46. 如果忽略变压器的内损耗,可认为变压器二次输出功率( )变压器一次输入功率。

    A. 大于   B. 等于

    C. 小于   D. 可能大于也可能小于

47. 变压器一、二次侧绕组因匝数不同将导致一、二次侧绕组的电压高低不等，匝数多的一边电压（　　）。

    A. 高　　　　　　　　　　B. 低

    C. 可能高也可能低　　　　D. 不变

48. 变压器一、二次侧绕组因匝数不同将导致一、二次侧绕组的电压高低不等，匝数少的一边电压（　　）。

    A. 高　　　　　　　　　　B. 低

    C. 可能高也可能低　　　　D. 不变

49. 变压器一、二次电流之比与一、二次绕组的匝数比（　　）。

    A. 成正比　　B. 成反比　　C. 相等　　D. 无关系

50. 变压器电压高的一侧电流比电压低的一侧电流（　　）。

    A. 大　　　　　　　　　　B. 小

    C. 大小相同　　　　　　　D. 以上答案皆不对

51. 变压器匝数多的一侧电流比匝数少的一侧电流（　　）。

    A. 大　　　　　　　　　　B. 小

    C. 大小相同　　　　　　　D. 以上答案皆不对

52. 变压器铭牌上，一般（　　）及以上的变压器标出带有分接绕组的示意图。

    A. 8000kVA　B. 4000kVA　C. 6300kVA　D. 5000kVA

53. 变压器铭牌上，一般 8000kVA 及以上的变压器标出带有分接绕组的示意图，每一绕组的分接电压、分接电流和分接容量，极限分接和主分接的短路阻抗值，以及超过分接电压（　　）时的运行能力等。

    A. 101%　　B. 102%　　C. 103%　　D. 105%

54. 变压器除装设标有变压器的技术参数主铭牌外，还应装设标有关于附件性能的铭牌，需分别按所用附件（　　）的相应标准列出。

    A. 套管、分接开关、电流互感器、冷却装置

    B. 套管、分接开关、避雷器、冷却装置

    C. 避雷器、分接开关、电流互感器、冷却装置

D. 套管、避雷器、电流互感器、冷却装置

55. 变压器铭牌上，绕组耦合方式用（ ）表示自耦。

    A. P   B. O   C. I   D. U

56. 变压器铭牌上，绕组数用（ ）表示三绕组。

    A. S   B. D   C. G   D. H

57. 变压器铭牌上，调压方式用（ ）表示有载调压。

    A. Z   B. X   C. C   D. V

58. 变压器铭牌上，冷却方式用（ ）表示油浸风冷。

    A. S   B. D   C. F   D. G

59. S11-160/10 表示三相油浸自冷式，双绕组无励磁调压，额定容量 160kVA，高压侧绕组额定电压为（ ）kV 电力变压器。

    A. 10   B. 20   C. 35   D. 110

60. SC10-315/10 表示三相干式浇注绝缘，双绕组无励磁调压，额定容量（ ）kVA，高压侧绕组额定电压为 10kV 电力变压器。

    A. 315   B. 160   C. 500   D. 630

61. 变压器可以按绕组耦合方式、相数、（ ）、绕组数、绕组导线材质和调压方式分类。

    A. 冷却方式   B. 运行方式

    C. 检修方式   D. 正常方式

62. 一些新型的特殊结构的配电变压器，如非晶态合金铁芯、卷绕式铁芯和密封式变压器，在型号中分别加以（ ）、R 和 M 表示。

    A. H   B. J   C. K   D. L

63. 一些新型的特殊结构的配电变压器，如非晶态合金铁芯、卷绕式铁芯和密封式变压器，在型号中分别加以 H、R 和（ ）表示。

    A. V   B. B   C. N   D. M

64. 变压器分（ ）两种，一般均制成三相变压器以直接满足输配电的要求。

    A. 单相和三相   B. 二相和三相

C．四相和三相　　　　　　　D．五相和三相

65．变压器可以按绕组耦合方式、相数、冷却方式、绕组数、绕组导线材质和（　　）分类。

A．调流方式　　　　　　　　B．调压方式

C．调功方式　　　　　　　　D．调频方式

66．变压器的额定频率即是所设计的运行频率，我国为（　　）Hz。

A．45　　　　B．50　　　　C．55　　　　D．60

67．额定电压是指变压器（　　），它应与所连接的输变电线路电压相符合。

A．相电压　　　　　　　　　B．线电压

C．最大电压　　　　　　　　D．最小电压

68．连接于线路终端的变压器称为降压变压器，其一次侧额定电压与输变电线路的电压等级（　　）。

A．相差10%　B．相差20%　C．相差30%　D．相同

69．连接于线路（　　）的变压器（即升压变压器），其二次侧额定电压与线路始端（电源端）电压相同。

A．终端　　　　　　　　　　B．始端

C．中间端　　　　　　　　　D．任何位置

70．变压器的电源电压一般不得超过额定值的（　　）。

A．±4%　　　B．±5%　　　C．±6%　　　D．±7%

71．变压器产品系列是以高压的电压等级区分的，为10kV及以下，20kV、35kV、110kV系列和（　　）系列等。

A．200kV　　B．210kV　　C．220kV　　D．230kV

72．对于三相变压器，额定容量是三相容量之（　　）。

A．和　　　　B．差　　　　C．积　　　　D．商

73．双绕组变压器的（　　）即为绕组的额定容量。

A．额定容量　　　　　　　　B．最大容量

C．最小容量　　　　　　　　D．短路容量

74．多绕组变压器应对每个绕组的额定容量加以规定，其额定容量为（　　）。

A．最大的绕组额定容量

B．最小的绕组额定容量

C．各绕组额定容量之和

D．各绕组额定容量之平均值

75．当变压器容量由冷却方式而变更时，则额定容量是指（　　）。

A．最大的容量　　　　　　　B．最小的容量

C．中间的容量　　　　　　　D．不确定

76．变压器的额定电流为通过（　　）的电流，即为线电流的有效值。

A．铁芯　　　　　　　　　　B．绕组线端

C．套管　　　　　　　　　　D．分接开关

77．变压器的额定电流为通过绕组线端的电流，即为（　　）的有效值。

A．线电流　　　　　　　　　B．相电流

C．最小电流　　　　　　　　D．最大电流

78．变压器的额定电流等于绕组的额定容量除以该绕组的额定电压及相应的相系数（　　）。

A．三相为1，单相为$\sqrt{3}$　　B．单相和三相均为1

C．单相和三相均为$\sqrt{3}$　　D．单相为1

79．变压器极性接错，有可能导致两个绕组在铁芯中产生的（　　）就会相互抵消。

A．磁通　　B．电流　　C．电压　　D．有功

80．变压器极性接错，有可能导致两个绕组在铁芯中产生的磁通就会相互抵消，绕组中没有（　　），将流过很大的电流，把变压器烧毁。

A，感应电动势　　　　　　　B．有功

C．无功　　　　　　　　　　D．电压

81．变压器的连接组是指三相变压器一、二次绕组之间连接关系的一种代号，它表示变压器一、二次绕组对应（　　）之间的相位

关系。

    A．电压   B．电流   C．有功   D．无功

82．三相变压器的一次和二次绕组采用不同的连接方法时，会使一、二次线电压有不同的（   ）关系。

    A．数量   B．质量   C．方向   D．相位

83．三相变压器的同一侧三个绕组，有（   ）、三角形连接或曲折形连接三种接线。

    A．星形连接   B．球形连接

    C．角形连接   D．方形连接

84．（   ）是三相变压器绕组中有一个同名端相互连在一个公共点（中性点）上，其他三个线端接电源或负载。

    A．三角形连接   B．球形连接

    C．星形连接   D．方形连接

85．三相变压器的同一侧三个绕组，有星形连接、（   ）或曲折形连接三种接线。

    A．三角形连接   B．球形连接

    C．角形连接   D．方形连接

86．（   ）是三个变压器绕组相邻相的异名端串接成一个三角形的闭合回路，在每两相连接点上即三角形顶点上分别引出三根线端，接电源或负载。

    A．三角形连接   B．球形连接

    C．星形连接   D．方形连接

87．（   ）也属星形连接，只是变压器每相绕组分成两个部分，分别绕在两个铁心柱上。

    A．三角形连接   B．球形连接

    C．曲折形连接   D．方形连接

88．Yyn0 表示三相变压器二次侧线电压与一次侧线电压是同相位的，且都指在时钟的（   ）点，因此这种绕组的连接组别为 Yyn0。

    A．0   B．1   C．2   D．3

89．对于三相变压器 Yyn0 连接组别，n 表示（   ）引出。

A．A相线　　B．B相线　　C．C相线　　D．中性线

90．Yyn0 表示三相变压器一次绕组和二次绕组的绕向相同，线端标号一致，而且一、二次绕组对应的相电势是（　　）的。

A．同相　　　　　　　　B．反相

C．相差90°　　　　　　D．相差270°

91．三相变压器 Dyn11 绕组接线表示一次绕组接成（　　）。

A．星形　　B．三角形　　C．方形　　D．球形

92．三相变压器 Dyn11 绕组接线表示二次绕组接成（　　）。

A．星形　　　B．三角形　　C．方形　　　D．球形

93．对于时钟表示法，通常把一次绕组线电压相量作为时钟的长针，将长针固定在（　　）点上，三相变压器二次绕组对应线电压相量作为时钟短针，看短针指在几点钟的位置上，就以此钟点作为该接线组的代号。

A．10　　　　B．11　　　　C．12　　　　D．1

94．Dyn11 表示当一次线电压指在时钟12点时，则三相变压器二次侧线电压应指在（　　）点。

A．10　　　　B．11　　　　C．12　　　　D．1

95．一般配电变压器常采用（　　）和 Dyn11 两种连接组。

A．Yyn0　　B．Yyn1　　C．Yyn2　　D．Yyn3

96．Dyn11 配电变压器较 Yyn0 配电变压器有利于抑制高次谐波，因为（　　）次谐波励磁电流在三角形接线的一次绕组中形成环流，不至于注入高压侧公共电网中去。

A．1n　　　　B．2n　　　　C．3n　　　　D．4n

97．GB 50052　1995《供配电系统设计规范》规定，低压为 TN 及 TT 系统时，宜选用（　　）连接的变压器。

A．Dyn10　　B．Dyn11　　C．Dyn12　　D．Dyn13

98．Dyn11 连接的变压器其中性线电流一般不应该超过低压侧额定电流的（　　），或按制造厂的规定。

A．30%　　　B．40%　　　C．50%　　　D．60%

99．Yyn0 连接的变压器其中性线电流不应超过低压侧额定电流

的（　　）。

　　　　A. 5%　　　　B. 10%　　　　C. 15%　　　　D. 25%

　　100. Dyn11 连接的变压器，其零序阻抗比 Yyn0 连接的变压器的零序阻抗要（　　）。

　　　　A. 小得多　　　　　　　B. 大得多

　　　　C. 差不多　　　　　　　D. 没有关系

　　101. Dyn11 连接的变压器与 Yyn0 连接的变压器比较，一般是（　　）。

　　　　A. 绝缘强度要求高，成本也稍高

　　　　B. 绝缘强度要求低，成本也稍高

　　　　C. 绝缘强度要求低，成本也稍低

　　　　D. 绝缘强度要求相同，成本也一样

　　102. 当变压器二次绕组开路，一次绕组施加额定频率的额定电压时，一次绕组中所流过的电流称（　　）。

　　　　A. 励磁电流　　　　　　B. 整定电流

　　　　C. 短路电流　　　　　　D. 空载电流

　　103. 变压器接在电网上运行时，变压器（　　）将由于种种原因发生变化，影响用电设备的正常运行，因此变压器应具备一定的调压能力。

　　　　A. 二次侧电压　　　　　B. 一次侧电压

　　　　C. 最高电压　　　　　　D. 额定电压

　　104. 根据变压器的工作原理，常采用改变变压器（　　）的办法即可达到调压的目的。

　　　　A. 匝数比　　B. 绝缘比　　C. 电流比　　D. 相位

　　105. 变压器（　　）通常分为无励磁调压和有载调压两种方式。

　　　　A. 运行方式　　　　　　B. 连接方式

　　　　C. 调压方式　　　　　　D. 负载方式

　　106. 变压器二次（　　），一次也与电网断开（无电源励磁）的调压，称为无励磁调压。

　　　　A. 带 100%负载　　　　　B. 带 80%负载

102

C．带 10%负载　　　　　D．不带负载

107．在变压器二次侧（　）下的调压为有载调压。

    A．不带负载　　　　　　B．带负载

    C．开路　　　　　　　　D．短路

108．对于三相变压器 Dyn11 连接组别，n 表示（　）引出。

    A．A 相线　　B．B 相线　　C．C 相线　　D．中性线

109．在给定负载功率因数下二次空载电压和二次负载电压之差与二次额定电压的（　），称为电压调整率。

    A．和　　　　B．差　　　　C．积　　　　D．比

110．变压器负载运行时，由于变压器内部的阻抗压降，（　）将随负载电流和负载功率因数的改变而改变。

    A．一次电压　　　　　　B．二次电压

    C．阻抗电压　　　　　　D．电流电压

111．（　）能说明变压器二次电压变化的程度大小，是衡量变压器供电质量好坏的数据。

    A．电压波形　　　　　　B．电压相位

    C．电压幅值　　　　　　D．电压调整率

112．一般中小型变压器的效率约为（　）。

    A．65%　　B．75%　　C．85%　　D．95%

113．一般大型变压器的效率在（　）。

    A．95%～99.5%　　　　B．96%～99.5%

    C．97%～99.5%　　　　D．98%～99.5%

114．变压器的损耗包括（　）和铜损。

    A．线损　　B．铁损　　C．磁损　　D．漏损

115．（　）是指变压器的铁芯损耗，是变压器的固有损耗，在额定电压下，它是一个恒定量，并随实际运行电压成正比变化，是鉴别变压器能耗的重要指标。

    A．线损　　B．铜损　　C．磁损　　D．铁损

116．在额定电压下，变压器铁损是一个恒定量，它随实际运行电压（　），是衡量变压器能耗的重要指标。

A．成反比变化 　　　　　　B．成正比变化

C．平方成正比变化 　　　　D．变化不发生变化

117．变压器铜损，与电流大小（ 　 ），它是一个变量。

A．成正比 　　　　　　　　B．成反比

C．平方成正比 　　　　　　D．平方成反比

118．当铁损等于铜损时，变压器处于（ 　 ）的状态。

A．最经济运行 　　　　　　B．不经济运行

C．最不经济运行 　　　　　D．与经济运行无关

119．当铁损和铜损相等时，变压器处于最经济运行状态，一般在其带额定容量的（ 　 ）时。

A．20%～30% 　　　　　　B．30%～40%

C．40%～60% 　　　　　　D．50%～70%

120．当变压器二次侧短路，一次侧施加电压使其电流达到额定值，此时所施加的电压称为（ 　 ）。

A．阻抗电压 　　　　　　　B．一次电压

C．电流电压 　　　　　　　D．额定电压

121．当变压器二次侧短路，其从电源吸取的功率为（ 　 ）。

A．短路损耗 　　　　　　　B．开路损耗

C．铜损 　　　　　　　　　D．铁损

122．在额定电压下，变压器铁损（ 　 ），是衡量变压器能耗的重要指标。

A．与实际运行功率大小有关

B．与实际运行电流大小有关

C．是一个恒定量

D．是一个可变量

123．变压器铜损是指（ 　 ），与电流大小的平方成正比，它是一个变量。

A．变压器线圈中的漏磁损耗

B．变压器线圈中的电阻损耗

C．变压器铁芯损耗

D．变压器铁芯漏磁损耗

124．变压器运行时，其绕组和铁芯产生的损耗转变成（　　），一部分被变压器各部件吸收使之温度升高，另一部分则散发到周围介质中。

　　A．热量　　　B．有功　　　C．无功　　　D．动能

125．变压器运行时各部件的温度是不同的，（　　）温度最高。

　　A．铁芯　　　　　　　　B．变压器油

　　C．绕组　　　　　　　　D．环境温度

126．变压器的允许温度主要决定于绕组的（　　）。

　　A．匝数　　　　　　　　B．长度

　　C．厚度　　　　　　　　D．绝缘材料

127．变压器的（　　）主要决定于绕组的绝缘材料。

　　A．铁芯温度　　　　　　B．允许温度

　　C．环境温度　　　　　　D．变压器油温

128．我国电力变压器大部分采用（　　）绝缘材料，即浸渍处理过的有机材料，如纸、棉纱、木材等。

　　A．A级　　　B．B级　　　C．C级　　　D．D级

129．对于A级绝缘材料，其允许最高温度为（　　），由于绕组的平均温度一般比油温高10℃，同时为了防止油质劣化，所以规定变压器上层油温最高不超过95℃。

　　A．104℃　　B．105℃　　C．106℃　　D．107℃

130．对于A级绝缘材料，其允许最高温度为105℃，由于绕组的平均温度一般比油温高（　　），同时为了防止油质劣化，所以规定变压器上层油温最高不超过95℃。

　　A．9℃　　　B．10℃　　　C．11℃　　　D．12℃

131．对于A级绝缘材料，其允许最高温度为105℃，由于绕组的平均温度一般比油温高10℃，同时为了防止油质劣化，所以规定变压器上层油温最高不超过（　　）。

　　A．93℃　　　B．94℃　　　C．95℃　　　D．96℃

132．对于一般配电变压器，为了使变压器油不致过速氧化，上

层油温一般不应超过（　　）。

  A．83℃ B．84℃ C．85℃ D．86℃

  133．对于强迫油循环的风冷变压器，其上层油温不宜经常超过（　　）。

  A．73℃ B．74℃ C．75℃ D．76℃

  134．变压器上层油温正常时一般应在 85℃以下，对强迫油循环水冷或风冷的变压器为（　　）。

  A．60℃ B．65℃ C．70℃ D．75℃

  135．当变压器绝缘材料的工作温度（　　）允许值时，其使用寿命将缩短。

  A．超过 B．等于 C．低于 D．略低于

  136．变压器的稳定温升大小与周围环境温度（　　）。

  A．成正比 B．成反比 C．有关 D．无关

  137．当变压器负载一定（即损耗不变），而周围环境温度不同时，变压器的实际温度就（　　）。

  A．恒定 B．不同 C．上升 D．下降

  138．变压器的温升，对于空气冷却变压器是指测量部位的温度与冷却空气温度之（　　）。

  A．和 B．差 C．积 D．商

  139．对于油浸式变压器绕组温升限值，A 级绝缘在 98℃时产生的绝缘损坏为正常损坏，绕组最热点与其平均温度之差为 13℃，保证变压器正常寿命的年平均气温是 20℃，绕组温升限值为（　　）。

  A．63℃ B．64℃ C．65℃ D．66℃

  140．对于油浸式变压器绕组和顶层油温升限值，A 级绝缘在 98℃时产生的绝缘损坏为正常损坏，绕组最热点与其平均温度之差为 13℃，保证变压器正常寿命的年平均气温是（　　），绕组温升限值为 65℃。

  A．18℃ B．20℃ C．22℃ D．24℃

  141．变压器在正常运行时，允许过负载是因为变压器在一昼夜内的负载（　　）。

A．有高峰，有低谷　　　　　B．无高峰，无低谷

C．只有高峰　　　　　　　　D．只有低谷

142．施加于变压器一次绕组的电压因（　）波动而波动。

A．电网电压　　　　　　　　B．二次电压

C．额定电压　　　　　　　　D．感应电压

143．在不损害变压器绝缘和降低变压器使用寿命的前提下，变压器在较短时间内所能输出的最大容量为变压器的（　）。

A．过负载能力　　　　　　　B．欠负载能力

C．运行能力　　　　　　　　D．效率

144．变压器的过负载能力一般用变压器所能输出的最大容量与额定容量之（　）来表示。

A．比　　　B．和　　　C．差　　　　D．积

145．当电网电压大于变压器分接头电压，对变压器的运行将产生不良影响，并对变压器的绝缘（　）。

A．有损害

B．无损害

C．可能有损害，也可能无损害

D．有所提高

146．变压器过负载能力可分为正常情况下的过负载能力和（　）下的过负载能力。

A．事故情况　　　　　　　　B．额定功率

C．额定电压　　　　　　　　D．额定电流

147．变压器可以在绝缘及寿命不受影响的前提下，在负载高峰及冬季时（　）过负载运行。

A．严重　　　B．适当　　　C．不允许　　　D．长时间

148．当电力系统或用户变电站发生事故时，为保证对重要设备的连续供电，允许变压器（　）过负载的能力称为事故过负载能力。

A．短时　　　B．长时　　　C．随时　　　D．有时

149．在不损害变压器绝缘和降低变压器使用寿命的前提下，

变压器在较短时间内所能输出的（　　）为变压器的过负载能力。

　　A．最大容量　　　　　　　　B．额定容量

　　C．正常容量　　　　　　　　D．最小容量

150．并列运行就是将两台或多台变压器的一次侧和（　　）分别接于公共的母线上，同时向负载供电。

　　A．公共侧绕组　　　　　　　B．二次侧绕组

　　C．高压侧绕组　　　　　　　D．低压侧绕组

151．变压器的一、二次电压一般允许有（　　）的差值，超过则可能在两台变压器绕组中产生环流，影响出力，甚至可能烧坏变压器。

　　A．±0.5%　　B．±1%　　　C．±1.5%　　D．±2%

152．并列运行时，如果其中一台变压器发生故障从电网中切除时，其余变压器（　　）。

　　A．必须停止运行　　　　　　B．仍能继续供电

　　C．肯定也发生故障　　　　　D．自动切除

153．变压器理想并列运行的条件之一是（　　）。

　　A．变压器的接线组别相同

　　B．变压器的接线组别相差 30℃

　　C．变压器的接线组别相差 60℃

　　D．变压器的接线组别相差 90℃

154．变压器理想并列运行的条件之一是（　　）。

　　A．变压器的一、二次电压相等

　　B．变压器的一、二次电压误差±1%

　　C．变压器的一、二次电压误差±2%

　　D．变压器的一、二次电压误差±3%

155．变压器理想并列运行的条件包括变压器的接线组别相同、阻抗电压相等、（　　）。

　　A．变压器的一、二次电压相等

　　B．变压器的一、二次电流相等

　　C．变压器的一、二次有功相等

D．变压器的一、二次无功相等

156．为提高变压器运行的经济性，可根据（　　）调整投入并列运行的台数，以提高运行效率。

A．电压的高低　　　　　　B．电流的大小

C．功率因数　　　　　　　D．负载的大小

157．变压器的阻抗电压一般允许有（　　）的差值，若差值大而并列运行，可能阻抗电压大的变压器承受负荷偏低，阻抗电压小的变压器承受负荷偏高，影响变压器的经济运行。

A．$\pm 10\%$　　B．$\pm 15\%$　　C．$\pm 20\%$　　D．$\pm 25\%$

158．一般两台并列变压器的容量比也不能超过（　　），否则会影响经济性。

A．3:1　　　B．4:1　　　C．5:1　　　D．6:1

159．为提高变压器运行的经济性，可根据（　　）调整投入并列运行的台数，以提高运行效率。

A．电压的高低　　　　　　B．电流的大小

C．功率因数　　　　　　　D．负载的大小

160．变压器油是流动的液体，可充满油箱内各部件之间的气隙，排除空气，从而防止各部件受潮而引起绝缘强度的（　　）。

A．升高　　B．降低　　　C．时高时低　　D．不变

161．变压器油本身绝缘强度比空气（　　），所以油箱内充满油后，可提高变压器的绝缘强度。

A．大　　　　B．小　　　C．时大时小　D．比较小

162．变压器油的作用是（　　）。

A．导电和冷却　　　　　　B．绝缘和升温

C．导电和升温　　　　　　D．绝缘和冷却

163．常用的变压器油有国产 25 号和（　　）号两种。

A．5　　　B．10　　　C．15　　　D．20

164．变压器油运行中，应结合变压器运行维护工作，定期或不定期取油样作油的（　　），以预测变压器的潜伏性故障，防止变压器发生事故。

A. 绝缘电阻　　　　　　　B. 耐压试验

C. 击穿电压　　　　　　　D. 气相色谱分析

165. 变压器运行中需补油时，（　　）及以下变压器可补入不同牌号的油，但应作混油的耐压试验。

A. 10kV　　B. 35kV　　C. 110kV　　D. 220kV

166. 变压器运行中需补油时，（　　）及以上变压器应补入相同牌号的油，也应作油耐压试验。

A. 10kV　　B. 35kV　　C. 110kV　　D. 220kV

167. 变压器补油后要检查气体（瓦斯）继电器，及时放出气体，若在（　　）后无问题，可重新将气体（瓦斯）保护接入跳闸回路。

A. 6h　　　B. 12h　　C. 24h　　D. 48h

168. 当变压器过负载时，一般会发出（　　）。

A. 很高且沉重的嗡嗡声　　B. 很轻且细微的嗡嗡声

C. 很高且沉重的沸腾声　　D. 很轻且细微的沸腾声

169. 变压器在正常运行中，若容量在（　　）及以上，且无人值班的，每周应巡视检查一次。

A. 315kVA　B. 500kVA　C. 630kVA　D. 800kVA

170. 一般有人值班变电所和升压变电所每天巡视次数（　　）。

A. 不少于3次　　　　　　B. 不少于2次

C. 不少于1次　　　　　　D. 每两天1次

171. 变压器在正常运行中，在负载急剧变化或变压器发生短路故障后，都应增加（　　）。

A. 特殊巡视　　　　　　　B. 常规巡视

C. 操作巡视　　　　　　　D. 抢修巡视

172. 变压器在正常运行中，对于强迫油循环水冷或风冷变压器，一般应（　　）巡视1次。

A. 每小时　　B. 每日　　C. 每周　　　D. 每月

173. 用环氧树脂浇注或缠绕作包封的干式变压器即称为（　　）。

A. 气体绝缘干式变压器　　B. 环氧树脂干式变压器

C. H 级绝缘干式变压器　　D. 油浸绝缘干式变压器

174. 气体绝缘变压器为在密封的箱壳内充以（　）气体代替绝缘油，利用该气体作为变压器的绝缘介质和冷却介质。

A. SF_6　　B. H_2　　C. O_2　　D. N_2

175. 气体绝缘变压器测量温度方式一般为热电耦式测温装置，同时还需要装有（　）和真空压力表。

A. 压力继电器　　　　B. 温度继电器

C. 泄漏继电器　　　　D. 密度继电器

176. 气体绝缘变压器测量温度方式一般为热电耦式测温装置，同时还需要装有密度继电器和（　）。

A. 空气压力表　　　　B. 气体压力表

C. 真空压力表　　　　D. 真空加压表

177. H 级绝缘干式变压器中，用作绝缘的 NOMEX 纸具有非常稳定的化学性能，可以连续耐（　）高温，属于 C 级绝缘材料。

A. 200℃　　B. 210℃　　C. 220℃　　D. 230℃

178. H 级绝缘干式变压器在外观上与普通干式变压器没有区别，只是在（　）上有了改进。

A. 工作原理　　　　B. 绝缘材料

C. 电磁原理　　　　D. 铁芯材料

179. 非晶态合金铁芯的变压器就是用（　）的非晶态合金制作变压器铁芯。

A. 高导磁率　　　　B. 低导磁率

C. 高铁损耗　　　　D. 高铜损耗

180. 非晶态合金铁芯的变压器与同电压等级、同容量硅钢合金铁芯变压器相比，空载电流可下降（　）左右。

A. 60%　　B. 70%　　C. 80%　　D. 90%

181. 非晶态合金铁芯的变压器与同电压等级、同容量硅钢合金铁芯变压器相比，空载损耗要低（　）。

A. 70%～80%　　　　B. 30%～40%

C. 50%～60%　　　　D. 60%～70%

182．S9系列配电变压器通过增加铁芯截面积以降低磁通密度、高低压绕组均使用铜导线，并加大导线截面以降低（　），从而降低了空载损耗和负载损耗。

　　A．绕组电流密度　　　　　　B．绕组电压密度
　　C．绕组有功密度　　　　　　D．绕组无功密度

183．S9系列配电变压器通过增加铁芯截面积以降低磁通密度、高低压绕组均使用铜导线，并加大导线截面以降低绕组电流密度，从而降低了（　）。

　　A．空载损耗和负载损耗　　B．输入功率
　　C．输出功率　　　　　　　　D．视在功率

184．S11变压器油箱上采用（　）散热器代替管式散热器，提高了散热系数。

　　A．片式　　　B．方式　　　C．面式　　　D．立式

185．S11变压器铁芯绝缘采用了（　），并且在绕组出线和外表面加强绑扎，提高了绕组的机械强度。

　　A．整块绝缘　　　　　　　　B．分裂绝缘
　　C．分散绝缘　　　　　　　　D．分布绝缘

186．卷铁芯变压器总空载电流仅为叠装式的（　），适用于630kVA及以下变压器。

　　A．10%～20%　　　　　　　B．20%～30%
　　C．30%～40%　　　　　　　D．40%～50%

187．目前国内生产的10kV、630kVA及以下卷铁芯变压器，空载电流比S9系列变压器下降（　）。

　　A．10%　　　B．20%　　　C．30%　　　D．40%

188．S11-M（R）-100/10表示三相油浸自冷式，双绕组无励磁调压，卷绕式铁芯（圆截面），密封式，额定容量100kVA，高压侧绕组额定电压为（　）kV电力变压器。

　　A．10　　　　B．20　　　　C．35　　　　D．110

189．卷铁芯变压器总空载电流仅为叠装式的20%～30%，适用于（　）及以下变压器。

A. 620kVA B. 630kVA C. 640kVA D. 650kVA

190．目前国内生产的 10kVA、630kVA 及以下卷铁芯变压器，其空载损耗比 S9 系列变压器下降（ ）。

A. 10% B. 20% C. 30% D. 40%

191．单相变压器多为（ ），通常为少维护的密封式，与同容量三相变压器相比，空载损耗和负载损耗都小，特别适用于小负荷分布分散且无三相负荷区域。

A. 地下式 B. 地面式 C. 柱上式 D. 户内式

192．互感器是一种特殊的（ ）。

A. 变压器 B. 断路器 C. 隔离开关 D. 避雷器

193．（ ）的作用是将系统的高电压转变为低电压，供测量、保护、监控用。

A. 高压断路器 B. 隔离开关

C. 电压互感器 D. 电流互感器

194．电流互感器分为测量用电流互感器和（ ）用电流互感器。

A. 实验 B. 保护 C. 跳闸 D. 运行

195．由于电压线圈的内阻抗很大，所以电压互感器运行时，相当于一台空载运行的变压器，故二次侧不能（ ），否则绕组将被烧毁。

A. 开路 B. 短路 C. 分路 D. 接地

196．电压互感器的绝缘方式中干式用（ ）表示。

A. J B. G C. Z D. C

197．三绕组电压互感器的（ ）主要供给监视电网绝缘和接地保护装置。

A. 第一绕组 B. 第二绕组

C. 第三绕组 D. 第四绕组

198．电压互感器的容量是指其二次绕组允许接入的负载功率（ ），分额定容量和最大容量。

A. 以 VA 值表示 B. 以 V 值表示

C. 以 A 值表示 D. 以 kVA 值表示

199．电压互感器的准确度等级是指在规定的一次电压和二次负荷变化范围内，负荷功率因数为额定值时，误差的（ ）。

A．最大限值 　　　　　　B．最小限值

C．数值 　　　　　　　　D．百分比

200．电压互感器的准确度等级是指在规定的一次电压和二次负荷变化范围内，负荷功率因数为（ ）时，误差的最大限值。

A．0.7 　　　B．0.8 　　　C．0.9 　　　D．额定值

201．对电压互感器的准确度，通常电力系统用的有 0.2．0.5、（ ）、3、3P、4P 级等。

A．1 　　　B．1.5 　　　C．2 　　　D．2.5

202．对电压互感器的准确度，（ ）级一般用于测量仪表。

A．0.4 　　　B．0.5 　　　C．0.6 　　　D．0.7

203．对电压互感器的准确度，（ ）、3、3P、4P 级一般用于保护。

A．1 　　　B．1.5 　　　C．2 　　　D．2.5

204．对电压互感器的准确度，1．3、3P、（ ）级一般用于保护。

A．4P 　　　B．4.5P 　　　C．5P 　　　D．5.5P

205．当两台同型号的电压互感器接成（ ）形时，必须注意极性正确，否则会导致互感器线圈烧坏。

A．V 　　　B．W 　　　C．N 　　　D．M

206．电压互感器二次回路允许有（ ）接地点。

A．一个 　　B．两个 　　C．三个 　　D．多个

207．电压互感器二次回路只允许有一个接地点，若有两个或多个接地点，当电力系统发生接地故障时，各个接地点之间的地电位可能会相差很大，该电位差将叠加在电压互感器二次回路上，从而使电压互感器二次电压的幅值及相位发生变化，有可能造成阻抗保护或方向保护（ ）。

A．误动或拒动 　　　　　B．正确动作

C．及时动作 　　　　　　D．快速动作

208．当运行中的电压互感器发生接地、短路、冒烟着火故障时，对于6～35kV装有（　　）熔体及合格限流电阻时，可用隔离开关将电压互感器切断。

　　A．0.4A　　　B．0.5A　　　C．0.6A　　　D．0.7A

209．当运行中的电压互感器发生接地、短路、冒烟着火故障时，对于（　　）以上电压互感器，不得带故障将隔离开关拉开，否则，将导致母线发生故障。

　　A．35kV　　　B．110kV　　　C．220kV　　　D．500kV

210．个别电压互感器在运行中损坏需要更换时，应选用电压等级与电网电压相符，（　　）的电压互感器，并经试验合格。

　　A．变比相同、极性正确、励磁特性相近

　　B．变比相同、极性错误、励磁特性相近

　　C．变比相同、极性正确、励磁特性相远

　　D．变比不同、极性正确、励磁特性相近

211．停用电压互感器，为防止（　　），应先将二次侧保险取下，再拉开一次侧隔离开关。

　　A．保护误动　B．保护拒动　C．反充电　　D．正充电

212．电压互感器及二次线圈更换后必须测定（　　）。

　　A．变比　　　B．极性　　　C．匝数　　　D．绝缘

213．更换成组的电压互感器时，还应对并列运行的电压互感器检查其（　　）一致，并核对相位。

　　A．生产厂家　　　　　　　B．生产日期

　　C．容量　　　　　　　　　D．连接组别

214．电流互感器是按（　　）工作的，其结构与普通变压器相似。

　　A．电场原理　　　　　　　B．磁场原理

　　C．电磁感应原埋　　　　　D．欧姆定律

215．（　　）是将高压系统中的电流或低压系统中的大电流改变为低压的标准小电流（5A或1A），供测量仪表、继电保护自动装置、计算机监控系统用。

A. 电流互感器　　　　　　　B. 断路器

C. 隔离开关　　　　　　　　D. 避雷器

216.（　）可以将电力系统的一次电流按一定的变比变换成二次较小电流，供给测量表计和继电器。

A. 电流互感器　　　　　　　B. 电压互感器

C. 继电器　　　　　　　　　D. 变压器

217. 电流互感器的一次绕组匝数很少，串联在线路里，其电流大小取决于线路的（　）。

A. 负载电流　　　　　　　　B. 额定电流

C. 最大电流　　　　　　　　D. 最小电流

218. 电流互感器一次绕组匝数（　）二次绕组的匝数。

A. 小于　　　　　　　　　　B. 大于

C. 等于　　　　　　　　　　D. 大于或小于

219. 接在二次侧的电流线圈的阻抗很小，电流互感器正常运行时，相当于一台（　）运行的变压器。

A. 开路　　　B. 短路　　　C. 空载　　　D. 满载

220. 电流互感器型号中，常用（　）表示电流互感器。

A. C　　　　B. L　　　　C. S　　　　D. A

221. 电流互感器型号中，常用（　）表示户外式。

A. C　　　　B. L　　　　C. W　　　　D. A

222. 电流互感器型号中，常用（　）表示瓷绝缘。

A. C　　　　B. D　　　　C. S　　　　D. A

223. 电流互感器的变流比为一次绕组的额定电流与二次绕组（　）之比。

A. 最大电流　　　　　　　　B. 最小电流

C. 额定电流　　　　　　　　D. 负荷电流

224. 电流互感器分为测量用电流互感器和（　）用电流互感器。

A. 实验　　　B. 保护　　　C. 跳闸　　　D. 运行

225. 对于电流互感器准确度，标准仪表一般用（　）、0.1、0.05、

0.02、0.01 级。

　　　　A．0.2　　　B．0.5　　　C．3.0　　　D．B 级

　226．对于电流互感器准确度，保护一般用（　）、D 级、5PX、10PX 级等。

　　　　A．0.05　　　B．0.02　　　C．B 级　　　D．F 级

　227．（　）级的电流互感器是指在额定工况下，电流互感器的传递误差不大于 0.5%。

　　　　A．0.5　　　B．0.6　　　C．0.7　　　D．0.8

　228．0.5 级的电流互感器是指在额定工况下，电流互感器的传递误差不大于（　）。

　　　　A．0.5%　　　B．1.5%　　　C．1.0%　　　D．2%

　229．用于继电保护设备的保护级电流互感器，应考虑暂态条件下的综合误差，一般选用（　）。

　　　　A．P 级或 A 级　　　　　　B．P 级或 B 级

　　　　C．P 级或 TP 级　　　　　D．B 级或 TP 级

　230．用于继电保护设备的保护级电流互感器，应考虑暂态条件下的综合误差，5P20 是指在额定电流 20 倍时其综合误差为（　）。

　　　　A．4%　　　B．5%　　　C．6%　　　D．7%

　231．用于继电保护设备的保护级电流互感器，应考虑暂态条件下的综合误差，5P20 是指在额定电流（　）倍时其综合误差为 5%。

　　　　A．10　　　B．15　　　C．20　　　D．25

　232．用于继电保护设备的保护级电流互感器，应考虑暂态条件下的综合误差，（　）是指在额定电流 20 倍时其综合误差为 5%。

　　　　A．5P20　　　B．4P20　　　C．3P20　　　D．2P20

　233．TP 级保护用电流互感器的铁芯带有小气隙，在它规定的准确限额条件下（规定的一次回路时间常数及无电流时间等）及额定电流的某倍数下其综合瞬时误差最大为（　）。

　　　　A．5%　　　B．10%　　　C．15%　　　D．20%

　234．电流互感器的一次线圈（　）接入被测电路，二次线圈

117

与测量仪表连接，一、二次线圈极性应正确。

    A. 串联   B. 并联   C. 混联   D. 互联

235．电流互感器（ ）与电压互感器二次侧互相连接，以免造成电流互感器近似开路，出现高电压的危险。

    A. 不能   B. 必须   C. 可以   D. 应该

236．电流互感器的二次回路只能有（ ）接地点，决不允许多点接地。

    A. 一个   B. 二个   C. 三个   D. 四个

237．在正常运行情况下，电流互感器的一次磁势与二次磁势基本平衡，励磁磁势（ ），铁芯中的磁通密度和二次线圈的感应电势都不高。

    A. 很大   B. 很小

    C. 很大或很小   D. 不变

238．在电流互感器二次开路时，一次磁势全部用于励磁，铁芯过度饱和，磁通波形为平顶波，而电流互感器二次电势则为尖峰波，因此二次绕组将出现（ ），对人体及设备安全带来危险。

    A. 高电压   B. 低电压

    C. 大电流   D. 小电流

239．在电流互感器二次开路时，一次磁势全部用于（ ），铁芯过度饱和，磁通波形为平顶波，而电流互感器二次电势则为尖峰波，因此二次绕组将出现高电压，对人体及设备安全带来危险。

    A. 励磁   B. 失磁   C. 去磁   D. 消磁

240．电流互感器的容量，即允许接入的二次负载容量，其标准值为（ ）。

    A. 2～100VA   B. 2～100VA

    C. 5～100VA   D. 3～100VA

二、判断题

1．变压器是一种静止的电气设备，它利用电磁感应原理将一种电压等级的交流电转变成异频率的另一种电压等级的交流电。（ ）

2．变压器绕组套装在铁芯柱上，而铁轭则用来使整个磁路闭

合。（　）

3．变压器铁芯的结构一般分为心式和壳式两类。（　）

4．变压器心式铁芯的特点是铁轭不仅包围绕组的顶面和底面，而且还包围绕组的侧面。（　）

5．由于壳式铁芯结构比较简单，绕组的布置和绝缘也比较容易，因此我国电力变压器主要采用壳式铁芯，只在一些特种变压器（如电炉变压器）中才采用心式铁芯。（　）

6．绕组是变压器的磁路部分，一般用绝缘纸包的铜线绕制而成。（　）

7．由于铁芯为变压器的磁路，所以其材料要求导磁性能好，才能使铁损小。（　）

8．变压器硅钢片有热轧和冷轧两种。（　）

9．由于热轧硅钢片在沿着辗轧的方向磁化时有较高的导磁系数和较小的单位损耗，其性能优于冷轧的，国产变压器均采用热轧硅钢片。（　）

10．变压器铁芯硅钢片厚则涡流损耗小，片薄则涡流损耗大。
（　）

11．对于同心式变压器绕组，为了减小绝缘距离，通常将低压绕组靠近铁轭。（　）

12．变压器内部主要绝缘材料有变压器油、绝缘纸板、电缆纸、皱纹纸等。（　）

13．变压器中，变换分接以进行调压所采用的开关，称为分接开关。（　）

14．一般情况下是在变压器高压绕组上抽出适当的分接，进行调压。（　）

15．一般情况下是在变压器低压绕组上抽出适当的分接，原因之一是因为低压侧电流小，分接引线和分接开关的载流部分截面小，开关接触触头也较容易制造。（　）

16．变压器中，绕组抽出分接以供调压的电路，称为调压电路。
（　）

17．变压器二次不带负载，一次也与电网断开（无电源励磁）的调压，称为无励磁调压，一般无励磁调压的配电变压器的调压范围是±5%或±2×2.5%。（　　）

18．油箱是油浸式变压器的外壳，变压器的器身置于油箱内，箱内灌满变压器油。（　　）

19．油箱结构，根据变压器的大小分为吊器身式油箱和吊箱壳式油箱两种。（　　）

20．吊器身式油箱，多用于8000kVA及以上的变压器，其箱沿设在下部，上节箱身做成钟罩形，故又称钟罩式油箱，检修时无须吊器身，只将上节箱身吊起即可。（　　）

21．变压器的冷却装置是起散热作用的装置，根据变压器容量大小不同，采用不同的冷却装置。（　　）

22．对于小容量的变压器，绕组和铁芯所产生的热量经过变压器油与油箱内壁的接触，以及油箱外壁与外界冷空气的接触而自然地散热冷却，无须任何附加的冷却装置。（　　）

23．若变压器容量稍大些，可以在油箱外壁上焊接散热管，以增大散热面积。（　　）

24．对于容量更大的变压器，则应安装冷却风扇，以增强冷却效果。（　　）

25．强迫油循环水冷却器或强迫油循环风冷却器的主要差别为冷却介质不同，前者为水，后者为风，但都在循环油路中增设一台潜油泵，加强油循环以增强冷却效果。（　　）

26．储油柜位于变压器油箱上方，通过气体继电器与油箱相通。
（　　）

27．储油柜的作用就是保证油箱内总是充满油，并减小油面与空气的接触面，从而减缓油的老化。（　　）

28．一般变压器在正常运行时，储油柜油位应该在油位计的1/8～3/8之间位置。（　　）

29．对于现在的全密封变压器，一般不再设储油柜，只是在油箱盖上装油位管，以监视油位。（　　）

30．为了使变压器储油柜内上部的空气保持干燥和避免工业粉尘的污染，油枕通过吸湿器与大气相通。（　　）

31．变压器吸湿器内装有用氯化钙或氯化钴浸渍过的硅胶，它能吸收空气中的水分。（　　）

32．当变压器吸湿器内的硅胶受潮到一定程度时，其颜色由白变为粉红色。（　　）

33．在变压器内部发生故障（如绝缘击穿、相间短路、匝间短路、铁芯事故等）产生气体时，接通信号或跳闸回路，进行报警或跳闸，以保护变压器。（　　）

34．变压器内部的高、低压引线是经绝缘套管引到油箱外部的，它起着固定引线和对地绝缘的作用。（　　）

35．变压器带电部分可以是导电杆、导电管、电缆或铜排。（　　）

36．变压器套管由带电部分和绝缘部分组成。（　　）

37．变压器绝缘部分分为外绝缘和内绝缘，内绝缘为瓷管，外绝缘为变压器油、附加绝缘和电容性绝缘。（　　）

38．在变压器闭合的铁芯上，绕有两个互相绝缘的绕组，其中，接入电源的一侧叫二次侧绕组，输出电能的一侧为一次侧绕组。（　　）

39．变压器匝数多的一侧电流小，匝数少的一侧电流大，也就是电压高的一侧电流小，电压低的一侧电流大。（　　）

40．按照国家标准，铭牌上除标出变压器名称、型号、产品代号、标准代号、制造厂名、出厂序号、制造年月以外，还需标出变压器的技术参数数据。（　　）

41．变压器一、二次电流比与一、二次绕组的匝数比成正比。
（　　）

42．变压器除装设标有以上项目的主铭牌外，还应装设标有关于附件性能的铭牌，需分别按所用附件（套管、分接开关、电流互感器、冷却装置）的相应标准列出。（　　）

43．SC10-315/10 表示三相干式浇注绝缘，双绕组无励磁调压，额定容量 315kVA，低压侧绕组额定电压为 10kV 的电力变压器。
（　　）

44．SFZ-10000/110 表示三相自然循环风冷有载调压，额定容量为 10000kVA，低压绕组额定电压 110kV 的电力变压器。（　）

45．一些新型的特殊结构的配电变压器，如非晶态合金铁芯、卷绕式铁芯和密封式变压器，在型号中分别加以 H、R 和 M 表示。

（　）

46．SH11-M-50/10 表示三相油浸自冷式，双绕组无励磁调压，非晶态合金铁芯，密封式，额定容量 50kVA，高压侧绕组额定电压为 10kV 的电力变压器。（　）

47．三相输电线比单相输电线对远距离输电意义更大。（　）

48．变压器分单相和三相两种，一般均制成单相变压器以直接满足输配电的要求。（　）

49．小型变压器有制成单相的，特大型变压器做成单相后，组成三相变压器组，以满足运输的要求。（　）

50．额定电压是指变压器线电压（有效值），它应与所连接的输变电线路电压相符合。（　）

51．变压器产品系列是以高压的电压等级区分的，为 10kV 及以下，20kV、35kV、66kV、110kV 系列和 220kV 系列等。（　）

52．变压器额定容量的大小与电压等级也是密切相关的，电压低的容量较大，电压高的容量较小。（　）

53．多绕组变压器应对每个绕组的额定容量加以规定，其额定容量为最小的绕组额定容量。（　）

54．当变压器容量由冷却方式而变更时，则额定容量是指最小的容量。（　）

55．变压器的额定电流为通过绕组线端的电流，即为线电流（有效值）。（　）

56．变压器的额定电流大小等于绕组的额定容量除以该绕组的额定电压及相应的相系数（单相为 1，三相为 $\sqrt{3}$）。（　）

57．所谓线圈的同极性端，是指当电流从两个线圈的同极性端流入（或流出）时，产生的磁通方向相反。（　）

58．变压器的连接组是指三相变压器一、二次绕组之间连接关

系的一种代号，它表示变压器一、二次绕组对应电压之间的相位关系。（　）

59．三相变压器的一次和二次绕组采用不同的连接方法时，会使一、二次线电压有不同的相位关系。（　）

60．变压器星形连接是三个绕组相邻相的异名端串接成一个三角形的闭合回路，在每两相连接点上即三角形顶点上分别引出三根线端，接电源或负载。（　）

61．变压器三角形连接是三相绕组中有一个同名端相互连在一个公共点（中性点）上，其他三个线端接电源或负载。（　）

62．变压器曲折形连接也属星形连接，只是每相绕组分成两个部分，分别绕在两个铁心柱上。（　）

63．接线组别相同而并列，会在变压器相连的低压侧之间产生电压差，形成环流，严重时导致烧坏变压器。（　）

64．为了表示三相变压器的一次和二次绕组之间的数量关系，一般采用时钟表示法的接线组别予以区分。（　）

65．电力系统中常用的 Y，d11 接线的变压器，三角形侧的电流比星形侧的同一相电流，在相位上超前30度。（　）

66．有利于抑制高次谐波，是配电变压器采用 Yyn0 连接较Dyn11 连接具有的优点之一。（　）

67．变压器调压方式通常分为无励磁调压和有载调压两种方式。（　）

68．变压器中，带负载进行变换绕组分接的调压，称为有载调压。（　）

69．为了供给稳定的电压、控制电力潮流或调节负载电流，均需对变压器进行电压调整。（　）

70．变压器调整电压的方法是在其某一侧绕组上设置分接，用来切除或增加一部分绕组的线匝，以改变绕组匝数，从而达到改变电压比的有级调整电压的方法。（　）

71．电压调整率即说明变压器二次电压变化的程度大小，是衡量变压器供电质量的数据。（　）

72. 当变压器二次绕组短路，一次绕组施加额定频率的额定电压时，一次绕组中所流过的电流称空载电流 I_0，变压器空载合闸时有较大的冲击电流。（ ）

73. 当变压器二次侧开路，一次侧施加电压使其电流达到额定值，此时所施加的电压称为阻抗电压 U_z。（ ）

74. 当变压器二次侧开路，一次侧施加电压使其电流达到额定值，此时变压器从电源吸取的功率即为短路损耗。（ ）

75. 二次侧额定电压 U_{2N} 指的是分接开关放在额定电压位置，一次侧加额定电压时，二次侧短路的电压值。（ ）

76. 电压调整率的定义为，在给定负载功率因数下（一般取 0.8）二次空载电压 U_{2N} 和二次负载电压 U_2 之和与二次额定电压 U_{2N} 的比。（ ）

77. 铜损是指变压器的铁芯损耗，是变压器的固有损耗，在额定电压下，它是一个恒定量，并随实际运行电压成正比变化，是鉴别变压器能耗的重要指标。（ ）

78. 铁损是指变压器线圈中的电阻损耗，与电流大小的平方成正比，它是一个变量。（ ）

79. 变压器的效率 η 为输出的有功功率与输入的有功功率之比的百分数。（ ）

80. 通常中小型变压器的效率约为 95% 以上，大型变压器的效率在 98%～99.5%。（ ）

81. 变压器的允许温度主要决定于绕组的绝缘材料。（ ）

82. 为了便于监视运行中变压器各部件的温度，规定以上层油温为允许温度。（ ）

83. 我国电力变压器大部分采用 B 级绝缘材料，即浸渍处理过的有机材料，如纸、棉纱、木材等。（ ）

84. 变压器运行时，其绕组和铁芯产生的损耗转变成热量，一部分被变压器各部件吸收使之温度升高，另一部分则散发到周围介质中。（ ）

85. 变压器运行巡视应检查变压器上层油温，正常时一般应在

95℃以下，对强迫油循环水冷或风冷的变压器为 85℃。（　）

86．变压器的温升，对于空气冷却变压器是指测量部位的温度与冷却空气温度之差。（　）

87．变压器的温升，对于水冷却变压器是指测量部位的温度与冷却器入口处水温之差。（　）

88．因为 A 级绝缘在 98℃时产生的绝缘损坏为正常损坏，而绕组最热点与其平均温度之差为 9℃，保证变压器正常寿命的年平均气温是 20℃，所以绕组温升限值为 98－9＋20＝109℃。（　）

89．在不损害变压器绝缘和降低变压器使用寿命的前提下，变压器在较短时间内所能输出的最大容量为变压器的过负载能力。

（　）

90．若电网电压小于变压器分接头电压，对变压器本身无任何损害，仅使变压器的输出功率略有降低。（　）

91．变压器可以在绝缘及寿命不受影响的前提下，在负载高峰及冬季时适当过负载运行。（　）

92．变压器过负载能力可分为正常情况下的过负载能力和事故情况下的过负载能力。（　）

93．施加于变压器一次绕组的电压因电网电压波动而波动。

（　）

94．当电网电压大于变压器分接头电压，对变压器的运行将产生不良影响，并对变压器的绝缘有损害。（　）

95．变压器的电源电压一般不得超过额定值的±5%，不论变压器分接头在任何位置，只要电源电压不超过额定值的±5%，变压器都可在额定负载下运行。（　）

96．解列运行就是将两台或多台变压器的一次侧和二次侧绕组分别接于公共的母线上，同时向负载供电。（　）

97．变压器并列运行，允许一、二次电压有±0.5%的差值，超过则可能在两台变压器绕组中产生环流，影响出力，甚至可能烧坏变压器。（　）

98．提高供电可靠性是变压器并列运行目的之一。（　）

99．减少总的备用容量是变压器并列运行目的之一。（　）

100．提高变压器运行的经济性是变压器并列运行目的之一。

（　）

101．变压器并列运行，一般允许阻抗电压有±10%的差值，若差值大，可能阻抗电压大的变压器承受负荷偏高，阻抗电压小的变压器承受负荷偏低，从而影响变压器的经济运行。（　）

102．变压器油在运行中还可以吸收绕组和铁芯产生的热量，起到冷却的作用。（　）

103．当变压器的油温变化时，其体积会膨胀或收缩。（　）

104．变压器油是流动的液体，可充满油箱内各部件之间的气隙，排除空气，从而防止各部件受潮而引起绝缘强度的降低。（　）

105．变压器油本身绝缘强度比空气小，所以油箱内充满油后，可降低变压器的绝缘强度。（　）

106．变压器油还能使木质及纸绝缘保持原有的物理和化学性能，并使金属得到防腐保护，从而使变压器的绝缘保持良好的状态。

（　）

107．变压器油运行，应经常检查充油设备的密封性，储油柜、呼吸器的工作性能，以及油色、油量是否正常。（　）

108．变压器油运行，应结合变压器运行维护工作，定期或不定期取油样作油的气相色谱分析，以预测变压器的潜伏性故障，防止变压器发生事故。（　）

109．变压器运行时，由于绕组和铁芯中产生的损耗转化为热量，必须及时散热，以免变压器过热造成事故。（　）

110．在高温或紫外线作用下，变压器油会减缓氧化，所以一般应置油于高温下和透明的容器内。（　）

111．10kV 及以下变压器可补入不同牌号的油，但应作混油的耐压试验。（　）

112．35kV 及以上变压器应补入相同牌号的油，应作油耐压试验。（　）

113．变压器补油后要检查气体（瓦斯）继电器，及时放出气体，

若在 24h 后无问题，可重新将气体（瓦斯）保护接入跳闸回路。（　）

114．变压器运行巡视应检查储油柜和充油绝缘套管内油面的高度和封闭处有无渗漏油现象，以及油标管内的油色。（　）

115．变压器运行巡视应检查变压器的响声。正常时为均匀的爆炸声。（　）

116．变压器运行巡视应检查绝缘套管是否清洁、有无破损裂纹和放电烧伤痕迹。（　）

117．变压器运行巡视应检查母线及接线端子等连接点的接触是否良好。（　）

118．有人值班的变配电所，每班都应检查变压器的运行状态。
（　）

119．负载急剧变化或变压器发生短路故障后，都应增加特殊巡视。（　）

120．当系统短路或接地时，通过很大的短路电流，变压器会产生很大的噪音。（　）

121．当启动变压器所带的大容量动力设备时，负载电流变大，会使变压器声音加大。（　）

122．当变压器过负载时，会发出很高且沉重的嗡嗡声。（　）

123．变压器套管密封不严进水而使绝缘受潮损坏，是绝缘套管闪络和爆炸的可能原因之一。（　）

124．变压器套管的电容芯子制造不良，使内部游离放电，是绝缘套管闪络和爆炸的可能原因之一。（　）

125．干式变压器是指铁芯和绕组浸渍在绝缘液体中的变压器。（　）

126．干式变压器在结构上可分为以固体绝缘包封绕组和不包封绕组。（　）

127．环氧树脂是一种早就广泛应用的化工原料，它不仅是一种难燃、阻燃的材料，而且具有优越的电气性能，已逐渐为电工制造业所采用。（　）

128．环氧树脂具有难燃、防火、耐潮、耐污秽、机械强度高

等优点，用环氧树脂浇注或缠绕作包封的干式变压器即称为环氧树脂干式变压器。（　）

129．气体绝缘变压器为在密封的箱壳内充以 SF_6（六氟化硫）气体代替绝缘油，利用 SF_6 气体作为变压器的绝缘介质和冷却介质。

（　）

130．油浸绝缘变压器具有防火、防爆、无燃烧危险，绝缘性能好，与气体变压器相比重量轻，防潮性能好，对环境无任何限制，运行可靠性高、维修简单等优点，存在的缺点是过载能力稍差。（　）

131．气体绝缘变压器的工作部分（铁芯和绕组）与油浸变压器基本相同。（　）

132．为保证气体绝缘变压器有良好的散热性能，需要适当增大箱体的散热面积，一般采用管式散热器进行自然风冷却，是此变压器的结构特点之一。（　）

133．气体绝缘变压器的箱壳上还装有充放气阀门，是此变压器的结构特点之一。（　）

134．H级绝缘干式变压器中，用作绝缘的纸具有非常稳定的化学性能，可以连续耐 220℃ 高温，属于 A 级绝缘材料。（　）

135．H级绝缘干式变压器中，NOMEX 纸在起火情况下，具有自熄能力，即使完全分解，也不会产生烟雾和有毒气体，电气强度低，介电常数较大。（　）

136．非晶态合金铁芯的变压器就是用低导磁率的非晶态合金制作变压器铁芯。（　）

137．非晶态合金铁芯磁化性能大为改善，其 B-H 磁化曲线很狭窄，因此其磁化周期中的磁滞损耗大大降低，又由于非晶态合金带厚度很薄，并且电阻率高，其磁化涡流损耗也大大降低。（　）

138．据实测，非晶态合金铁芯的变压器与同电压等级、同容量硅钢合金铁芯变压器相比，空载损耗要低 70%～80%。（　）

139．S9 系列配电变压器的设计首先是改变了设计观念，以增加有效材料用量来实现降低损耗，主要增加铁芯截面积以降低磁通密度、高低压绕组均使用铜导线，并加大导线截面以降低绕组电流

密度，从而降低了空载损耗和负载损耗。（　）

140．在 S9 系列的基础上，改进结构设计，选用超薄型硅钢片，进一步降低空载损耗，又开发了 S11 系列变压器，节能效果就更显著。（　）

141．油箱上采用片式散热器代替管式散热器，提高了散热系数，是低损耗油浸变压器采用的改进措施之一。（　）

142．铁芯绝缘采用了整块绝缘、绕组出线和外表面加强绑扎，提高了绕组的机械强度，是低损耗油浸变压器采用的改进措施之一。（　）

143．目前国内生产的 10kV、630kVA 及以下卷铁芯变压器，其空载损耗比 S9 系列变压器下降 30%，空载电流比 S9 系列变压器下降 20%。（　）

144．单相配电变压器在美国等世界上多数国家早已使用于居民低压配电的单相三线制系统中，它对降低低压配电损耗意义重大。（　）

145．单相变压器可以直接安装在用电负荷中心，增加了供电半径，改善了电压质量，增加了低压线路损耗，用户低压线路的投资也大大降低。（　）

146．单相变压器多为柱上式，通常为少维护的密封式，与同容量三相变压器相比，空载损耗和负载损耗都小，特别适用于小负荷分布分散且无三相负荷的区域。（　）

147．我国 10kV 为中性点不接地系统，因此单相变压器高压侧只能是相—相式的全绝缘接线，其造价高于国外大多数相—地接线的单相变压器。（　）

148．三相变压器容量较大，使用在居民密集住宅区时，每台变压器所带用户数量多，需用系数低，因而变压器容量利用率高。但在同样条件下，使用单相变压器时，则总容量将远高于三相变压器。（　）

149．互感器是一种特殊的变压器。（　）

150．互感器分电压互感器和电流互感器两大类，它们是供电

系统中测量、保护、操作用的重要设备。（　）

151．电流互感器是将系统的高电压转变为低电压，供测量、保护、监控用。（　）

152．电压互感器是将高压系统中的电流或低压系统中的大电流转变为标准的小电流，供测量、保护、监控用。（　）

153．电压互感器是将系统的高电压改变为标准的低电压（50V或1V）。（　）

154．电流互感器是将高压系统中的电流或低压系统中的大电流改变为低压的标准小电流（10A或1A），供测量仪表、继电保护自动装置、计算机监控系统用。（　）

155．与测量仪表配合，对线路的电压、电流、电能进行测量，是互感器的作用之一。（　）

156．与继电器配合，对系统和电气设备进行过电压、过电流和单相接地等保护，是互感器的作用之一。（　）

157．将测量仪表、继电保护装置和线路的高电压隔开，以保证操作人员和设备的安全，是互感器的作用之一。（　）

158．将电压和电流变换成统一的标准值，以利于仪表和继电器的标准化，是互感器的作用之一。（　）

159．电压互感器是利用电磁感应原理工作的，类似一台升压变压器。（　）

160．电压互感器的高压绕组与被测电路串联，低压绕组与测量仪表电压线圈串联。（　）

161．由于电压线圈的内阻抗很大，所以电压互感器运行时，相当于一台满载运行的变压器。（　）

162．电压互感器的二次绕组不准开路，否则电压互感器会因过热而烧毁。（　）

163．三绕组电压互感器的第三绕组主要供给监视电网绝缘和接地保护装置。（　）

164．电压互感器的容量是指其二次绕组允许接入的负载功率（以VA值表示），分额定容量和最大容量。（　）

165．电压互感器的准确度等级是指在规定的一次电压和二次负荷变化范围内，负荷功率因数为额定值时，误差的最小限值。（　）

166．0.2 级电压互感器一般用于测量仪表。（　）

167．0.5 级电压互感器一般用于电能表计量电能。（　）

168．1、3、3P、4P 级电压互感器一般用于保护。（　）

169．电压互感器二次绕组、铁芯和外壳都必须可靠接地，在绕组绝缘损坏时，二次绕组对地电压不会升高，以保证人身和设备安全。（　）

170．对于充油电流互感器应检查油位是否正常可靠接地，在绕组绝缘损坏时，二次绕组对地电压不会升高，以保证人身和设备安全。（　）

171．Ⅰ、Ⅱ 类用于贸易结算的电能计量装置中电压互感器二次回路电压降应不大于其额定二次电压 2%。（　）

172．电压互感器运行巡视应检查充油电压互感器的油位是否正常，油色是否透明（不发黑），有无严重的渗、漏油现象。（　）

173．电压互感器运行巡视应检查一次侧引线和二次侧连接部分是否接触良好。（　）

174．电压互感器二次回路允许有多个接地点。（　）

175．当两台同型号的电压互感器接成 V 形时，必须注意极性正确，否则会导致互感器线圈烧坏。（　）

176．运行中的电压互感器出现高压线圈的绝缘击穿、冒烟、发出焦臭味，应立即退出运行。（　）

177．运行中的电压互感器出现瓷套管破裂、严重放电，可继续运行。（　）

178．运行中的电压互感器内部有放电声及其他噪声，线圈与外壳之间或引线与外壳之间有火花放电现象,应立即退出运行。（　）

179．运行中的电压互感器出现漏油严重，油标管中看不见油面，应立即退出运行。（　）

180．运行中的电压互感器出现高压侧熔体连续两次熔断，发生接地、短路、冒烟着火故障时，对于 110kV 以上电压互感器，可

以带故障将隔离开关拉开。（　）

181．个别电压互感器在运行中损坏需要更换时，应选用电压等级与电网电压相符，变比相同、极性正确、励磁特性相近的电压互感器，并经试验合格。（　）

182．电压互感器二次线圈更换后，必须进行核对，以免造成错误接线和防止二次回路短路。（　）

183．停用电压互感器，应将有关保护和自动装置停用，以免造成装置失压误动作，为防止电压互感器反充电，停用时应拉开一次侧隔离开关，再将二次侧保险取下。（　）

184．电流互感器是按电磁感应原理工作的，其结构与普通变压器相似。（　）

185．电流互感器二次额定电流一般为10A。（　）

186．电流互感器的一次绕组匝数很多，并联在线路里，其电流大小取决于线路的负载电流，由于接在二次侧的电流线圈的阻抗很小，所以电流互感器正常运行时，相当于一台开路运行的变压器。
（　）

187．电流互感器利用一、二次绕组不同的匝数比可将系统的大电流变为小电流来测量。（　）

188．电流互感器可以将电力系统的一次电流按一定的变比变换成二次较小电流，供给测量表计和继电器。（　）

189．LQJ-10表示额定电压为10kV的绕组式树脂浇注绝缘的电流互感器。（　）

190．电流互感器分为测量用电流互感器和保护用电流互感器。
（　）

191．标准仪表用0.2、0.1、0.05、0.02、0.01级电流互感器。（　）

192．电流互感器的准确度等级，实际上是绝对误差标准。（　）

193．0.5级的电流互感器是指在额定工况下，电流互感器的传递误差不大于5%。（　）

194．用于继电保护设备的保护级电流互感器，应考虑暂态条件下的综合误差，一般选用P级或TP级。（　）

195．用于继电保护设备的保护级电流互感器，应考虑暂态条件下的综合误差，5P20 是指在额定电流 20 倍时其综合误差为 50%。
（　）

196．TP 级保护用电流互感器的铁芯带有小气隙，在它规定的准确限额条件下（规定的二次回路时间常数及无电流时间等）及额定电流的某倍数下其综合瞬时误差最大为 10%。（　）

197．二次侧的负载阻抗不得大于电流互感器的额定负载阻抗，以保证测量的准确性。（　）

198．电流互感器不得与电压互感器二次侧互相连接，以免造成电流互感器近似开路，出现高电压的危险。（　）

199．电流互感器一次侧带电时，允许二次线圈开路，在二次回路中允许装设熔断器或隔离开关。（　）

200．在正常运行情况下，电流互感器的一次磁势与二次磁势基本平衡，励磁磁势很小，铁芯中的磁通密度和二次线圈的感应电势都不高，当二次开路时，一次磁势全部用于励磁，铁芯过度饱和，磁通波形为平顶波，而电流互感器二次电势则为尖峰波，因此二次绕组将出现高电压，对人体及设备安全带来危险。（　）

201．电流互感器运行前应检查套管有无裂纹、破损现象。（　）

202．充油电流互感器运行前应检查外观清洁，油量充足，无渗漏油现象。（　）

203．对于充油电流互感器应检查油位是否正常，有无渗漏现象，是电流互感器巡视检查项目之一。（　）

204．电流表的三相指示是否在允许范围之内，电流互感器有无过负荷运行，是电流互感器巡视检查项目之一。（　）

205．电流互感器运行前应按电气试验规程，进行全面试验并应合格。（　）

206．个别电流互感器在运行中损坏需要更换时，应选择电压等级与电网额定电压相同、变比相同、准确度等级相同，极性正确、伏安特性相近的电流互感器，并测试合格。（　）

207．由于容量变化而需要成组更换电流互感器时，应重新审

核继电保护整定值及计量仪表的倍率。（　　）

208．电压互感器及二次线圈更换后必须测定极性。（　　）

209．电流互感器的容量，即允许接入的二次负载容量SN（VA），其标准值为10～200VA。（　　）

三、多选题

1．全密封变压器外形包括的部件有（　　）。

 A．套管 B．分接开关 C．散热器 D．油箱

2．变压器心式铁芯的特点是（　　）。

 A．铁轭靠着绕组的顶面和低面

 B．铁轭不包围着绕组的侧面

 C．铁轭不靠着绕组的顶面和低面

 D．铁轭包围着绕组的侧面

3．涡流与硅钢片厚度的关系是（　　）。

 A．片厚则涡流损耗大   B．片薄则涡流损耗小

 C．片厚则涡流损耗小   D．片薄则涡流损耗大

4．变压器的冷轧硅钢片厚度有多种，一般包括（　　）。

 A．0.35mm B．0.30mm C．0.27mm D．0.17mm

5．根据变压器容量的大小将油箱结构分为（　　）两类。

 A．吊器身式油箱   B．吊箱壳式油箱

 C．吊铁芯式油箱   D．吊绕组式油箱

6．当变压器容量在50000kVA及以上时，常采用的冷却器是（　　）。

 A．强迫油循环水冷却器 B．强迫油循环风冷却器

 C．强迫油循环气冷却器 D．强迫油循环雨冷却器

7．变压器储油柜的作用包括（　　）。

 A．保证油箱内总是充满油

 B．减小油面与空气的接触面

 C．减缓油的老化

 D．保证油箱内总是充满气体

8．当变压器吸湿器受潮到一定程度时，其颜色变化一般是

（　　）。

    A．由蓝变为白色　　　　　　　B．由蓝变为粉红色

    C．由蓝变为绿色　　　　　　　D．由蓝变为粉黄色

  9．气体继电器位于储油柜与箱盖的联管之间，在变压器内部发生故障，如（　　）等产生气体时，接通信号或跳闸回路，进行报警或跳闸，以保护变压器。

    A．绝缘击穿　　　　　　　　　B．相间短路

    C．匝间短路　　　　　　　　　D．铁芯事故

  10．变压器内部的高、低压引线是经绝缘套管引到油箱外部的，绝缘套管的作用包括（　　）。

    A．固定引线　　　　　　　　　B．对地绝缘

    C．导通引线　　　　　　　　　D．对地接地

  11．变压器套管由带电部分和绝缘部分组成，绝缘部分分为两部分，包括（　　）。

    A．外绝缘　　　B．长绝缘　　　C．短绝缘　　　D．内绝缘

  12．变压器套管由带电部分和绝缘部分组成，带电部分一般包括（　　）。

    A．导电杆　　　B．导电管　　　C．电缆　　　　D．铜排

  13．关于变压器高、低压绝缘套管，正确的描述是（　　）。

    A．变压器内部的高、低压引线是经绝缘套管引到油箱外部的

    B．套管起着固定引线和对地绝缘的作用

    C．套管由带电部分和绝缘部分组成

    D．套管带电部分可以是导电杆、导电管、电缆或铜排

    E．套管绝缘部分分为外绝缘和内绝缘

  14．当交流电源电压加到变压器一次侧绕组后，就有交流电流通过该绕组，在铁芯中产生交变磁通，这个交变磁通的特点是（　　）。

    A．穿过一次侧绕组

    B．穿过二次侧绕组

    C．在一次绕组产生感应电势

D．在二次绕组产生感应电势

15．变压器一、二次侧绕组因匝数不同将导致一、二次侧绕组的电压高低不等，关于匝数与电压的关系，描述正确的包括（　）。

A．匝数多的一边电压高　　B．匝数少的一边电压低

C．匝数多的一边电压低　　D．匝数少的一边电压高

16．变压器的技术参数数据包括（　）。

A．相数　　　　　　　　　B．额定容量

C．额定频率　　　　　　　D．各绕组额定电流

17．电力变压器铭牌上的冷却方式注意点包括（　）。

A．有几种冷却方式时，应以最大容量百分数表示出相应的冷却容量

B．强迫油循环变压器应注出空载下潜油泵和风扇电动机的允许工作时限

C．有几种冷却方式时，应以额定容量百分数表示出相应的冷却容量

D．强迫油循环变压器应注出满载下潜油泵和风扇电动机的允许工作时限

18．按相数分类，变压器包括（　）两类。

A．单相　　　B．三相　　　C．两相　　　D．四相

19．型号为 S11-160/10 的变压器含义包括（　）。

A．三相油浸自冷式

B．双绕组无励磁调压

C．额定容量 160kVA

D．高压侧绕组额定电压 10kV

20．变压器产品系列是以高压的电压等级区分的，包括（　）。

A．10kV 及以下　　　　　　B．20kV

C．35kV　　　　　　　　　D．110kV 系列

21．关于变压器额定容量，描述正确的包括（　）。

A．对于三相变压器，额定容量是三相容量之和

B．双绕组变压器的额定容量即为绕组的额定容量

  C．对于三相变压器，额定容量是最大容量

  D．对于三相变压器，额定容量是最小容量

22．关于变压器额定容量与绕组额定容量的区别，描述正确的包括（ ）。

  A．双绕组变压器的额定容量即为绕组的额定容量

  B．多绕组变压器应对每个绕组的额定容量加以规定，其额定容量为最大的绕组额定容量

  C．当变压器容量由冷却方式而变更时，则额定容量是指最大的容量

  D．当变压器容量由冷却方式而变更时，则额定容量是指最小的容量

23．关于变压器额定容量的大小与电压等级的关系，描述正确的包括（ ）。

  A．电压低的容量较小   B．电压低的容量较大

  C．电压高的容量较小   D．电压高的容量较大

24．关于变压器额定电流，描述正确的包括（ ）。

  A．额定电流为通过绕组线端的电流

  B．额定电流的大小等于绕组的额定容量除以该绕组的额定电压及相应的相系数

  C．额定电流的大小等于绕组的额定容量除以该绕组的额定电压

  D．额定电流的大小等于绕组的额定容量除以该绕组相应的相系数

25．变压器的额定电流大小等于绕组的额定容量除以该绕组的额定电压及相应的相系数（ ）。

  A．三相为 1   B．单相为 $\sqrt{3}$

  C．单相为 1   D．三相为 $\sqrt{3}$

26．关于变压器的极性，描述正确的是（ ）。

  A．所谓线圈的同极性端，是指当电流从两个线圈的同极

性端流出时，产生的磁通方向相同

  B. 所谓线圈的同极性端，是指当电流从两个线圈的同极性端流入时，产生的磁通方向相同

  C. 所谓线圈的异极性端，是指当电流从两个线圈的同极性端流出时，产生的磁通方向相同

  D. 所谓线圈的异极性端，是指当电流从两个线圈的同极性端流入时，产生的磁通方向相同

27. 变压器 Dyn11（Δ/Y0-11）绕组接线的特点包括（　　）。

  A. 一次绕组接成三角形，二次绕组接成星形

  B. 一、二次相电势同相

  C. 二次侧线电压超前于一次线电压

  D. 当一次线电压指在时钟 12 点（0 点）时，则二次侧线电压应指在 11 点

28. 配电变压器采用 Dyn11 连接较 Yyn0 连接具有的优点包括（　　）。

  A. 有利于抑制高次谐波

  B. 有利于单相接地短路故障的保护和切除

  C. 有利于单相不平衡负荷的使用

  D. Dyn11 连接的变压器的绝缘强度要求比 Yyn0 连接的变压器要低，成本也稍低

29. 一般配电变压器常采用的连接组包括（　　）。

  A. Yyn0 B. Yyn6 C. Dyn1 D. Dyn11

30. 变压器空载电流定义中的必须条件包括（　　）。

  A. 二次绕组开路

  B. 二次绕组短路

  C. 一次绕组施加额定频率的最大电压

  D. 一次绕组施加额定频率的额定电压

31. 变压器无励磁调压的特点包括（　　）。

  A. 二次侧不带负载   B. 一次侧与电网断开

  C. 二次侧带负载   D. 一次侧与电网相连

32. 下列关于变压器无励磁调压描述正确的说法有（　　）。

    A. 二次带负载

    B. 一次侧与电网断开

    C. 一般无励磁调压的配电变压器的调压范围是±2×2.5%

    D. 二次不带负载

33. 变压器负载运行时，由于变压器内部的阻抗电压降，二次电压将随（　　）的改变而改变。

    A. 负载电流　　　　　　　　B. 负载功率因数

    C. 电源电流　　　　　　　　D. 电源功率因数

34. 关于变压器电压调整率，描述正确的包括（　　）。

    A. 说明变压器一次电压变化的程度大小

    B. 在给定负载功率因数下（一般取 0.8）二次空载电压和二次负载电压之和与二次额定电压的比称为电压调整率

    C. 说明变压器二次电压变化的程度大小

    D. 在给定负载功率因数下（一般取 0.8）二次空载电压和二次负载电压之差与二次额定电压的比称为电压调整率

35. 关于变压器效率，描述正确的包括（　　）。

    A. 变压器的效率 η 为输出的有功功率与输入的有功功率之比的百分数

    B. 通常中小型变压器的效率约为 95%以上，大型变压器的效率在 98%～99.5%

    C. 变压器的效率 η 为输入的有功功率与输出的有功功率之比的百分数

    D. 通常中小型变压器的效率约为 98%～99.5%，大型变压器的效率在 95%以上

36. 变压器铁损的描述，正确的包括（　　）。

    A. 指变压器的铁芯损耗

    B. 是变压器的固有损耗

C. 在额定电压下，它是一个恒定量，并随实际运行电压成正比变化

D. 是鉴别变压器能耗的重要指标

37. 变压器运行时各部件的温度是不同的，具体包括（　　）。

A. 绕组温度最高

B. 铁芯温度处于绕组和油的温度之间

C. 铁芯温度最高

D. 油的温度最低

38. 关于变压器过负载能力，描述正确的包括（　　）。

A. 在不损害变压器绝缘和降低变压器使用寿命的前提下，变压器在较短时间内所能输出的最大容量为变压器的过负载能力

B. 一般以变压器所能输出的最小容量与额定容量之比表示

C. 一般以变压器所能输出的最大容量与额定容量之比表示

D. 变压器过负载能力可分为正常情况下的过负载能力和事故情况下的过负载能力

39. 关于变压器电压波动，描述正确的包括（　　）。

A. 施加于变压器一次绕组的电压因电网电压波动而波动

B. 若电网电压小于变压器分接头电压，对变压器本身无任何损害，仅使变压器的输出功率略有降低

C. 当电网电压大于变压器分接头电压，对变压器的运行将产生不良影响，并对变压器的绝缘有损害

D. 若电网电压大于变压器分接头电压，对变压器本身无任何损害，仅使变压器的输出功率略有降低

40. 变压器理想并列运行的条件包括（　　）。

A. 变压器的接线组别相同

B. 变压器的一、二次电压相等，电压比（变比）相同

C. 变压器的阻抗电压相等

D. 两台并列变压器的容量比也不能超过 3:1

41. 常用的变压器油有国产（　　）。

A. 25 号　　　　B. 20 号　　　　C. 10 号　　　　D. 5 号

42. 变压器油运行中的注意事项包括（　　）。

A. 应经常检查充油设备的密封性，储油柜、呼吸器的工作性能以及油色、油量是否正常

B. 应结合变压器运行维护工作，定期或不定期取油样作油的气相色谱分析

C. 应结合变压器运行维护工作，定期或不定期取油样作油的耐压试验

D. 应经常打开放油阀检查油色

43. 关于变压器油作用，描述正确的是（　　）。

A. 变压器油是流动的液体，可充满油箱内各部件之间的气隙，排除空气

B. 变压器油本身绝缘强度比空气小，可降低变压器的绝缘强度

C. 变压器油在运行中还可以吸收绕组和铁芯产生的热量

D. 变压器油的作用是绝缘和冷却

44. 变压器巡视检查项目包括（　　）。

A. 检查储油柜和充油绝缘套管内油面的高度和封闭处有无渗漏油现象，以及油标管内的油色

B. 检查变压器上层油温。正常时一般应在 85℃以下，对强迫油循环水冷或风冷的变压器为 75℃

C. 检查变压器的响声，正常时为均匀的嗡嗡声

D. 检查绝缘套管是否清洁、有无破损裂纹和放电烧伤痕迹

45. 变压器绝缘套管闪络和爆炸的可能原因包括（　　）。

A. 套管密封不严进水而使绝缘受潮损坏

B. 套管的电容芯子制造不良，使内部游离放电

C. 套管积垢严重或套管上有大的裂纹和碎片

  D. 变压器绝缘套管引线长期在正常电压下运行

46. 干式变压器在结构上可分为两类，包括（　　）。

  A. 以气体绝缘包封绕组　　　　B. 以液体绝缘包封绕组

  C. 不包封绕组　　　　　　　　D. 以固体绝缘包封绕组

47. 关于干式变压器，描述正确的包括（　　）。

  A. 铁芯和绕组不浸渍在绝缘液体中

  B. 在结构上可分为以固体绝缘包封绕组和不包封绕组

  C. 铁芯和绕组浸渍在绝缘液体中

  D. 在结构上可分为以液体绝缘包封绕组和不包封绕组

48. 气体绝缘干式变压器的特点包括（　　）。

  A. 在密封的箱壳内充以 SF_6（六氟化硫）气体代替绝缘油

  B. 利用 SF_6 气体作为变压器的绝缘介质和冷却介质

  C. 防火、防爆、无燃烧危险，绝缘性能好

  D. 缺点是过载能力稍差

49. 气体绝缘变压器的结构特点包括（　　）。

  A. 气体绝缘变压器的工作部分（铁芯和绕组）与油浸变压器基本相同

  B. 一般气体绝缘变压器采用片式散热器进行自然风冷却

  C. 气体绝缘变压器测量温度方式为热电耦式测温装置，同时还需要装有密度继电器和真空压力表

  D. 气体绝缘变压器的箱壳上还装有充放气阀门

50. 非晶合金铁芯变压器的特点包括（　　）。

  A. 用低导磁率的非晶态合金制作变压器铁芯

  B. 非晶态合金带厚度很厚，并且电阻率低，其磁化涡流损耗也大大升高

  C. 用高导磁率的非晶态合金制作变压器铁芯

  D. 非晶态合金带厚度很薄，并且电阻率高，其磁化涡流损耗也大大降低

51. 低损耗油浸变压器采用的改进措施包括（　　）。

  A. 通过加强线圈绝缘层，使绕组线圈的安匝数平衡，控

制绕组的漏磁道，降低了杂散损耗

B．变压器油箱上采用片式散热器代替管式散热器，提高了散热系数

C．铁芯绝缘采用了整块绝缘、绕组出线和外表面加强绑扎，提高了绕组的机械强度

D．变压器油箱上采用管式散热器代替片式散热器，提高了散热系数

52．互感器的作用包括（　　）。

A．与测量仪表配合，对线路的电压、电流、电能进行测量

B．与继电器配合，对系统和电气设备进行过电压、过电流和单相接地等保护

C．将测量仪表、继电保护装置和线路的高电压隔开，以保证操作人员和设备的安全

D．将电压和电流变换成统一的标准值，以利于仪表和继电器的标准化

53．互感器是供电系统中（　　）用的重要设备。

A．测量　　　　B．保护　　　　C．监控　　　　D．操作

54．电压互感器是将系统的高电压改变为标准的低电压，一般包括（　　）。

A．50V　　　　　　　　B．50/$\sqrt{3}$ V

C．100V　　　　　　　 D．100/$\sqrt{3}$ V

55．互感器可以与测量仪表配合，对线路的（　　）进行测量。

A．电压　　　　B．电流　　　　C．电能　　　　D．频率

56．互感器可以与继电器配合，对系统和电气设备进行（　　）等保护。

A．过电压　　　　　　　B．瓦斯

C．过电流　　　　　　　D．单相接地

57．电压互感器型号中绝缘方式的含义是（　　）。

A．J—油浸式   B．G—干式

C．Z—浇注式   D．C—瓷箱式

58．电压互感器型号包括的内容有（   ）。

A．额定电压   B．使用特点

C．绝缘方式   D．结构特点

59．三绕组电压互感器的第三绕组作用主要是（   ）。

A．供给监视电网绝缘   B．供给接地保护装置

C．供给距离保护装置   D．供给电流保护装置

60．电压互感器的准确度等级是指在规定的（   ）变化范围内，负荷功率因数为额定值时，误差的最大限值。

A．二次电压   B．一次负荷

C．一次电压   D．二次负荷

61．保护一般需要用的电压互感器准确度包括（   ）。

A．1   B．3   C．3P   D．4P

62．通常电力系统用的电压互感器准确度包括（   ）。

A．0.2   B．0.5   C．1   D．3

63．电压互感器运行注意事项包括（   ）。

A．电压互感器的一、二次接线应保证极性正确

B．电压互感器的一、二次绕组都应装设熔断器以防止发生短路故障

C．电压互感器二次绕组、铁芯和外壳都必须可靠接地

D．电压互感器二次回路只允许有一个接地点

E．电压互感器二次回路至少有两个接地点

64．互感器停用注意事项包括（   ）。

A．停用电压互感器，应将有关保护和自动装置停用，以免造成装置失压误动作

B．为防止电压互感器反充电，停用时应将二次侧保险取下，再拉开一次侧隔离开关

C．停用的电压互感器，在带电前应进行试验和检查，必要时，可先安装在母线上运行一段时间，再投入运行

D. 为防止电压互感器反充电，停用时应先拉开一次侧隔离开关，再将二次侧保险取下

65. 运行中的电压互感器出现（　　）故障时，应立即退出运行。

A. 瓷套管破裂、严重放电

B. 高压线圈的绝缘击穿、冒烟、发出焦臭味

C. 电压互感器内部有放电声及其他噪声，线圈与外壳之间或引线与外壳之间有火花放电现象

D. 漏油严重，油标管中看不见油面

66. 关于电流互感器特点，描述正确的包括（　　）。

A. 一次绕组匝数很多，并联在线路里，其电流大小取决于线路的负载电流

B. 接在二次侧的电流线圈的阻抗很大，电流互感器正常运行时，相当于一台开路运行的变压器

C. 一次绕组匝数很少，串联在线路里，其电流大小取决于线路的负载电流

D. 接在二次侧的电流线圈的阻抗很小，电流互感器正常运行时，相当于一台短路运行的变压器

67. 型号为 LQJ-10 的电流互感器表示的含义包括（　　）。

A. 额定电压 10kV　　　　　B. 绕组式树脂浇注绝缘

C. 额定电流 10kA　　　　　D. 绕组式干式绝缘

68. 电流互感器型号包括的内容有（　　）。

A. 额定电流　　　　　　　　B. 准确级次

C. 保护级　　　　　　　　　D. 额定电压

69. 关于电流互感器准确度，描述正确的是（　　）。

A. 测量用电流互感器和保护用电流互感器的标准准确度不同

B. 标准仪表用 0.2、0.1、0.05、0.02、0.01 级

C. 测量仪表一般用 0.5、3.0 级等

D. 保护一般用 B 级、D 级、5PX、10PX 级等

E. 0.5 级的电流互感器是指在额定工况下，电流互感器

的传递误差不大于 50%

70. 电流互感器运行注意事项包括（　　）。

A. 电流互感器的一次线圈串连接入被测电路，二次线圈与测量仪表连接，一、二次线圈极性应正确

B. 二次侧的负载阻抗不得大于电流互感器的额定负载阻抗

C. 电流互感器不得与电压互感器二次侧互相连接

D. 电流互感器二次绕组铁芯和外壳都必须可靠接地

71. 电流互感器运行前需要检查的项目包括（　　）。

A. 套管无裂纹、破损现象

B. 充油电流互感器外观应清洁，油量充足，无渗漏油现象

C. 引线和线卡子及二次回路各连接部分应接触良好，不得松弛

D. 外壳及二次侧应接地正确、良好，接地线连接应坚固可靠

四、案例分析及计算题

1. 关于变压器铁芯结构，正确的描述是（　　）。

A. 变压器的铁芯是磁路部分

B. 铁芯由铁芯柱和铁轭两部分组成

C. 变压器绕组套装在铁芯柱上，而铁轭则用来使整个磁路闭合

D. 铁芯的结构一般分为心式和壳式两类

2. 变压器调整电压的方法，一般情况下是在变压器高压绕组上抽出适当的分接，这是因为（　　）。

A. 高压绕组常套在外面，引出分接方便

B. 高压侧电流小，分接引线和分接开关的载流部分截面小

C. 分接开关接触触头较容易制造

D. 高压侧电流大，分接引线和分接开关的载流部分截面大

3. 关于变压器油箱，正确的描述是（　　）。

A．油箱是油浸式变压器的外壳

B．变压器的器身置于油箱内

C．油箱结构分吊器身式油箱和吊箱壳式油箱两种

D．油箱内灌满变压器油

4．关于变压器吸湿器，正确的描述是（   ）。

A．为了使储油柜内上部的空气保持干燥和避免工业粉尘的污染

B．当它受潮到一定程度时，其颜色由蓝变为黄色、米黄色

C．油枕通过吸湿器与大气相通

D．吸湿器内装有用氯化钙或氯化钴浸渍过的硅胶

E．当它受潮到一定程度时，其颜色由蓝变为白色、粉红色

5．关于变压器气体（瓦斯）继电器，正确的描述是（   ）。

A．位于储油柜与箱盖的联管之间

B．在变压器内部发生故障产生气体时，接通信号或跳闸回路

C．气体继电器能吸收空气中的水分

D．在变压器内部匝间短路一般不产生气体

6．一台三相变压器的一、二次侧绕组匝数分别为 1500 和 300，则该变压器的变比为（   ）。

A．5   B．10   C．25   D．30

7．一台三相电力变压器，额定容量 $S_N = 500\text{kVA}$，额定电压 $U_{1N}/U_{2N} = 10/0.4\text{kV}$，高、低压边绕组均为 Y 连接，其高压侧的额定电流是（   ）。

A．28.87A   B．50A   C．721.7A   D．1250A

8．变压器型号中除要把相数等分类特征表达出来外，还需标记（   ）。

A．最小容量   B．额定容量

C．高压绕组额定电压等级   D．低压绕组额定电压等级

9．关于 Yyn0（Y/Y0-12）绕组接线，描述正确的是（   ）。

A．一次侧绕组接成星形，二次侧绕组也接成星形

147

B．一、二次绕组对应的相电势是同相的

C．一次侧绕组接成星形，二次侧绕组接成三角形

D．一、二次绕组对应的相电势相差 90℃

10．关于变压器调压，描述正确的是（　）。

  A．改变变压器匝数比的办法可达到调压的目的

  B．在二次侧带负载下的调压为无励磁调压

  C．变压器调压方式通常分为无励磁调压和有载调压两种方式

  D．在二次侧带负载下的调压为有载调压

11．关于变压器过负载能力，描述正确的是（　）。

  A．在不损害变压器绝缘和降低变压器使用寿命的前提下，变压器在较短时间内所能输出的最大容量为变压器的过负载能力

  B．一般以过负载倍数（变压器所能输出的最大容量与额定容量之比）表示

  C．变压器过负载能力可分为正常情况下的过负载能力和事故情况下的过负载能力

  D．变压器禁止过负载运行

12．关于变压器油作用，描述正确的是（　）。

  A．变压器油是流动的液体，可充满油箱内各部件之间的气隙，排除空气

  B．变压器油本身绝缘强度比空气小，可降低变压器的绝缘强度

  C．变压器油在运行中还可以吸收绕组和铁芯产生的热量

  D．变压器油的作用是绝缘和冷却

13．关于变压器绝缘套管闪络和爆炸常见原因，描述正确的包括（　）。

  A．套管密封不严进水而使绝缘受潮损坏

  B．套管的电容芯子制造不良，使内部游离放电

  C．套管积垢严重

D. 套管上有大的裂纹和碎片

14. 关于气体绝缘变压器的结构特点，描述正确的包括（   ）。

A. 气体绝缘变压器的工作部分（铁芯和绕组）与油浸变压器基本相同

B. 一般气体绝缘变压器采用片式散热器进行自然风冷却

C. 气体绝缘变压器测量温度方式为热电耦式测温装置，同时还需要装有密度继电器和真空压力表

D. 一般气体绝缘变压器采用片式散热器进行强迫油循环风冷却

E. 气体绝缘变压器的箱壳上还装有充放气阀门

15. 电压互感器运行注意事项包括（   ）。

A. 电压互感器的一、二次接线应保证极性正确

B. 电压互感器的一、二次绕组都应装设熔断器以防止发生短路故障

C. 电压互感器二次绕组、铁芯和外壳都必须可靠接地

D. 电压互感器二次回路只允许有一个接地点

E. 电压互感器二次回路至少有两个接地点

16. 电压互感器二次回路（   ），否则可能使电压互感器二次电压的幅值及相位发生变化，有可能造成阻抗保护或方向保护误动或拒动。

A. 只允许有一个接地点   B. 只允许有两个接地点

C. 只允许有三个接地点   D. 只允许有四个接地点

E. 不允许有接地点

17. 运行中的电压互感器出现（   ）时，应立即退出运行。

A. 瓷套管破裂、严重放电

B. 高压线圈的绝缘击穿、冒烟、发出焦臭味

C. 电压互感器内部有放电声及其他噪声，线圈与外壳之间或引线与外壳之间有火花放电现象

D. 外壳温度升高，但未超允许值

E. 漏油严重，油标管中看不见油面

18. 运行中的电压互感器及二次线圈需要更换时，除执行安全规程外还应注意（　　）。

    A. 个别电压互感器在运行中损坏需要更换时，应选用电压等级与电网电压相符、变比相同、极性正确、励磁特性相近的电压互感器，并经试验合格

    B. 更换成组的电压互感器时，还应对并列运行的电压互感器检查其连接组别，并核对相位

    C. 电压互感器二次线圈更换后，必须进行核对，以免造成错误接线和防止二次回路短路

    D. 电压互感器及二次线圈更换后必须测定极性

    E. 必须是同一厂家生产

19. 电流互感器型号用横列拼音字母及数字表示，含义正确的是（　　）。

    A. 用 L 表示电流互感器　　　　B. 用 L 表示差动用

    C. 用 D 表示差动用　　　　　　D. 用 D 表示单匝式

本章答案

一、单选题

1. D	2. C	3. A	4. B	5. D
6. B	7. C	8. B	9. B	10. A
11. A	12. A	13. A	14. A	15. D
16. C	17. C	18. B	19. A	20. A
21. C	22. A	23. B	24. A	25. A
26. A	27. D	28. B	29. A	30. C
31. A	32. B	33. C	34. D	35. C
36. C	37. A	38. D	39. A	40. B
41. D	42. C	43. C	44. B	45. A
46. B	47. A	48. B	49. B	50. B
51. B	52. A	53. D	54. A	55. B
56. A	57. A	58. C	59. A	60. A
61. A	62. A	63. D	64. A	65. B
66. B	67. B	68. D	69. B	70. B
71. C	72. A	73. A	74. A	75. A
76. B	77. A	78. D	79. A	80. A
81. A	82. D	83. A	84. C	85. A
86. A	87. C	88. A	89. D	90. A
91. B	92. A	93. C	94. B	95. A
96. C	97. B	98. B	99. D	100. A
101. A	102. D	103. A	104. A	105. C
106. D	107. B	108. D	109. D	110. B
111. D	112. D	113. D	114. B	115. D
116. B	117. C	118. A	119. D	120. A
121. A	122. C	123. B	124. A	125. C
126. D	127. B	128. A	129. B	130. B

131. C	132. C	133. C	134. D	135. A
136. D	137. B	138. B	139. C	140. B
141. A	142. A	143. A	144. A	145. A
146. A	147. B	148. A	149. A	150. B
151. A	152. B	153. A	154. A	155. A
156. D	157. A	158. A	159. D	160. B
161. A	162. D	163. B	164. D	165. A
166. B	167. C	168. A	169. C	170. C
171. A	172. A	173. B	174. A	175. D
176. C	177. C	178. B	179. A	180. C
181. A	182. A	183. A	184. A	185. A
186. B	187. A	188. A	189. B	190. C
191. C	192. A	193. C	194. B	195. B
196. B	197. C	198. A	199. A	200. D
201. A	202. B	203. A	204. A	205. A
206. A	207. A	208. B	209. B	210. A
211. C	212. B	213. D	214. C	215. A
216. A	217. A	218. A	219. B	220. B
221. C	222. A	223. C	224. B	225. A
226. C	227. A	228. A	229. C	230. B
231. C	232. A	233. B	234. A	235. A
236. A	237. B	238. A	239. A	240. C

二、判断题

1. ×	2. √	3. √	4. ×	5. ×
6. ×	7. √	8. √	9. ×	10. ×
11. ×	12. √	13. √	14. √	15. ×
16. √	17. √	18. √	19. √	20. ×
21. √	22. √	23. √	24. √	25. √
26. √	27. √	28. ×	29. √	30. √
31. √	32. ×	33. √	34. √	35. √

36. √	37. ×	38. ×	39. √	40. √
41. ×	42. √	43. √	44. ×	45. √
46. √	47. √	48. ×	49. √	50. √
51. √	52. ×	53. ×	54. ×	55. √
56. √	57. ×	58. √	59. √	60. ×
61. ×	62. √	63. ×	64. ×	65. √
66. ×	67. √	68. √	69. √	70. √
71. √	72. ×	73. ×	74. ×	75. ×
76. ×	77. ×	78. ×	79. √	80. √
81. √	82. √	83. ×	84. √	85. ×
86. √	87. √	88. ×	89. √	90. √
91. √	92. √	93. √	94. √	95. √
96. ×	97. √	98. √	99. √	100. √
101. ×	102. √	103. √	104. √	105. ×
106. √	107. √	108. √	109. √	110. ×
111. √	112. √	113. √	114. √	115. ×
116. √	117. √	118. √	119. √	120. √
121. √	122. √	123. √	124. √	125. ×
126. √	127. √	128. √	129. √	130. ×
131. √	132. ×	133. √	134. ×	135. ×
136. ×	137. √	138. √	139. √	140. √
141. √	142. √	143. √	144. √	145. ×
146. √	147. √	148. √	149. √	150. ×
151. ×	152. ×	153. ×	154. ×	155. √
156. √	157. √	158. √	159. ×	160. ×
161. ×	162. ×	163. √	164. √	165. ×
166. ×	167. ×	168. √	169. √	170. ×
171. ×	172. √	173. √	174. ×	175. √
176. √	177. ×	178. √	179. √	180. ×
181. √	182. √	183. ×	184. √	185. ×

186. ×	187. √	187. √	189. √	190. √
191. √	192. ×	193. ×	194. √	195. ×
196. √	197. √	198. √	199. ×	200. √
201. √	202. √	203. √	204. √	205. √
206. √	207. √	208. √	209. ×	

三、多选题

1. ABCD	2. AB	3. AB	4. ABC
5. AB	6. AB	7. ABC	8. AB
9. ABCD	10. AB	11. AD	12. ABCD
13. ABCDE	14. ABCD	15. AB	16. ABCD
17. CD	18. AB	19. ABCD	20. ABCD
21. AB	22. ABC	23. AD	24. AB
25. CD	26. AB	27. ABCD	28. ABC
29. AD	30. AD	31. AB	32. BCD
33. AB	34. CD	35. AB	36. ABCD
37. ABD	38. ACD	39. ABC	40. ABCD
41. AC	42. AB	43. ACD	44. ABCD
45. ABC	46. CD	47. AB	48. ABCD
49. ABCD	50. CD	51. ABC	52. ABCD
53. ABC	54. CD	55. ABC	56. ACD
57. ABCD	58. ABCD	59. AB	60. CD
61. ABCD	62. ABCD	63. ABCD	64. ABC
65. ABCD	66. CD	67. AB	68. ABCD
69. ABCD	70. ABCD	71. ABCD	

四、案例分析及计算题

1. ABCD	2. ABC	3. ABCD	4. ACDE
5. AB	6. A	7. A	8. BC
9. AB	10. ACD	11. ABC	12. ACD
13. ABCD	14. ABCE	15. ABCD	16. A
17. ABCE	18. ABCD	19. ACD	

第四章　高压电器及成套配电装置

一、单选题

1. 电弧电流的本质是（　　）。

    A. 分子导电　　　　　　　　　B. 离子导电

    C. 原子导电　　　　　　　　　D. 以上答案皆不对

2. 触头间介质击穿电压是指触头间（　　）。

    A. 电源电压

    B. 电气试验时加在触头间的电压

    C. 触头间产生电弧的最小电压

    D. 以上答案皆不对

3. 触头间的（　　）是指触头间电弧暂时熄灭后外电路施加在触头间的电压。

    A. 恢复电压　　　　　　　　　B. 额定工作电压

    C. 介质击穿电压　　　　　　　D. 平均电压

4. 触头间恢复电压的大小与触头间（　　）等因素有关。

    A. 距离　　　　　　　　　　　B. 电源电压

    C. 温度　　　　　　　　　　　D. 以上答案皆不对

5. 电路中负荷为（　　）时，触头间恢复电压等于电源电压，有利于电弧熄灭。

    A. 电感性负载　　　　　　　　B. 电容性负载

    C. 电阻性负载　　　　　　　　D. 以上答案皆不对

6. 电路中负荷为电阻性负载时，触头间恢复电压（　　）电源电压。

    A. 大于　　　　　　　　　　　B. 小于

    C. 等于　　　　　　　　　　　D. 小于等于

7. 电路中负荷为电感性负载时，一般情况下触头间恢复电压（ ）电源电压。

　　A. 大于　　　　　　　　　　B. 小于

　　C. 等于　　　　　　　　　　D. 大于等于

8. 在开关电器中，气体吹动电弧的方法为纵吹时，气体吹动方向与电弧轴线相（ ）。

　　A. 平行　　　　　　　　　　B. 垂直

　　C. 倾斜30°角度　　　　　　D. 倾斜45°角度

9. 在开关电器中，气体吹动电弧的方法为横吹时，气体吹动方向与电弧轴线相（ ）。

　　A. 平行　　　　　　　　　　B. 垂直

　　C. 倾斜30°角度　　　　　　D. 倾斜45°角度

10. 在开关电器中，利用电弧与固体介质接触来达到加速灭弧的原理之一是（ ）。

　　A. 使电弧迅速拉长　　　　　B. 使电弧温度迅速降低

　　C. 使电弧面积迅速扩大　　　D. 使电弧迅速缩短

11. 断路器用于在正常运行时（ ）。

　　A. 电能分配　　　　　　　　B. 改变电源电压

　　C. 接通或断开电路　　　　　D. 以上答案皆不对

12. 高压断路器具有断合正常（ ）和切断短路电流的功能，具有完善的灭弧装置。

　　A. 负荷电流　　　　　　　　B. 开路电流

　　C. 瞬时电流　　　　　　　　D. 励磁电流

13. 高压断路器具有断合正常负荷电流和切断（ ）的功能，具有完善的灭弧装置。

　　A. 开路电流　　　　　　　　B. 瞬时电流

　　C. 短路电流　　　　　　　　D. 励磁电流

14. 多油断路器中的绝缘除作为灭弧介质外，还作为断路器断开后触头间及带电部分与接地外壳间的（ ）。

　　A. 辅助绝缘　　　　　　　　B. 主绝缘

C. 密封　　　　　　　　　　D. 冷却作用

15. 断路器的工作状态（断开或闭合）是由（　）控制的。

A. 工作电压　　　　　　　　B. 负荷电流

C. 操作机构　　　　　　　　D. 工作电流

16. 少油断路器的优点之一是（　）。

A. 不需要定期检修　　　　　B. 价格低

C. 没有发生爆炸的危险　　　D. 不需要定期试验

17. 额定电压是指高压断路器正常工作时所能承受的电压等级，它决定了断路器的（　）。

A. 耐热程度　　　　　　　　B. 绝缘水平

C. 通断能力　　　　　　　　D. 灭弧能力

18. 断路器的额定电压（　）断路器可承受的最高工作电压。

A. 小于　　　　　　　　　　B. 大于

C. 等于　　　　　　　　　　D. 大于等于

19. 当断路器运行中环境温度超过40℃时，断路器的长期允许工作电流（　）额定电流值。

A. 大于　　　　　　　　　　B. 小于

C. 等于　　　　　　　　　　D. 大于等于

20. 断路器技术参数必须满足装设地点（　）的要求。

A. 运行工况　　　　　　　　B. 环境温度

C. 运行管理人员的素质　　　D. 气候条件

21. 少油断路器的缺点之一是（　）。

A. 耗油多　　　　　　　　　B. 需要定期检修

C. 价格高　　　　　　　　　D. 用油量多

22. 为了考核电气设备的绝缘水平，我国规定：10kV 的允许最高工作电压为（　）。

A. 11kV　　　B. 11.5kV　　　C. 12kV　　　D. 10kV

23. 为了适应断路器在不同安装地点的耐压需要，国家相关标准中规定了断路器可承受的（　）。

A. 最高工作电压　　　　　　B. 最低工作电压

C．最小过电压幅值　　　　　D．平均工作电压

24．断路器的额定开断电流是指在额定电压下断路器能可靠开断的（　　）。

　　A．最大负荷电流　　　　　　B．最大工作电流

　　C．最大短路电流　　　　　　D．额定工作电流

25．在确定断路器的额定电流时，规程规定的环境温度为（　　）。

　　A．25℃　　　　B．40℃　　　C．50℃　　　　D．60℃

26．少油断路器中的绝缘油主要作为（　　）使用。

　　A．绝缘介质　　　　　　　　B．灭弧介质

　　C．绝缘和灭弧介质　　　　　D．冷却介质

27．断路器的（　　）是指保证断路器可靠关合而又不会发生触头熔焊或其他损伤时，断路器允许通过的最大短路电流。

　　A．额定电流　　　　　　　　B．额定开断电流

　　C．关合电流　　　　　　　　D．最大短路电流

28．断路器的关合电流是指保证断路器可靠关合而又不会发生触头熔焊或其他损伤时，断路器允许通过的（　　）。

　　A．最大工作电流　　　　　　B．最大过负荷电流

　　C．最大短路电流　　　　　　D．额定工作电流

29．SN4-10 是（　　）断路器。

　　A．户外真空　　　　　　　　B．户内真空

　　C．户内少油　　　　　　　　D．户内 SF_6

30．SN4-10/600 断路器的额定电压是（　　）。

　　A．4kV　　　　B．600kV　　　C．10kV　　　D．20kV

31．LW8-40.5 型断路器是（　　）。

　　A．户内型 SF_6 断路器　　　　B．户外型 SF_6 断路器

　　C．户外型隔离开关　　　　　D．户外型真空断路器

32．真空断路器具有（　　）的优点。

　　A．维护工作量少　　　　　　B．无截断过电压

　　C．不会产生电弧重燃　　　　D．体积大

33．真空断路器已成为发电厂、变电所、高压用户变电所（　　）

电压等级中广泛使用的断路器。

　　A．3～35kV　B．110kV　　C．220kV　　D．330kV

34．真空灭弧室的绝缘外壳采用玻璃制作时主要缺点是（　　）。

　　A．加工困难

　　B．承受冲击的机械强度差

　　C．不易与金属封接

　　D．不便于维护

35．10kV 真空断路器动静触头之间的断开距离一般为（　　）。

　　A．5～10mm　　　　　　　B．10～15mm

　　C．20～30mm　　　　　　D．30～35mm

36．触头结构和触头材料对真空断路器的（　　）影响很大。

　　A．绝缘强度　　　　　　　B．灭弧性能

　　C．耐压水平　　　　　　　D．绝缘强度和耐压水平

37．真空断路器每次分合闸时，（　　）都会有一次伸缩变形。

　　A．动触头　　B．导电杆　　C．波纹管　　D．静触头

38．真空灭弧室的动导电杆、下端盖与波纹管的连接采用（　　）工艺。

　　A．紧套　　　B．树脂胶合　C．焊接　　　D．滑配

39．真空断路器要求（　　）既能保证动触头能做直线运动，同时又不能破坏灭弧室的真空度。

　　A．波纹管　　B．导电杆　　C．静触头　　D．屏蔽筒

40．通常要求真空断路器的触头材料具有的性能之一是（　　）。

　　A．耐弧性强　　　　　　　B．导热性能差

　　C．绝缘性能强　　　　　　D．起燃点高

41．真空灭弧室的导向套一般用（　　）制成。

　　A．金属材料　　　　　　　B．绝缘材料

　　C．半导体材料　　　　　　D．耐高温陶瓷

42．真空断路器是利用（　　）作绝缘介质和灭弧介质的断路器。

　　A．空气　　　B．惰性气体　C．"真空"　　D．SF_6 气体

43．真空灭弧室的导向套能防止导电回路的（　　）到波纹管上，

从而影响真空灭弧室的寿命。

    A．电压   B．外部气压

    C．电流分流   D．内部气压

44．真空灭弧室中的触头断开过程中，主要依靠（　）使触头间产生电弧。

    A．触头间气体分子   B．触头产生的金属蒸气

    C．触头间隙介质的热游离   D．依靠绝缘油

45．交流电路中，电弧电流瞬时过零时电弧将消失，此后若触头间（　），电弧将彻底熄灭。

    A．恢复电压＞介质击穿电压

    B．恢复电压＝介质击穿电压

    C．恢复电压＜介质击穿电压

    D．以上答案皆不对

46．真空灭弧室的屏蔽筒的作用之一是（　）。

    A．冷凝电弧生成物

    B．防止触头遭到机械损伤

    C．提高电能输送能力

    D．防止真空灭弧室爆炸

47．真空灭弧室的金属屏蔽筒的作用之一是（　）。

    A．扩散电弧产生的金属蒸气

    B．辅助导电作用

    C．改善真空灭弧室内部的电场分布

    D．增加载流量

48．小电流真空电弧是一种（　）真空电弧。

    A．扩散型   B．不规则型   C．集聚型   D．离散型

49．大电流真空灭弧室一般采用（　）触头。

    A．圆盘形   B．横向磁场或纵向磁场

    C．梅花形   D．刀形触头

50．10kV 电压等级的真空断路器种类复杂，它们的不同点之一是（　）不同。

  A. 外形尺寸和布置方式   B. 额定电压

  C. 灭弧原理   D. 额定功率

51. 10kV 电压等级的真空断路器种类复杂,它们的不同点之一是(　)不同。

  A. 额定电压   B. 灭弧原理

  C. 额定电流   D. 额定功率

52. SF_6 断路器是用(　)作为绝缘介质和灭弧介质。

  A. 液态 SF_6 B. SF_6 气体

  C. SF_6 分解的低氟化硫 D. 气液混态的 SF_6

53. SF_6 断路器的优点之一是(　)。

  A. 价格低   B. 灭弧性能强

  C. 制造工艺要求不高   D. 结构简单

54. SF_6 断路器的特点之一是(　)。

  A. 开断电流大   B. 断口耐压低

  C. 开断电流小   D. 断口耐压中等

55. 目前我国在(　)电压等级中广泛使用 SF_6 断路器。

  A. 3kV   B. 10kV

  C. 35kV 及以上   D. 20kV

56. SF_6 气体的绝缘强度约为空气的(　)倍。

  A. 1.5 B. 2.33 C. 5   D. 6

57. 目前使用的某些 SF_6 断路器的检修年限可达(　)以上。

  A. 5 年   B. 10 年 C. 20 年 D. 30 年

58. SF_6 断路器一般都设有(　)闭锁装置。

  A. 高温 B. 高电压 C. 低气压 D. 过负荷

59. SF_6 气体的灭弧能力可达空气的(　)倍。

  A. 10   B. 50   C. 100   D. 200

60. SF_6 断路器应设有气体检漏设备和(　)。

  A. 自动排气装置   B. 自动补气装置

  C. 气体回收装置   D. 干燥装置

61. 下列哪一项不是 SF_6 断路器的特点(　)。

A. 灭弧性能好

B. 开断电流大

C. 能可靠开断和接通负荷电流

D. 需要经常检修

62. SF_6 断路器的特点之一是（　）。

A. 断口耐压低　　　　　　　B. 断口耐压中等

C. 断口耐压高　　　　　　　D. 断流能力差

63. SF_6 气体的密度比空气（　），会沉积在电缆沟等低洼处。

A. 大　　　　B. 相等　　　　C. 小　　　　D. 不确定

64. SF_6 断路器在结构上可分为（　）和罐式两种。

A. 支架式　　B. 支柱式　　C. 固定式　　D. 开启式

65. 对断路器操作机构的基本要求之一是（　）。

A. 巨大的操作功　　　　　　B. 足够大的操作功

C. 对操作功不作要求　　　　D. 不需要有操作功

66. 断路器的（　）装置是保证在合闸过程中，若继电保护动作需要分闸时，能使断路器立即分闸。

A. 自由脱扣机构　　　　　　B. 闭锁机构

C. 安全联锁机构　　　　　　D. 操作机构

67. 电磁操作机构的缺点之一是需配备（　）。

A. 大容量交流合闸电源　　　B. 大容量直流合闸电源

C. 大功率储能弹簧　　　　　D. 需有空气压缩系统

68. 电磁操作机构的优点是结构简单、价格较低、（　）。

A. 只需要小功率合闸电源　　B. 重量轻

C. 可靠性高　　　　　　　　D. 加工工艺要求高

69. 永磁操作机构是由分、合闸线圈产生的（　）与永磁体产生的磁场叠加来完成分、合闸操作的操动机构。

A. 磁场　　　　B. 电场　　　　C. 机械力　　　D. 电磁力

70. （　）操作机构将电磁铁与永久磁铁特殊结合，来实现传统断路器操动机构的全部功能。

A. 电磁　　　　　　　　　　B. 永磁

　　C. 液压　　　　　　　　　D. 弹簧储能

　　71. 弹簧储能操作机构是在合闸时，（　　）释放已储存的能量将断路器合闸。

　　A. 合闸线圈　　　　　　　B. 合闸电源

　　C. 合闸弹簧　　　　　　　D. 分闸弹簧

　　72. 弹簧储能操作机构在断路器处于运行状态时，储能电动机的电源隔离开关应在（　　）。

　　A. 断开位置　　　　　　　B. 闭合位置

　　C. 断开或闭合位置　　　　D. 闭锁位置

　　73. 液压操作机构是利用压力储存能源，依靠（　　）传递能量进行分、合闸的操动机构。

　　A. 弹簧压力　　　　　　　B. 气体压力

　　C. 液体压力　　　　　　　D. 机械杠杆

　　74. CD 系列电磁操作机构在合闸时，依靠（　　）等机械部分使断路器保持在合闸状态。

　　A. 电磁力　　　　　　　　B. 托架

　　C. 闭锁挂钩　　　　　　　D. 分闸弹簧

　　75. 新安装或大修后的断路器，投入运行前必须（　　）方可施加电压。

　　A. 验收合格　　　　　　　B. 通道清扫

　　C. 安装工作结束　　　　　D. 填写工作票

　　76. 投入运行或处于备用状态的断路器必须（　　）。

　　A. 不定期巡视检查　　　　B. 定期巡视检查

　　C. 检修前巡视检查　　　　D. 不定期检修

　　77. 断路器应有标出（　　）等内容的制造厂铭牌。

　　A. 设备说明　　　　　　　B. 基本参数

　　C. 安全提示　　　　　　　D. 断路器结构

　　78. 断路器的分、合闸指示器应（　　），并指示准确。

　　A. 用金属物封闭　　　　　B. 可随意调整

　　C. 易于观察　　　　　　　D. 隐蔽安装

79. 断路器金属外壳的接地螺栓不应小于（　　），并且要求接触良好。

  A．MΦ10 B．MΦ12 C．MΦ14 D．MΦ16

80. 断路器连接线板的连接处或其他必要的地方应有监视（　　）的措施。

  A．运行温度   B．机械变形

  C．紧固螺栓松动   D．金属氧化程度

81. 油断路器的油位在环境温度变化时，油位会小幅上下波动，油位应在（　　）。

  A．油位表上标线以上

  B．油位表下标线以下

  C．油位表上、下标线间的适当位置

  D．任意位置

82. 油断路器（　　）或内部有异响时应申请立即处理。

  A．油位偏低   B．油位偏高

  C．灭弧室冒烟   D．油箱渗油

83. 巡视检查油断路器时，应检查套管有无裂纹，（　　）和电晕放电。

  A．套管不变型   B．套管型号

  C．有无放电声   D．有无电压

84. 断路器接地金属外壳应有明显的（　　）标志。

  A．接地 B．警示 C．安全要求 D．警告

85. 在巡视检查断路器时，应检查断路器金属外壳（　　）。

  A．接地良好   B．使用材料合理

  C．焊接工艺良好   D．结构是否合理

86. SF₆断路器应每日定时记录 SF₆气体（　　）。

  A．压力和温度   B．压力和含水量

  C．温度和含水量   D．含水量

87. 巡视检查时应检查 SF₆断路器各部分及管道（　　）。

  A．无弯曲 B．无异常 C．无变色 D．无受潮

88. 与真空断路器连接的引线导线弛度应该（　　）。

　　A. 尽量拉紧　　　　　　　　B. 松弛

　　C. 适中　　　　　　　　　　D. 不作要求

89. 新设备投入运行后，应（　　）巡视周期进行巡视检查。

　　A. 相对缩短　　B. 按正常　　C. 相对延长　　D. 按监察

90. 新设备投入运行后，投入运行（　　）后转入正常巡视检查周期。

　　A. 24h　　　　B. 36h　　　　C. 72h　　　　D. 48h

91. 变（配）电所的夜间巡视应（　　）进行。

　　A. 月亮明亮的夜间　　　　　B. 开启全部照明灯

　　C. 闭灯　　　　　　　　　　D. 在雨天

92. 运行中的断路器日常维护工作包括对（　　）的定期清扫。

　　A. 二次控制回路　　　　　　B. 绝缘部分

　　C. 不带电部分　　　　　　　D. 带电部分

93. （　　）属于断路器的日常维护工作。

　　A. 断路器触头检查

　　B. 操作机构调整

　　C. 配合其他设备的停电机会进行传动部位检查

　　D. 分、合闸线圈检查

94. 断路器应按说明书的要求对机构（　　）。

　　A. 添加润滑油　　　　　　　B. 添加除湿剂

　　C. 添加除锈剂　　　　　　　D. 添加防腐剂

95. 断路器有（　　）情形时，应申请立即处理。

　　A. 套管有严重破损和放电现象

　　B. 套管裙边机械损伤

　　C. 套管有严重积污

　　D. 套管上相位漆脱落

96. 断路器经检修恢复运行，操作前应检查为检修中保证人身安全所设置的（　　）是否全部拆除。

　　A. 五防联锁装置　　　　　　B. 接地线等

C. 有电闭锁装置 　　　　　　D. 防火装置

97. 对断路器的日常维护工作中，应检查（ ）是否正常，核对容量是否相符。

A. 分闸线圈 　　　　　　　B. 合闸电源熔丝

C. 继电保护二次回路 　　　D. 合闸线圈

98. 断路器经检修恢复运行，操作前应检查（ ）是否正常。

A. 防误操作闭锁装置 　　　B. 传动机构

C. 灭弧室 　　　　　　　　D. 动、静触头

99. 长期停运的断路器重新投运前应通过远方控制方式进行（ ）操作。

A. 1～2 次　　B. 2～3 次　　C. 3～5 次　　D. 4～5 次

100. 断路器发生故障或事故，经检修恢复送电后应进行（ ）。

A. 正常巡视 　　　　　　　B. 特殊巡视

C. 现场监视 　　　　　　　D. 监察巡视

101. 值班人员发现任何异常现象应及时消除，不能及时消除时，除及时报告上级领导外，还应记入运行记录簿和（ ）。

A. 检修记录簿 　　　　　　B. 缺陷记录簿

C. 事故记录簿 　　　　　　D. 日常记录簿

102. 运行中断路器发生动作分闸时，应立即（ ）判断断路器本身有无故障。

A. 进行合闸试送 　　　　　B. 进行"事故特巡"检查

C. 切除操作电源 　　　　　D. 监察巡视

103. 断路器在故障分闸时拒动，造成越级分闸，在恢复系统送电前，应将发生拒动的断路器（ ）。

A. 手动分闸

B. 手动合闸

C. 脱离系统并保持原状

D. 手动分闸并检查断路器本身是否有故障

104. SF_6 断路器一般都设有（ ）闭锁装置。

A. 高温　　B. 高电压　　C. 低气压　　D. 过负荷

105. 一般隔离开关没有灭弧装置，不允许它（　）分、合闸操作。

    A. 空载时进行　　　　　　　B. 母线切换

    C. 带负荷进行　　　　　　　D. 带电压时进行

106. （　）是隔离电源用的电器，它没有灭弧装置，不能带负荷拉合，更不能切断短路电流。

    A. 主变压器　　　　　　　　B. 高压断路器

    C. 隔离开关　　　　　　　　D. 电压互感器

107. 因为隔离开关（　），所以隔离开关禁止带负荷拉合。

    A. 没有灭弧装置　　　　　　B. 有灭弧装置

    C. 部分有灭弧装置　　　　　D. 部分没有灭弧装置

108. 隔离开关分闸时，必须在（　）才能再拉隔离开关。

    A. 断路器切断电路之后　　　B. 有负荷电流时

    C. 断路器操作电源切断后　　D. 断路器合闸位置

109. 在接通、分断电路时，隔离开关与断路器配合，操作隔离开关必须执行（　）的原则。

    A. 先合后断　　　　　　　　B. 先合先断

    C. 先断先合　　　　　　　　D. 先合先合

110. 隔离开关的主要作用之一是（　）。

    A. 倒闸操作　　　　　　　　B. 隔离电流

    C. 拉合负荷电流　　　　　　D. 拉合短路电流

111. 隔离开关的主要作用之一是（　）。

    A. 拉合负荷电流

    B. 拉合无电流或小电流电路

    C. 拉合故障电流

    D. 拉合远距离输电线路电容电流

112. 隔离开关可拉、合（　）。

    A. 励磁电流超过 2A 的空载变压器

    B. 电容电流超过 5A 的电缆线路

    C. 避雷器与电压互感器

D．电容电流超过 5A 的 10kV 架空线路

113．隔离开关一般可拉、合 110kV 容量为（ ）及以下空载变压器。

A．1000kVA B．2000kVA C．3150kVA D．4000kVA

114．隔离开关可拉、合 35kV 容量为（ ）及以下的空载变压器。

A．800kVA B．1000kVA C．3150kVA D．4000kVA

115．隔离开关可拉、合电容电流不超过（ ）的空载线路。

A．2A B．5A C．10A D．15A

116．隔离开关一般可拉、合 10kV 长度为（ ）及以下空载架空线路。

A．5km B．10km C．15km D．20km

117．隔离开关一般可拉、合 35kV 长度为（ ）及以下空载架空线路。

A．5km B．10km C．15km D．20km

118．隔离开关按刀闸运动方式分类可分为（ ）、垂直旋转式和插入式。

A．360°旋转式 B．捆绑式

C．水平旋转式 D．120°旋转式

119．GN30-12D/600 型隔离开关的型号含义是（ ）。

A．额定电压 30kV 带接地刀闸，额定电流 600A

B．额定电压 12kV，额定电流 600A 带接地刀闸

C．额定电压 12kV，额定电流 600A 不带接地刀闸

D．额定电压 30kV，额定电流 600A 不带接地刀闸

120．GN19-12CST 型隔离开关为（ ）隔离开关。

A．单掷 B．双掷

C．多掷 D．以上答案皆不对

121．GN19-12CST 型隔离开关可用于 10kV（ ）的切换。

A．单路电源 B．双路电源

C．三路电源 D．三路以上电源

122．GN19-12CST 型隔离开关的分闸状态是（　　）。

　　A．上触头合闸—下触头分闸

　　B．上触头分闸—下触头分闸

　　C．上触头分闸—下触头合闸

　　D．上触头合闸—下触头合闸

123．GN30-12D 型隔离开关可适用于（　　）电压等级的配电系统。

　　A．10kV　　　B．20kV　　　C．30kV　　　D．110kV

124．GN30-12D 型隔离开关是（　　）的高压电器。

　　A．旋转触刀式　　　　　B．触刀插入式

　　C．触刀曲臂插入式　　　D．直接插入式

125．GN30-12D 型隔离开关的静触头设置在开关底架的（　　）。

　　A．正反两面　　　　　B．同一垂直面

　　C．同一水平面　　　　D．上平面和下平面

126．GN30-12D 型隔离开关分闸后，可使带电部分与不带电部分在开关柜内隔离分开，保证了（　　）。

　　A．操作安全　　　　　B．设备安全

　　C．维修人员安全　　　D．电网安全

127．GN30-12D 型隔离开关（　　）。

　　A．带有接地刀闸，无辅助接地触头

　　B．带有接地刀闸和辅助接地触头

　　C．仅带有辅助接地触头

　　D．无接地刀闸

128．GN22-10/1000 隔离开关的额定电流为（　　）。

　　A．22kA　　　B．10kA　　　C．1000A　　　D．220A

129．GW5-35 系列隔离开关适用于（　　）电压等级的电力系统。

　　A．5kV　　　B．35kV　　　C．110kV　　　D．220kV

130．GW4-35/600 隔离开关的额定电流为（　　）。

　　A．4kA　　　B．35kA　　　C．600A　　　D．600kA

131．GW4-35 系列隔离开关为（　　）式隔离开关。

A. 单柱式　　B. 双柱式　　C. 五柱式　　D. 六柱式

132. GW4-35 系列隔离开关一般制成（　）。

A. 单极形式　　　　　　　　B. 双极形式

C. 三极形式　　　　　　　　D. 多极形式

133. GW5-35 系列隔离开关为（　）结构。

A. 单柱式　　　　　　　　　B. 双柱式

C. 双柱式 V 形　　　　　　　D. 四柱式 W 形

134. GW5-35 系列隔离开关两支柱绝缘子轴线之间的夹角为（　）。

A. 30°　　　　B. 50°　　　　C. 90°　　　　D. 120°

135. GW5-35 系列隔离开关由于传动伞齿轮在金属罩内，不受雨雪侵蚀，所以（　）。

A. 不需维护保养　　　　　　B. 不受操作机构控制

C. 转动比较灵活　　　　　　D. 检修方便

136. GW4-35 系列隔离开关在合闸操作时，两个支柱绝缘子各自转动的角度为（　）。

A. 90°　　　　B. 60°　　　　C. 120°　　　　D. 360°

137. 隔离开关采用操作机构进行操作，具有（　）的优点。

A. 保证操作安全可靠　　　　B. 可以拉合负荷电流

C. 不发生误操作　　　　　　D. 不受闭锁装置影响

138. 隔离开关采用操作机构进行操作，便于在隔离开关与（　）安装防误操作闭锁机构。

A. 母线之间　　　　　　　　B. 断路器之间

C. 与测量仪表之间　　　　　D. 母线与断路器之间

139. 一般隔离开关电动操作机构和液压操作机构应用在需要远动操作或（　）的场所。

A. 需要较小操作功率

B. 对操作可靠性要求特别高

C. 需要较大操作功率

D. 对操作功率没有特别要求

140. 隔离开关电动操作机构具有的优点之一是（　　）。

    A. 价格便宜　　　　　　　　　B. 操作功率大

    C. 结构简单　　　　　　　　　D. 不会发生误操作

141. 隔离开关传动部分巡视检查项目包括（　　）。

    A. 焊接工艺是否优良

    B. 结构是否合理

    C. 有无扭曲变形、轴销脱落等现象

    D. 表面是否光滑

142. 隔离开关刀闸部分巡视检查项目包括（　　）。

    A. 合闸时动、静触头接触良好，且三相接触面一致

    B. 触头材质符合要求

    C. 触头结构是否合理

    D. 操作是否灵活

143. 隔离开关操作机构巡视检查项目之一是（　　）。

    A. 操作手柄是否拆除

    B. 操作手柄位置是否与运行状态相符

    C. 电动操作机构电机旋转是否正常

    D. 安装工艺是否良好

144. 隔离开关绝缘部分巡视检查项目包括（　　）。

    A. 表面是否光滑

    B. 绝缘有无破损及闪络痕迹

    C. 绝缘体表面爬电距离是否足够

    D. 绝缘材料的选用是否合理

145. （　　）是用来接通和分断小容量的配电线路和负荷，它只有简单的灭弧装置。

    A. 高压断路器　　　　　　　　B. 隔离开关

    C. 熔断器　　　　　　　　　　D. 负荷开关

146. FN5-10R 型是带（　　）的负荷开关。

    A. 手动操作机构　　　　　　　B. 电动操作机构

    C. 熔断器组　　　　　　　　　D. 热脱扣器

147. FN5-10R 的型号含义是（   ）。

 A. 额定电压 5kV 改进型户内负荷开关

 B. 额定电压 10kV 带熔断器组的户内型负荷开关

 C. 额定电压 5kV 带熔断器组的户内型负荷开关

 D. 额定电压 10kV 不带熔断器组的户内型负荷开关

148. 负荷开关与熔断器配合使用时，由熔断器起（   ）作用。

 A. 切断正常负荷电流   B. 短路保护

 C. 倒闸操作   D. 灭弧

149. FN5-10 负荷开关分闸过程中，主触头分离后至一定位置，动、静弧触头（   ）。

 A. 不再分离   B. 以慢速分离

 C. 迅速分离   D. 匀速分离

150. FN5-10 型负荷开关合闸后，负荷电流（   ）接通电路。

 A. 主要通过主触头

 B. 全部通过主触头

 C. 主要通过辅助（消弧）触头

 D. 主触头与辅助（消弧）触头各通过一半电流

151. FN5-10 负荷开关分闸时，吹弧气体来自（   ）。

 A. 灭弧管产生的气体

 B. 灭弧管内压缩弹簧作用下的压缩空气

 C. 储气装置储存的气体

 D. 动、静触头产生的气体

152. BFN1 型负荷开关按灭弧原理分类为（   ）负荷开关。

 A. 压气式   B. 喷气式   C. 储气式   D. 产气式

153. BFN1 系列负荷开关可适用于（   ）电压等级的配电系统。

 A. 10kV   B. 20kV   C. 35kV   D. 110kV

154. BFN1 系列负荷开关一般使用（   ）操作机构。

 A. 手动操动 B. 弹簧储能   C. 液压   D. 电磁

155. BFN1 负荷开关的吹弧气体来自（   ）。

 A. 消弧管产气

B. 储气筒储存的气体

C. 与分闸机构联动的活塞产生的压缩空气

D. 动、静触头产生的气体

156. BFN1 系列负荷开关采用（ ）弧触头和梅花状主触头。

A. 银铜合金　　　　　　　B. 铜钨合金

C. 铜锡合金　　　　　　　D. 铝合金

157. BFN1 系列负荷开关具有（ ）等优点。

A. 不需要维修

B. 维修周期特别长

C. 维修容易

D. 维修时不需要做安全措施

158. BFN1 系列负荷开关具有（ ）等优点。

A. 不会发生误操作

B. 运行可靠

C. 切断负荷电流时不会产生电弧

D. 维修复杂

159. VBFN1 系列真空负荷开关适用于电压为（ ）电压等级的配电系统。

A. 0.4kV　　　B. 10kV　　　　C. 20kV　　　　D. 35kV

160. VBFN 系列高压真空负荷开关具有（ ）的特点。

A. 开断次数低，关、合开断能力强

B. 开断次数高，关、合开断能力弱

C. 开断次数高，关、合开断能力强

D. 开断次数低，关、合开断能力弱

161. VBFN 系列高压负荷开关的灭弧元件中采用（ ）。

A. 充油灭弧室　　　　　　B. 气吹灭弧室

C. 真空灭弧室　　　　　　D. 产气式灭弧室

162. VBFN 系列高压真空负荷开关具有（ ）的特点。

A. 性能稳定可靠，电寿命长

B. 性能比较稳定欠可靠，电寿命长

C. 性能稳定可靠，电寿命短

D. 必须定期更换真空灭弧室

163. VBFN 系列真空负荷开关的锥形静触头、绝缘罩及活门结构，将（　）彻底分开，提高了安全性能。

A. 母线和负荷开关单元

B. 隔离断口和真空灭弧室

C. 隔离断口和隔离动触头

D. 真空灭弧室和隔离动触头

164. VBFN 系列真空负荷开关一般使用（　）操作机构。

A. 手动　　　B. 弹簧储能　C. 液压　　　　D. 电磁

165. VBFN 系列真空负荷开关关、合电路时电弧在（　）产生。

A. 真空灭弧室内动、静触头间

B. 隔离断口动、静触头间

C. 真空灭弧室内动触头与屏蔽罩之间

D. 真空灭弧室与母线连接点

166. 真空负荷开关、真空灭弧室的触头一般采用（　）触头。

A. 横向磁场触头　　　　　　B. 纵向磁场触头

C. 圆盘形触头　　　　　　　D. 梅花状触头

167. VBFN 系列真空负荷开关合闸时，真空灭弧室内动、静触头与隔离断口动、静触头的接触顺序是（　）。

A. 真空灭弧室内动、静触头先接触，隔离断口动、静触头后接触

B. 真空灭弧室内动、静触头后接触，隔离断口动、静触头先接触

C. 真空灭弧室内动、静触头和隔离断口动、静触头同时接触

D. 以上答案均不对

168. VBFN 系列真空负荷开关分闸时，真空灭弧室内动、静触头和隔离断口动、静触头的分断顺序是（　）。

A. 真空灭弧室内动、静触头先分断，隔离断口动、静触

　　　　头后分断

B．真空灭弧室内动、静触头后分断，隔离断口动、静触
　　头先分断

C．真空灭弧室内动、静触头和隔离断口动、静触头同时
　　分断

D．以上答案均不对

169．FL（R）N36-12D 负荷开关为额定电压（　）的户内开关
设备。

　　A．36kV　　　B．24kV　　　C．12kV　　　D．35kV

170．FL（R）N36-12D 型负荷开关分闸时，电弧在（　）磁场
作用下产生旋转拉长。

　　A．电磁铁　　　　　　　　B．永磁铁

　　C．灭弧线圈　　　　　　　D．电弧电流产生的

171．FL（R）N36-12D 型负荷开关具有（　）等特点。

　　A．体积大、安装使用方便

　　B．体积小、安装使用方便

　　C．体积小、安装使用困难

　　D．体积大、价格低

172．FL（R）N36-12D 型负荷开关在使用中（　）。

　　A．对环境适应性强

　　B．对环境适应性差

　　C．只能在少数特定环境中使用

　　D．对使用环境无任何技术要求

173．FL（R）N36-12D 型负荷开关对（　）尤其适用。

　　A．环网供电单元

　　B．用于变电所总开关

　　C．用于大型变电所电力线路出线开关

　　D．用于大型变压器次总开关

174．FL（R）N36-12D 型负荷开关下绝缘罩采取（　）的防爆
措施。

A．设置玻璃 　　　　　　B．局部较薄壁厚

C．装设安全阀 　　　　　D．装设安全活门

175．FL（R）N36-12D 型负荷开关在绝缘壳体上设有（　　），可方便的检查动触头所在工位。

A．透明观察孔 　　　　　B．开启式观察孔

C．半透明观察孔 　　　　D．安全活门

176．SF_6 负荷开关一般不设置（　　）。

A．气体吹弧装置 　　　　B．灭弧装置

C．磁吹灭弧装置 　　　　D．固体介质灭弧装置

177．SF_6 负荷开关的灭弧能力较 SF_6 断路器（　　）。

A．强 　　B．弱 　　C．相同 　　D．比较强

178．SF_6 负荷开关装设的（　　）可随时监测开关本体内充入的 SF_6 气体压力。

A．气体密度计 　　　　　B．温度计

C．气体流量计 　　　　　D．湿度计

179．SF_6 负荷开关内的气体压力为零表压时，仍可进行（　　）操作。

A．短路电流合闸 　　　　B．短路电流分闸

C．负荷电流分、合闸 　　D．短路电流分、合闸

180．FL（R）N36-12D 型负荷开关出线侧装有（　　），并接到操作面板上的带电显示装置。

A．电流互感器 　　　　　B．电压互感器

C．三相传感器 　　　　　D．电缆故障监视器

181．FL（R）N-12 型负荷开关的联锁机构使负荷开关在合闸时不能进行（　　）的合闸操作。

A．分闸 　　　　　　　　B．接地开关

C．操作机构储能 　　　　D．熔断器

182．FL（R）N-12 系列负荷开关的联锁机构使（　　）时不能进行负荷开关的合闸操作。

A．负荷开关分闸 　　　　B．接地开关分闸

　　　　C．接地开关合闸　　　　　　　D．以上答案均不对

　　183．SF_6 负荷开关配有与柜体连接的锁板，防止人员在接地开关处于分闸位置时（　　）。

　　　　A．进入开关室　　　　　　　　B．误入带电间隔

　　　　C．到达开关附近　　　　　　　D．不能巡视

　　184．当 SF_6 负荷开关—熔断器组合电器有故障电流通过时，出现一相熔断器熔断，则必须更换（　　）。

　　　　A．三相熔断器

　　　　B．二相熔断器

　　　　C．已熔断的一相熔断器

　　　　D．已熔断的一相熔断器和相邻的一相熔断器

　　185．SF_6 负荷开关维护保养包括每年对操作机构进行（　　）润滑和操作检查，要求动作正常。

　　　　A．1～2 次　　B．3～4 次　　C．5～6 次　　D．10 次

　　186．交流高压真空接触器由（　　）实现分闸。

　　　　A．弹簧储能操作机构　　　　　B．分闸弹簧

　　　　C．手动操作机构　　　　　　　D．液压操作机构

　　187．交流真空接触器—熔断器组合电器，（　　）的使用空间。

　　　　A．限制了接触器　　　　　　　B．拓展了接触器

　　　　C．限制了熔断器　　　　　　　D．拓展了熔断器

　　188．交流真空接触器—熔断器组合电器拓展了接触器的使用空间，并使（　　）。

　　　　A．辅助电路的设计复杂　　　　B．主电路的设计复杂

　　　　C．主电路的设计简单　　　　　D．辅助电路的设计简单

　　189．交流高压真空接触器的灭弧元件为（　　）。

　　　　A．SF_6 灭弧室　　　　　　　　B．真空开关管

　　　　C．压气式灭弧室　　　　　　　D．产气式灭弧室

　　190．交流高压真空接触器（　　）通过操作机构实现接触器的合闸操作。

　　　　A．弹簧储能机构　　　　　　　B．手动操作机构

C．控制电磁铁　　　　　　　D．液压操作机构

191．交流高压真空接触器—熔断器组合电器当一相或多相熔断器熔断时在（　）作用下，可实现自动分闸。

　　A．熔断器撞击器　　　　　B．电动力

　　C．继电保护　　　　　　　D．操作机构

192．JCZR2-10JY/D50 型交流高压接触器为（　）接触器。

　　A．空气绝缘 B．SF_6　　　C．真空　　　　D．油

193．交流高压真空接触器操作机构只需要小功率，一般合闸电流（　）。

　　A．不大于 2A　　　　　　　B．不大于 6A

　　C．不大于 10A　　　　　　 D．不大于 20A

194．交流高压真空接触器的电气寿命一般为（　）。

　　A．1 万次　　B．10 万次　　C．20 万次　　D．30 万次

195．交流高压真空接触器的机械寿命一般为（　）。

　　A．10 万次　　B．20 万次　　C．30 万次　　D．50 万次

196．交流高压真空接触器的真空灭弧室一般采用（　），所以其灭弧能力相对较弱。

　　A．圆盘形触头　　　　　　B．横向磁场触头

　　C．纵向磁场触头　　　　　D．矩形触头

197．SF_6 负荷开关—熔断器组合电器在更换熔断器前应（　）。

　　A．使负荷开关合闸　　　　B．使操作机构储能

　　C．合上接地开关　　　　　D．分开接地开关

198．交流高压真空接触器为模块式结构，附件通用性强，接触器易组装成（　），以满足不同条件的使用。

　　A．不同灭弧方式　　　　　B．相同灭弧方式

　　C．不同配置　　　　　　　D．相同配置

199．交流高压真空接触器采用机械自保持方式是利用（　）实现自保持的。

　　A．合闸线圈　　　　　　　B．合闸锁扣装置

　　C．分闸弹簧　　　　　　　D．分闸锁扣装置

200．交流高压真空接触器广泛应用于（　　）等领域电气设备的控制。

    A．海运　　　　　　　　　　B．配网的配电线路

    C．防雷设备　　　　　　　　D．电力变压器

201．交流高压真空接触器—熔断器组合电器可用于（　　）控制和保护。

    A．电压互感器　　　　　　　B．电动机

    C．避雷器　　　　　　　　　D．发电机

202．交流高压真空接触器可采用机械自保持方式，使接触器保持在（　　）状态。

    A．维持合闸　　　　　　　　B．维持分闸

    C．准备合闸　　　　　　　　D．分闸

203．交流高压真空接触器采用电磁自保持方式时，自保持过程中（　　）实现自保持。

    A．需要通过分闸弹簧　　　　B．不需要控制电源

    C．需要控制电源　　　　　　D．需要分闸锁扣装置

204．交流高压真空接触器采用机械自保持方式时，自保持过程中（　　）实现自保持。

    A．需要控制电源　　　　　　B．不需要控制电源

    C．需要永磁体的磁力　　　　D．需要液压操动机构

205．交流高压真空接触器的分、合闸动作是由（　　）完成的。

    A．真空开关管（真空灭弧室）内静触头

    B．真空开关管外静触头

    C．真空开关管内动触头

    D．真空开关管外动触头

206．交流高压真空接触器采用电磁自保持方式时，合闸后自保持过程中电磁合闸绕组与自保持绕组一般处于（　　）状态。

    A．串联

    B．并联

    C．电磁合闸绕组控制电源切断，退出运行

D. 串并联

207. JCZR2-10JY/D50 型交流高压接触器采用的自保持方式一般为（　）。

    A. 机械自保持　　　　　　　　B. 电磁自保持

    C. 磁力自保持　　　　　　　　D. 液压自保持

208. JCZR2-10JY/D50 型交流高压接触器的额定电流为（　）。

    A. 2A　　　　B. 10A　　　　C. 50A　　　　D. 100A

209. JCZR2-10JY/D50 型号中 JCZR 的含义是（　）。

    A. 交流高压真空接触器

    B. 交流高压真空接触器—熔断器组合

    C. 高压分接开关

    D. 高压真空断路器

210. 当电路发生短路或过负荷时，（　）能自动切断故障电路，从而使电器设备得到保护。

    A. 高压断路器　　　　　　　　B. 隔离开关

    C. 电压互感器　　　　　　　　D. 熔断器

211. 高压熔断器一般在（　）电压等级的系统中保护电路中的电气设备。

    A. 3～35kV　　　　　　　　　B. 35kV 以上

    C. 110kV　　　　　　　　　　D. 220kV

212. 高压熔断器可用于（　）等设备的保护。

    A. 电压互感器　　　　　　　　B. 发电机

    C. 断路器　　　　　　　　　　D. 大型变压器

213. 高压熔断器以动作特性可分为（　）和固定式。

    A. 自动跌落式　　　　　　　　B. 插入式

    C. 非限流式　　　　　　　　　D. 限流式

214. 高压熔断器型号中功能代号用字母（　）表示为 TV 保护用熔断器。

    A. P　　　　　　B. M　　　　　　C. X　　　　　　D. T

215. 高压熔断器型号中以字母（　）表示为限流式熔断器。

　　　A. M　　　　　B. T　　　　　C. X　　　　　D. P

216. XRN 系列高压熔断器（　）熔丝熔断指示器（撞击器）。

　　　A. 在熔断器一端装有　　　　B. 在熔断器两端装有

　　　C. 不装设　　　　　　　　　　D. 不允许安装

217. XRN 系列高压熔断器额定电流（　）时一般选用弹簧撞击器。

　　　A. 小　　　　　B. 较小　　　　C. 较大　　　　D. 很小

218. XRN 系列熔断器额定电流较小时一般采用（　）撞击器。

　　　A. 弹簧式　　B. 火药式　　　C. 压气式　　D. 储气式

219. 有填料高压熔断器利用（　）原理灭弧。

　　　A. 电弧与固体介质接触加速灭弧

　　　B. 窄缝灭弧

　　　C. 将电弧分割成多个短电弧

　　　D. 气吹加速灭弧

220. XRN 系列高压熔断器（　）撞击器。

　　　A. 不带有　　　　　　　　　　B. 带有

　　　C. 需选装　　　　　　　　　　D. 不允许安装

221. 高压熔断器熔体中间焊有（　）的小锡（铅）球。

　　　A. 降低熔点　　　　　　　　　B. 升高熔点

　　　C. 保持熔体材料熔点　　　　　D. 使熔体延时熔断

222. 高压熔断器熔体中间焊有小锡（铅）球，利用（　）降低熔丝熔点。

　　　A. 热聚集　　B. 热扩散　　　C. "冶金效应" D. 热吸收

223. 高压熔断器利用"冶金效应"降低熔丝熔点的目的是（　）。

　　　A. 改善切断短路电流的安秒特性

　　　B. 改善切断负荷电流的安秒特性

　　　C. 改善切断过负荷电流的安秒特性

　　　D. 改善接通负荷电流的安秒特性

224. RN1 高压熔断器的一端装设有（　）。

　　　A. 电压指示器　　　　　　　　B. 电流指示器

C．熔丝熔断指示器　　　　D．失压指示器

225．RN2 型高压熔断器可适用于作（　　）的保护。

A．变压器　　　　　　　　B．电力线路

C．电压互感器　　　　　　D．电动机

226．用于电压互感器一次回路保护的高压熔断器是（　　）等。

A．RN1　　B．RN2　　　C．XRN　　　D．RN5

227．从限制 RN2 型熔断器所通过的（　　）考虑，要求熔丝具有一定的电阻。

A．负荷电流　　　　　　　B．短路电流

C．过负荷电流　　　　　　D．PV 空载电流

228．RN1、RN2 型高压熔断器由于切断（　　）的分断能力有限，易发生爆炸，因此已逐步淘汰。

A．负荷电流　　　　　　　B．过负荷电流

C．短路电流　　　　　　　D．额定电流

229．高分断能力高压熔断器的特点之一是分断（　　）的能力强。

A．负荷电流　　　　　　　B．短路电流

C．过负荷电流　　　　　　D．变压器空载电流

230．RN2 型高压熔断器在运行中可根据接于电压互感器（　　）的指示来判断熔断器的熔丝是否熔断。

A．一次回路仪表　　　　　B．熔断器的熔断指示器

C．二次回路仪表　　　　　D．有电显示器

231．RN2 型高压熔断器的熔丝由三级（　　）组成。

A．相同截面的康铜丝

B．不同截面的康铜丝

C．不同截面的纯铜丝

D．不同截面的纯铜丝和康铜丝

232．RN2 型高压熔断器的熔丝采用不同截面组合是为了限制灭弧时产生的（　　）。

A．过电压幅值　　　　　　B．过电流幅值

C. 冲击短路电流幅值　　　　D. 负载电流幅值

233. RN2 型高压熔断器的额定电流一般为（　）。

　　A. 小于或等于 1A　　　　　B. 小于或等于 5A

　　C. 小于或等于 10A　　　　D. 小于或等于 15A

234. （　）高压熔断器属于高分段能力熔断器。

　　A. RN1　　　B. RN2　　　C. XRN　　　D. RW4

235. 高分断能力高压熔断器可适用于在（　）的电气回路作保护之用。

　　A. 短路电流小　　　　　　B. 短路电流较小

　　C. 短路电流较大　　　　　D. 短路电流很小

236. 高压熔断器熔丝熔断后，撞击器使负荷开关（高压交流接触器）跳闸，可防止由于（　）而造成电气设备损坏。

　　A. 缺相运行　　　　　　　B. 过电压运行

　　C. 欠电压运行　　　　　　D. 正常运行

237. RW4-10 熔断器按动作特性分类属于（　）熔断器。

　　A. 插入式　　　　　　　　B. 固定式

　　C. 自动跌落式　　　　　　D. 户内式

238. RW4-10 型熔断器在熔丝熔断时，电弧使（　）产生大量气体。

　　A. 玻璃钢熔断器管　　　　B. 熔丝材料

　　C. 消弧管　　　　　　　　D. 储气管

239. RW4-10 型熔断器安装熔丝时，熔丝应（　）。

　　A. 适度绷紧　　　　　　　B. 适度放松

　　C. 松弛　　　　　　　　　D. 绷紧

240. RW4-10 熔断器安装时，熔管轴线与铅垂线一般成（　）角。

　　A. 10°±5°　B. 25°±5°　C. 60°±5°　D. 90°±5°

241. RW4-10 跌落式熔断器按灭弧方式分类属于（　）熔断器。

　　A. 喷射式　B. 压气式　C. 储气式　D. 户内式

242. RW4-10 型熔断器在熔丝熔断时，消弧管产生的大量气体与电弧形成（　　）的方式。

    A. 纵吹灭弧

    B. 横吹灭弧

    C. 将电弧分割成多段电弧灭弧

    D. 电弧与固体介质接触灭弧

243. PRW10-12F 型熔断器按动作分类为（　　）熔断器。

    A. 固定式　　　　　　　　B. 自动跌落式

    C. 插入式　　　　　　　　D. 户内式

244. PRW10-12F 型熔断器装有（　　）。

    A. 熔丝熔断指示器　　　　B. 自动合闸装置

    C. 消弧罩　　　　　　　　D. 压气式灭弧装置

245. PRW10-12F 型熔断器的熔体上（　　）。

    A. 焊有锡球　　　　　　　B. 套有辅助熄弧管

    C. 套有屏蔽罩　　　　　　D. 套有储气装置

246. PRW10-12F 型熔断器分闸时，灭弧触头分开瞬间利用（　　）迅速分离，拉长电弧。

    A. 弹簧翻板　　　　　　　B. 操作速度

    C. 返回弹簧的作用力　　　D. 熔管的重力

247. PRW10-12F 型熔断器具有（　　）的功能。

    A. 分、合额定负荷电流　　B. 分、合短路电流

    C. 过负荷报警　　　　　　D. 过电压分闸

248. PRW10-12F 型熔断器的熔丝（熔体）材料采用了（　　）。

    A. 纯铜材料　　　　　　　B. 高熔点合金材料

    C. 低熔点合金材料　　　　D. 铜钨合金材料

249. RW10-12F 型熔断器合闸时，工作触头与灭弧触头的动作顺序是（　　）。

    A. 工作动、静触头后接触，消弧动、静触头先接触

    B. 消弧动、静触头与工作动、静触头同时接触

    C. 工作动、静触头先接触，消弧动、静触头后接触

    D. 工作动触头、消弧动触头后接触，工作静触头、消弧

静触头先接触

250．PRW10-12F 型熔断器分闸时，工作触头与灭弧触头的分离顺序是（ ）。

A．灭弧触头先分离

B．工作触头先分离

C．灭弧触头和工作触头同时分离

D．以上答案均不对

251．PRW10-12F 型熔断器型号含义中 F 表示（ ）。

A．消弧触头 B．消弧装置

C．带切负荷装置 D．工作触头

252．PRW10-12F 型熔断器合闸时消弧触头与工作触头处于（ ）状态。

A．串联

B．并联

C．没有电气联系的两个独立部分

D．串并联

253．PRW10-12F2 型熔断器处于合闸状态时，正常情况下消弧触头上（ ）。

A．无负荷电流流过 B．有部分负荷电流流过

C．流过全部负荷电流 D．与电路无联系

254．PRW10-12F 型熔断器型号含义中 P 表示熔断器为（ ）。

A．喷射式 B．储气式

C．压气式 D．产气式

255．PRW10-12F 型熔断器的灭（消）弧管可多次使用，但内径大于（ ）时，应更换灭（消）弧管。

A．Φ15mm B．Φ20mm

C．Φ25mm D．Φ30mm

256．PRW10-12F 型熔断器在安装熔丝时，熔丝下端应（ ）。

A．置于弹簧支架上 B．不置于弹簧支架上

C．穿过弹簧支架 D．缠绕在弹簧支架上

257．RXW-35 型熔断器主要用于保护（　　）。

A．变压器　　　　　　　　B．电力线路

C．电压互感器　　　　　　D．电动机

258．RXW-35 型熔断器的灭弧原理与（　　）高压熔断器基本相同。

A．RN 系列限流式有填料　　B．RW4-10 型

C．PRW10-12F 型　　　　　D．PRW10 型

259．为了保障在瞬间故障后迅速恢复供电，有的跌落式熔断器具有（　　）。

A．单次重合功能　　　　　B．二次重合功能

C．多次重合功能　　　　　D．熔丝自愈功能

260．BWF10.5-25 电容器型号中字母 B 表示（　　）。

A．并联电容器　　　　　　B．串联电容器

C．脉冲电容器　　　　　　D．耦合电容器

261．BWF10.5-25-1 型电容器的标定容量为（　　）。

A．10.5kvar　　B．25kvar　　C．1kvar　　　D．0.5kvar

262．电力系统进行无功补偿起到的作用之一是（　　）。

A．提高设备安全性　　　　B．提高设备可靠性

C．提高设备利用效率　　　D．降低设备利用效率

263．BWF10.5-25-1 型电容器的额定电压为（　　）。

A．10.5kV　　B．25kV　　　C．1kV　　　D．0.5kV

264．BWF10.5-25 电容器为（　　）电容器。

A．单相并联　　　　　　　B．二相并联

C．三相并联　　　　　　　D．三相串联

265．高压单台三相电容器的电容元件组在外壳内部一般接成（　　）。

A．星形　　　　　　　　　B．三角形

C．开口三角形　　　　　　D．星—三角形

266．电压为 10kV 及以下的高压电容器，一般在外壳内每个电容元件上都（　　），作为电容器内部保护。

  A．串接一只热继电器　　　B．串接一只电阻

  C．串接一只熔丝　　　　　D．串接一只"压敏"元件

267．当高压电容器内部设有放电电阻时，电容器组仍应设（　　）。

  A．合格的放电装置

  B．残压监视装置

  C．电容器内部放电电阻测量装置

  D．电容器内部放电电阻放电显示装置

268．有些高压电容器内部设有放电电阻，能够通过放电电阻放电，当电容器与电网断开后，放电电阻在（　　）分钟后使电容器残压降至75V以下。

  A. 1　　　　　B. 10　　　　　C. 20　　　　　D. 30

269．一般情况下，环境温度在 40℃时，充硅油的电容器允许温升为（　　）。

  A．50℃　　　B．55℃　　　C．60℃　　　　D．70℃

270．新装电容器投运前应按（　　）试验合格。

  A．预防性试验项目

  B．交接试验项目

  C．企业自行制订的试验项目

  D．安装单位自检项目

271．新装电容器组投运前，应检查电容器组的接线是否正确，电容器的（　　）与电网电压是否相符。

  A．试验电压　　　　　　　B．额定电压

  C．最大允许电压　　　　　D．工作电压

272．新装电容器投运前，应检查电容器及（　　）外观良好，电容器不渗漏油。

  A．放电设备　　　　　　　B．电容器室室外景观

  C．电容器室室内装饰程度　D．充电设备

273．正常情况下，全变电所恢复送电操作时应（　　）。

  A．先合上电容器支路断路器

B. 在其他支路断路器合上后再合上电容器支路断路器

C. 电容器支路断路器和其他支路断路器同时合上

D. 以上答案均不对

274. 正常情况下，全变电所停电操作时应（ ）。

A. 先拉开电容器支路断路器

B. 后拉开电容器支路断路器

C. 电容器支路断路器和其他支路断路器同时拉开

D. 电容器断路器不需要操作

275. 事故情况下，在全站无电后，应将（ ）支路断路器分闸断开。

A. 各出线 B. 电压互感器

C. 电容器 D. 避雷器

276. 高压电容器严禁（ ）时合闸，以防产生过电压。

A. 带电压 B. 带电流

C. 带电荷 D. 不带电荷

277. 如果接入三相交流高压电路的电容器，刚断电又重新合闸，因电容器本身能存储电荷，重合闸时，电容器两端所受的电压有可能达到（ ）以上的额定电压。

A. 1 倍 B. 2 倍 C. 3 倍 D. 4 倍

278. 高压电容器组断电后，若需再次合闸，应在其断电（ ）后进行。

A. 3 分钟 B. 5 分钟 C. 10 分钟 D. 15 分钟

279. 正常情况下，一般在系统功率因素高于（ ）且仍有上升趋势时，应退出高压电容器组。

A. 0.85 B. 0.90 C. 0.95 D. 0.98

280. 电容器外壳及构架接地的电容器组与（ ）的连接应牢固可靠。

A. 电力网 B. 防雷接地

C. 接地网 D. 工作接地

281. 高压电容器应在额定电压下运行，当长期运行电压超过额定电压的（　　）时，高压电容器组应立即停运。

    A. 1.1 倍　　B. 1.2 倍　　C. 1.3 倍　　D. 1.4 倍

282. 高压电容器应在额定电流下运行，其最大电流超过额定电流的（　　）时，应立即停运。

    A. 1.1 倍　　B. 1.2 倍　　C. 1.3 倍　　D. 1.4 倍

283. 正常情况下（　　）时，也可投入高压电容器。

    A. 负荷偏低　　　　　　　B. 系统电压偏低

    C. 系统电压偏高　　　　　D. 负荷偏高

284. 高压电容器运行过程中，规定高压电容器室的环境温度为（　　）。

    A. 40℃　　B. ±40℃　　C. 55℃　　D. ±55℃

285. 对运行中的高压电容器组进行巡视检查时，应检查（　　）等。

    A. 电容器的外形尺寸是否合适

    B. 接线桩头接触是否良好，有无发热现象

    C. 接线桩头所用材料是否合理

    D. 接线桩头连接工艺是否合理

286. 造成运行中的高压电容器外壳膨胀的原因之一是（　　）。

    A. 已超过使用期限　　　　B. 外壳机械损伤

    C. 运行中温度剧烈变化　　D. 电容器内部熔丝熔断

287. 运行中的高压电容器发生爆炸时，应首先（　　）。

    A. 保护现场等候处理

    B. 消防灭火

    C. 切断电容器与电网的连接

    D. 切断整个变电所与电网的联系

288. 针对高压电容器组的渗漏油故障，处理办法之一是（　　）。

    A. 及时补救　　　　　　　B. 加强巡视

    C. 立即停用　　　　　　　D. 电话汇报

289. 造成高压电容器组外壳膨胀的主要原因之一是（　　）。

    A. 运行中温度剧烈变化

  B．内部发生局部放电或过电压

  C．内部发生相间短路

  D．短压低

290．造成运行中的高压电容器发热的原因之一是（ ）。

  A．内部发生局部放电

  B．频繁投切使电容器反复受浪涌电流影响

  C．外壳机械损伤

  D．电容器内部熔丝熔断

291．由于长期过电压而造成高压电容器发热时，处理方法之一是（ ）。

  A．将电容器调换为较低额定电压的电容器

  B．加强维护保养

  C．将电容器调换成较高额定电压的电容器

  D．立即停运

292．造成运行中的高压电容器爆炸的原因之一是（ ）。

  A．内部发生局部放电   B．内部发生相间短路

  C．内部产生过电压   D．电容器渗油

293．造成运行中的高压电容器内部发出异常声响的原因之一是（ ）。

  A．内部发生局部放电   B．运行中温度急剧变化

  C．出线瓷套管严重污秽 D．电容器内部过电压

294．当电容器组发生（ ）的异常现象时，应立即退出运行。

  A．功率因数低于0.8

  B．内部有异常响声

  C．电网电压低于0.9倍额定电压

  D．负荷偏低

295．当高压电容器组外产生不严重的发热时，处理办法之一是（ ）。

  A．经常清扫   B．停电时检查并拧紧螺丝

  C．立即停用   D．更换电容器

296．在将较低额定电压的电容器调换成额定电压较高的电容
器时，如果要达到原有的补偿效果，则较高额定电压的新电容器的
标定容量必须比原电容器标定容量（　　）。

    A．小　　　　　　　　　　B．大

    C．相等　　　　　　　　　　D．以上答案均不对

297．成套配电装置的特点是（　　）。

    A．在现场将各元件固定于一个具有多个间隔的柜体

    B．将多个已在生产厂组装的柜体整体运至现场

    C．将多个柜体运到现场后进行组装

    D．结构简单

298．高压成套装置根据（　　），选择所需的功能单元。

    A．现场布置条件　　　　　　B．用电负荷性质

    C．电气主结线的要求　　　　D．变电所管理要求

299．高压成套装置的"五防"联锁功能之一是（　　）。

    A．防带接地线（或接地刀闸）打开柜门

    B．防误入带电间隔

    C．防接地线接触不良

    D．防接地线发热

300．KYN28-10 型高压开关柜可用于额定电压为 3～10kV，额
定电流为 1250～3150A（　　）的发电厂、变电所。

    A．单母线结线　　　　　　　B．双母线结线

    C．桥式结线　　　　　　　　D．以上答案均不对

301．KYN28-10 型高压开关柜是（　　）开关柜。

    A．中置式金属铠装　　　　　B．金属封闭单元组合

    C．环网　　　　　　　　　　D．组合柜

302．KYN28-10 型高压开关柜内的各小室（　　）排气通道。

    A．一般不设置

    B．设有独立的通向柜顶的

    C．一般设置共用的

    D．可根据用户要求确定是否设置

303. KYN28-10 型高压开关柜小车室内的主回路触头盒遮挡帘板具有（　　）的作用。

    A. 保护设备安全

    B. 保护断路器小车出、入安全

    C. 保护小车室内工作人员安全

    D. 保护继电保护装置安全

304. KYN28-10 型高压开关柜内，由于意外原因压力增大时，（　　）将自动打开，使压力气体定向排放，以保证操作人员和设备安全。

    A. 柜顶的排气装置　　　　B. 柜底的排气装置

    C. 柜侧的排气装置　　　　D. 巡视窥视窗

305. KYN28-10 型高压开关柜静触头盒的作用是（　　）。

    A. 保证各功能小室的隔离

    B. 作为静触头的支持件

    C. 既保证各功能小室的隔离又作为静触头的支持件

    D. 遮挡灰尘

306. KYN28-10 型高压开关柜采用电缆出线时，如需要装设零序电流互感器，零序电流互感器一般装设在（　　）。

    A. 主母线室

    B. 吊装在电缆室内

    C. 吊装在电缆室柜底板外部

    D. 断路器室

307. KYN28-10 型高压开关柜在操纵断路器小车移动，逆时针方向转动摇把时，小车（　　）移动。

    A. 向前　　　B. 向左　　　C. 向后　　　D. 向右

308. KYN28-10 型高压开关柜在操纵断路器小车移动，摇把顺时针方向转动时，小车（　　）移动。

    A. 向后　　　B. 向前　　　C. 向上　　　D. 向下

309. KYN28-10 型高压开关柜利用（　　）来实现隔离手车与断路器之间的联锁。

  A．电磁锁   B．程序锁

  C．机械联锁   D．电气闭锁

310．KYN28-10系列高压开关柜当小车未进入定位状态或推进摇把未拔出时（   ）。

  A．不能使小车移动   B．不能使断路器分闸

  C．不能使断路器合闸   D．不能使小车向后移动

311．KYN28-10型高压开关柜中推进机构与断路器防误操作的联锁装置包括（   ）。

  A．断路器合闸时，小车无法由定位状态转变为移动状态

  B．断路器分闸时，小车无法由定位状态转变为移动状态

  C．当小车推进摇把未拔出时，断路器可以合闸

  D．当小车未进入定位状态时，断路器可以合闸

312．KYN28-10系列高压开关柜中小车与接地开关防误操作的联锁装置包括（   ）。

  A．接地开关摇把还没有取下时，小车可以由试验位置的定位状态转变为移动状态

  B．接地开关处于分闸位置，小车不能由定位状态转变为移动状态

  C．接地开关处于合闸位置，小车不能由定位状态转变为移动状态

  D．小车移动状态时，接地开关可以合闸

313．XGN-10型开关柜结构新颖，相与相、相与地之间采用（   ）绝缘。

  A．空气自然   B．"真空"

  C．六氟化硫   D．油

314．XGN-10型开关柜可通过视察窗和照明灯观察（   ）。

  A．继电保护运行情况   B．主要电器元件运行情况

  C．测量仪表运行情况   D．电能计量装置运行情况

315．XGN-10型开关柜的一次回路相间、相对地空气绝缘距离均大于（   ）。

A. 125mm　　B. 150mm　　C. 180mm　　D. 200mm

316. XGN-10 型开关柜电缆室留有较大空间，电缆头距地面（　），便于电缆头的制作、安装和监测。

A. 400mm　　B. 800mm　　C. 1000mm　　D. 1200mm

317. RGC 型 SF_6 气体绝缘开关柜常用于额定电压（　）的系统。

A. 3～10kV　　　　　　　　B. 3～24kV

C. 35kV　　　　　　　　　D. 110kV

318. RGC 型开关柜的母线结线方式为（　）结线方式。

A. 单母线　　　　　　　　B. 双母线

C. 单母线带旁路母线　　　D. 以上答案均不对

319. 考虑到运输和装卸条件的限制，RGC 开关柜各功能单元在设备厂组合成大单元，超过（　）个标准功能单元时，则需分成两个大单元进行组合。

A. 3　　　　B. 5　　　　C. 8　　　　D. 10

320. RGC 系列金属封闭单元组合 SF_6 开关柜的优点之一是（　）。

A. 供电可靠性　　　　　　B. 结构紧凑

C. 容量大　　　　　　　　D. 价格低

321. RGCC 的型号含义代表是（　）单元。

A. 断路器　　　　　　　　B. 电缆开关

C. 空气绝缘测量单元　　　D. 负荷开关—熔断器

322. 在 RGC 型高压开关柜型号中，用（　）表示负荷开关熔断器组合单元。

A. RGCC　　B. RGCV　　C. RGCF　　D. RGCM

323. RGCF 的型号含义代表是（　）单元。

A. 负荷开关—熔断器组合　B. 断路器

C. 电缆开关　　　　　　　D. 带断路器母联

324. RGCS 的型号含义代表是（　）单元。

A. 电缆开关　　　　　　　B. 带有断路器的母联

　　C．空气绝缘测量单元　　　　D．断路器

325．RGCM 的型号含义代表是（　　）单元。

　　A．电缆开关　　　　　　　　B．断路器母联

　　C．空气绝缘测量　　　　　　D．负荷开关—熔断器

326．环网供电的若干用户正常运行状态下分为#1 线供电和#2 线供电，在线路的某点设有#1 线和#2 线的联络开关，#1 线和#2 的运行方式应为（　　）。

　　A．#1 线和#2 分列运行

　　B．#1 线和#2 并列运行

　　C．#1 线和#2 并列运行或分列运行

　　D．以上答案均不对

327．环网供电的若干用户在正常运行状态时，分别由#1、#2 线供电，联络开关 D 在分闸状态，当#1 线断路器需要检修时，原#1 线用户转为由#2 线供电时，其操作顺序是（　　）。

　　A．先拉开#1 线断路器，后合上联络开关 D

　　B．先合上联络开关 D，后拉开#1 线断路器

　　C．先拉开#2 线断路器，后合上联络开关 D

　　D．先拉开#1 线断路器，再拉开#2 线断路器，后合上联络开关 D

328．在应用于住宅小区的环网柜中，通常采用（　　）控制高压电路。

　　A．真空断路器或负荷开关

　　B．真空断路器或真空接触器

　　C．负荷开关或真空接触器

　　D．真空断路器

329．FZN12-40.5 型开关柜气室采用（　　）作为绝缘介质。

　　A．高气压 SF_6 气体　　　　B．低气压 SF_6 气体

　　C．SF_6 液体　　　　　　　　D．绝缘油

330．FZN12-40.5 型开关柜使用的长寿命真空断路器可开合（　　）次免维护。

　　A. 1万　　　B. 2万　　　C. 3万　　　　D. 4万

331．FZN12-40.5型开关柜的电缆头采用（　　）。

　　A. 热塑电缆头　　　　　　B. 冷塑电缆头

　　C. 可触摸插拔式电缆头　　D. 干包电缆头

332．手车式开关柜断路器手车在试验位置时摇不进的原因之一是（　　）。

　　A. 断路器在合闸位置　　　B. 断路器在分闸位置

　　C. 接地开关在分闸位置　　D. 接地开关摇把已取出

333．手车式开关柜断路器手车在试验位置不能摇进的原因之一是（　　）。

　　A. 断路器在分闸位置　　　B. 接地开关在分闸位置

　　C. 接地开关在合闸位置　　D. 手车门没有关好

334．箱式变电站的缺点之一是（　　）。

　　A. 体积小　　　　　　　　B. 出线回路数少

　　C. 不经济　　　　　　　　D. 现场施工周期长

335．预装式（欧式）箱式变电站由于变压器室散热条件相对较差，变压器容量宜控制在（　　）。

　　A. 200kVA及以下　　　　B. 500kVA及以下

　　C. 1000kVA及以下　　　 D. 1600kVA及以下

二、判断题

1．触头断开后，不论触头间是否有电弧存在，电路实际上已被切断。（　　）

2．触头断开后，触头之间如果电弧已熄灭，则电路实际上没有被切断。（　　）

3．禁止在只经过断路器断开电源的设备上工作。（　　）

4．交流电路中，电弧电流瞬时过零时电弧将消失，此后若触头间的介质击穿电压<恢复电压，则电弧将彻底熄灭。（　　）

5．交流电路中，电弧电流瞬时过零时电弧将消失，此后若触头间的介质击穿电压≤恢复电压，则电弧将重燃。（　　）

6．在开关电器中，采用加快触头之间的分离速度等措施，使

电弧长度迅速增加，电弧表面积迅速加大，加速电弧熄灭。（　）

7. 触头间介质击穿电压的大小与触头之间的温度、离子浓度和距离无关。（　）

8. 电路中负荷为电感性负载时，恢复电压不等于电源电压，不利于电弧熄灭。（　）

9. 在开关电器中，利用温度较低的气体吹动电弧是加速电弧熄灭的方法之一。（　）

10. 高压断路器在高压电路中起控制作用，是高压电路中的重要设备之一。（　）

11. 断路器在特殊情况（如自动重合到故障线路上时）下应能可靠地接通短路电流。（　）

12. 采用绝缘油作绝缘介质和灭弧介质的断路器，称为油断路器。（　）

13. 断路器的绝缘水平与断路器的额定电压无关。（　）

14. 额定电压为 10kV 的断路器可用于 6kV 系统。（　）

15. 断路器的额定电流不受环境温度的影响。（　）

16. 尽管目前使用的真空断路器种类复杂，但它们的额定电流都是相同的。（　）

17. 断路器的额定电流决定了断路器的灭弧能力。（　）

18. 断路器的额定开断电流是指断路器在额定电压下能可靠开断的最大短路电流。（　）

19. 真空断路器是利用空气作绝缘介质和灭弧介质的断路器。

（　）

20. 按高压断路器的安装地点分类可分为户内式和户外式两种。（　）

21. 断路器合闸接通有短路故障的线路时，若短路电流小于断路器关合电流，则断路器触头不应发生熔焊。（　）

22. 真空断路器的缺点是具有可燃物，易发生爆炸燃烧。（　）

23. 断路器的关合电流是指：保证断路器能可靠关合而又不会发生触头熔焊或其他损伤时，断路器所允许长期通过的正常工作电

流。（　　）

24．ZN4-10/600型断路器是额定电压为10kV的户内型真空断路器。（　　）

25．真空断路器是将其动、静触头安装在"真空"的密封容器（又称真空灭弧室）内而制成的一种断路器。（　　）

26．真空灭弧室的绝缘外壳采用玻璃材料时，它的优点之一是容易加工。（　　）

27．真空灭弧室的绝缘外壳采用陶瓷时，其机械强度不高。（　　）

28．10kV真空断路器动静触头之间的断开距离一般为10～15mm。（　　）

29．因真空断路器的触头设置在真空灭弧室内，所以对触头材料的耐弧性能没有要求。（　　）

30．真空断路器的真空灭弧室，只要灭弧室外壳不破损，"真空"破坏后仍可安全运行。（　　）

31．真空灭弧室的波纹管与动导电杆之间的连接采用"滑配"工艺，以保证动导电杆可以作直线运动。（　　）

32．真空断路器每次分合闸时，波纹管都会有一次伸缩变形，它的寿命通常决定了断路器的寿命。（　　）

33．因真空断路器的触头设置在真空灭弧室内，所以对触头材料的含气量高低没有要求。（　　）

34．真空灭弧室屏蔽筒具有改善真空灭弧室内部电场分布的作用。（　　）

35．真空灭弧室内屏蔽筒的作用之一是降低弧隙击穿电压。
（　　）

36．真空灭弧室的导向套一般采用金属材料制成。（　　）

37．真空灭弧室的导向套起导向作用，保证分、合闸时动导电杆按要求作直线运动。（　　）

38．集聚型真空电弧会产生阳极斑点，从而导致电极的严重熔化，并产生大量金属蒸气。（　　）

39．ZN4-10型断路器是户内型少油断路器。（　　）

40．六氟化硫（SF_6）断路器的优点之一是灭弧性能强。（　）

41．六氟化硫（SF_6）断路器灭弧性能优良，开断电流大。（　）

42．六氟化硫（SF_6）断路器的优点之一是不存在燃烧和爆炸危险。（　）

43．六氟化硫（SF_6）断路器的缺点之一是结构简单、体积大。

（　）

44．六氟化硫（SF_6）气体化学性能稳定，所以与水或其他杂质成分混合后，在电弧的作用下也不会产生有腐蚀性的低氟化合物。

（　）

45．由于检修工作需要，可将六氟化硫（SF_6）断路器打开后，将六氟化硫（SF_6）气体排入大气中。（　）

46．如果电缆沟等低洼处积聚的六氟化硫（SF_6）气体多了会引起工作人员窒息事故。（　）

47．六氟化硫（SF_6）断路器低气压闭锁装置动作后，仍可以进行分、合闸操作。（　）

48．一般支柱式六氟化硫（SF_6）断路器采用压气缸内高压六氟化硫（SF_6）气体吹动电弧（压气式）和六氟化硫（SF_6）气体在电弧的高温作用下分解，体积膨胀吹动电弧（自能式）的复合灭弧方式。（　）

49．六氟化硫（SF_6）负荷开关一般可使用通用补气设备进行六氟化硫（SF_6）气体的补气工作。（　）

50．罐式六氟化硫（SF_6）断路器不能适用于多地震、污染严重地区的变电所。（　）

51．断路器的自由脱扣装置是实现线路故障情况下合闸过程中快速分闸的关键设备之一。（　）

52．断路器在合闸过程中，若继电保护装置不动作，自由脱扣机构也应可靠动作。（　）

53．断路器的工作状态（断开或闭合）不受操作机构的控制。

（　）

54．电磁操作机构笨重、耗材多、可靠性高。（　）

55．永磁操作机构结构简单、可靠性高、机械寿命长。（ ）

56．永磁操作机构利用分合闸线圈中长期通过的电流来保持断路器的分、合闸状态。（ ）

57．永磁操作机构的分、合闸电源必须使用大功率直流电源。

（ ）

58．在断路器处于运行状态时，弹簧储能操作机构处于储能状态，所以应断开储能电机的电源隔离开关。（ ）

59．弹簧储能操作机构的优点有加工工艺要求高、可靠性高、价格低等。（ ）

60．弹簧储能操作机构的合闸弹簧可采用电动机或人力使合闸弹簧储能。（ ）

61．断路器合闸后，不再需要弹簧储能操作机构自动储能。（ ）

62．液压操作机构的优点之一是动作速度不受温度影响。（ ）

63．新安装的断路器验收项目与设计要求及电气试验无关。

（ ）

64．有人值班的变电所由当班值班人员负责巡视检查。（ ）

65．对运行中断路器一般要求，断路器的分、合闸指示器指示位置不强制要求与断路器实际运行工况相符。（ ）

66．投入运行的断路器已有运行编号后，一般可不再标注断路器名称。（ ）

67．对运行中断路器一般要求，断路器外露带电部分一般不再标相位漆标识。（ ）

68．对运行中断路器一般要求，断路器经增容改造后，不应修改铭牌的相应内容。（ ）

69．对运行中断路器一般要求，断路器接地外壳的接地螺栓不应小于 MΦ10，且接触良好。（ ）

70．在断路器的运行维护中，六氟化硫（SF_6）断路器不需要每日定时记录六氟化硫（SF_6）气体的压力和温度。（ ）

71．在巡视检查时，手车式真空断路器的绝缘外壳应完好无损，无放电痕迹。（ ）

72．对弹簧机构巡视检查时，应将弹簧操作机构的门打开，确认其平整度和密封性。（　）

73．在巡视检查时，手车式六氟化硫（SF_6）断路器绝缘外壳破损与安全运行无关。（　）

74．对断路器的运行维护中，变（配）电所应根据设备具体情况安排夜间特殊巡视。（　）

75．对断路器的运行维护中，新设备投入运行 48 小时后，巡视检查工作即转入正常巡视检查周期。（　）

76．对断路器的运行维护中，气温突变和高温季节是自然现象，所以不需要加强特殊巡视检查。（　）

77．对断路器的运行维护中，有重要活动或高峰负荷时应加强特殊巡视检查。（　）

78．对断路器的运行维护中，新设备投入运行后，应相对缩短巡视周期。（　）

79．当使用电磁操作机构时，日常维护工作应同时检查接触器工作熔丝和合闸线圈直流回路熔丝。（　）

80．断路器经检修恢复运行，操作前应检查检修中为保证人身安全所设置的接地线是否已全部拆除。（　）

81．断路器在合闸操作中，操作把手不应返回太快。（　）

82．在断路器异常运行及处理中，值班人员发现设备有威胁电网安全运行且不停电难以消除的缺陷时，应在今后供电部门线路停电时及时配合处理。（　）

83．在断路器异常运行及处理中，值班人员发现任何异常现象应及时消除，不能及时消除时应及时向领导汇报，并作好记录。（　）

84．日常维护工作中，油断路器只要不渗、漏油，就不需要补充或放油。（　）

85．断路器在规定的使用寿命期限内，不需要对机构添加润滑油。（　）

86．运行中断路器发生自动分闸，在跳闸原因未查明时，值班人员不准自行合闸试送电。（　）

87. 在断路器异常运行及处理中，值班人员发现六氟化硫（SF_6）断路器发生严重漏气时，值班人员接近设备要谨慎，尽量选择从"上风"侧接近设备，必要时要戴防毒面具，穿防护服。（　　）

88. 隔离开关合闸操作时，必须先合上断路器后，再用隔离开关接通电路。（　　）

89. 隔离开关是隔离电源用的电器，它具有灭弧装置，能带负荷拉合，能切断短路电流。（　　）

90. 隔离开关可拉、合带电压的电路。（　　）

91. GN2-35/1000 型隔离开关为额定电流 1000A 户外型隔离开关。（　　）

92. GN22-10 型隔离开关适用于 20kV 配电系统。（　　）

93. 隔离开关按刀闸运动方式分类可分为水平旋转式、垂直旋转式、插入式。（　　）

94. 隔离开关不允许拉、合母线和与母线相连的设备的电容电流。（　　）

95. 隔离开关可拉、合励磁电流小于 2A 的空载变压器。（　　）

96. 隔离开关可拉、合电容电流不超过 5A 的空载线路。（　　）

97. 隔离开关可拉、合 10kV 长度为 5km 的电缆线路。（　　）

98. 隔离开关按安装地点分类可分为山地式和户外式。（　　）

99. 隔离开关分类中单柱式、双柱式、三柱式是以一次操作联动的相数确定的。（　　）

100. GN22-10 系列隔离开关的额定电压为 22kV。（　　）

101. GN30-12 系列隔离开关只能配用手力操作机构。（　　）

102. GN19-12CST 型隔离开关为适用于 10kV 配电系统的单掷隔离开关。（　　）

103. GN30-12 系列隔离开关的进出线静触头分别固定在底架的正、反两面。（　　）

104. 只要隔离开关是同一个系列（如 GN30-12/600、GN30-12/1000），它们的额定电压都是相同的。（　　）

105. 只要隔离开关是同一个系列（如 GN30-12），它们的额定

电流都是相等的。（　）

106．带接地刀闸的隔离开关金属基座就不再需要设接地装置。（　）

107．GW5-35 系列与 GW4-35 系列隔离开关的区别之一是支持瓷柱的布置不同。（　）

108．GW4-35 系列隔离开关为单柱式结构。（　）

109．GW4-35 系列隔离开关可借助连杆将三台单极隔离开关组成三极联动的隔离开关。（　）

110．GW4-35 系列隔离开关分、合闸时，通过交叉连杆机构带动两个支柱绝缘子向相反方向各自转动。（　）

111．GW5-35 系列隔离开关在分闸操作时，两个支柱绝缘子以相同速度相反方向转动。（　）

112．GW5-35 系列隔离开关在合闸操作时，两个支柱绝缘子以不同速度转动。（　）

113．隔离开关手力操作机构的操作功率较大。（　）

114．隔离开关电动操作机构的操作功率较大。（　）

115．隔离开关传动部分虽有扭曲变形，但对操作质量没有影响。
（　）

116．隔离开关处于分闸状态时，巡视检查可不检查闭锁结构。
（　）

117．隔离开关电气连接桩头发热不影响安全运行。（　）

118．隔离开关绝缘部分不应有闪络放电现象。（　）

119．负荷开关是用来接通和分断小容量的配电线路和负荷，它只有简单的灭弧装置，常与高压熔断器配合使用，电路发生短路故障时由高压熔断器切断短路电流。（　）

120．负荷开关可切断正常负荷电流和过负荷电流。（　）

121．负荷升关具有灭弧装置，可切断短路电流。（　）

122．FN5-10 型负荷开关的主回路与辅助（灭弧）回路串联。
（　）

123．FN5-10 型负荷开关合闸时，动、静弧触头首先接触，主

动、静触头后接触。（　　）

124. FN5-10型负荷开关在分闸过程中，主、辅（灭弧）触头同时断开。（　　）

125. FW5-10型负荷开关分闸状态时具有明显断口，起隔离作用。（　　）

126. BFN2-12R系列负荷开关是负荷开关—熔断器组合电器。

（　　）

127. BFN2-12系列负荷开关适用于12kV及以下配电系统。（　　）

128. BFN2-12系列负荷开关是产气式负荷开关。（　　）

129. BFN1系列负荷开关虽然使用了弹簧储能操作机构，但分、合闸速度仍受操作者操作力大小的影响。（　　）

130. BFN1系列负荷开关钟形绝缘罩下部的安全挡板对隔绝带电部分没有作用。（　　）

131. VBFN系列真空负荷开关的主电路只有真空灭弧室内的灭弧断口。（　　）

132. VBFN系列真空负荷开关带有隔离开关和接地开关。（　　）

133. VBFN系列真空负荷开关具有电寿命长，关、合开断能力弱的特点。（　　）

134. VBFN系列真空负荷开关一般采用弹簧储能操作机构，所以只能电动分、合闸。（　　）

135. VBFN系列真空负荷开关关、合电路时，电弧在真空灭弧室内熄灭。（　　）

136. VBFN系列负荷开关合闸时，真空灭弧室内动、静触头先行接触，隔离断口动、静触头后接触。（　　）

137. FL（R）N36-12D型负荷开关为六氟化硫（SF_6）负荷开关。（　　）

138. FL（R）N36-12D型负荷开关设置防爆膜的目的是发生内部燃弧故障时，高压气体从防爆膜处释放，保证操作人员及其他设备安全。（　　）

139. FL（R）N36-12D型负荷开关设置的透明观察孔可方便地

检查动触头所在位置。（　　）

140．FL（R）N36-12D 型负荷开关有准备合闸、合闸、分闸、接地四个工位。（　　）

141．FL（R）N36-12D 型负荷开关灭弧时，利用永磁体产生的磁场拉长电弧。（　　）

142．FL（R）N36-12D 型负荷开关内气体压力为零表压时，仍可进行负荷电流的分、合闸操作。（　　）

143．FL（R）N36-12D 型负荷开关在负荷开关处于合闸状态时，不影响接地开关的操作。（　　）

144．FL（R）N36-12D 型负荷开关在接地开关处于合闸状态时，不能进行负荷开关的合闸操作。（　　）

145．FL（R）N36-12D 型负荷开关操作面板上的两个操作孔各装有一个挂锁板，可实现柜间的联锁。（　　）

146．FL（R）N36-12D 型负荷开关一般配用弹簧储能操作机构，所以不能进行远方操作。（　　）

147．FL（R）N36-12D 型负荷开关下端出线侧装设的三相传感器用来检测下端电缆的带电情况。（　　）

148．FL（R）N36-12D 型负荷开关装有防止人员在接地开关处于分闸位置时误入带电间隔的联锁装置。（　　）

149．拔掉插头或接触器断开电路时都会有电火花。（　　）

150．当六氟化硫（SF_6）负荷开关—熔断器组合电器遇到过负荷电流一相熔断器熔断时，应同时更换三相熔断器。（　　）

151．一般情况下断路器用真空灭弧室的灭弧能力比真空接触器用真空灭弧室的灭弧能力强。（　　）

152．交流高压真空接触器—熔断器组合电器缩小了接触器的使用范围。（　　）

153．交流高压真空接触器合闸控制回路的电流一般不大于 2A。

（　　）

154．交流高压真空接触器利用分闸弹簧的作用力分闸。（　　）

155．交流高压真空接触器附件的通用性强，可组装成不同配

置的交流接触器。（ ）

156．交流高压真空接触器广泛应用于电压互感器的控制。（ ）

157．交流高压真空接触器不能适用于频繁操作的场所。（ ）

158．交流高压真空接触器的分、合闸动作是由真空开关管内的动触头完成的。（ ）

159．交流高压真空接触器在得到分闸信号后，由分闸弹簧驱动操作机构完成接触器分闸。（ ）

160．当交流高压真空接触器采用机械自保持方式，接触器分闸时，分闸电磁铁得到分闸信号后动作，使合闸锁扣装置解扣。（ ）

161．交流高压真空接触器采用电磁自保持方式时，切断自保持回路的控制电源即可实现分闸操作。（ ）

162．交流高压真空接触器的自保持方式只能采用电磁自保持方式。（ ）

163．JCZR2-10JY/D50 型交流高压接触器的额定电压为 2kV。
（ ）

164．JCZR2-10JY/D50 型是交流高压接触器—熔断器组合。（ ）

165．JCZR2-10JY/D50 型高压交流接触器的自保持方式为电磁自保持方式。（ ）

166．JCZR2-10JY/D50 型高压交流接触器的额定电流为 10A。
（ ）

167．在冲击短路电流最大值到达之前熔断、切断电路的熔断器称为限流式熔断器。（ ）

168．当电路发生短路或严重过负荷时，熔断器能自动切断故障电路，从而使电器设备得到保护。（ ）

169．高压熔断器在 110kV 及以上供电网中被广泛应用。（ ）

170．高压熔断器用于 3～35kV 小容量装置中以保护线路、变压器、电动机及电压互感器等。（ ）

171．在 3～35kV 系统中高压熔断器可用于发电机保护。（ ）

172．高压熔断器按动作特性可分为固定式和跌落式熔断器。
（ ）

173．当使用熔断器保护高压线路时，一般采用具有全范围保护特性的高压熔断器。（　　）

174．高压熔断器型号中用 N 代表户外型熔断器。（　　）

175．XRN 系列熔断器为非限流式有填料熔断器。（　　）

176．XRN 系列熔断器在额定电流较小时，一般采用火药式撞击器。（　　）

177．XRN 系列熔断器的撞击器一般有压缩空气提供动作能量。（　　）

178．XRN 系列熔断器是户外式高压熔断器。（　　）

179．高压熔断器熔丝（熔体）中间焊有小铜球。（　　）

180．高压熔断器利用"冶金效应"降低熔丝（熔体）的熔点，主要是可改善切断短路电流时的安秒特性。（　　）

181．XRN 系列熔断器属于高分断能力熔断器。（　　）

182．XRN 系列熔断器的撞击器动作（弹出）时，一般可判断为熔丝已熔断。（　　）

183．RN1 型高压熔断器开断短路电流的能力特别强。（　　）

184．RN1 系列熔断器是否熔断应根据电路中电流表指示来判断。（　　）

185．保护电压互感器的高压熔断器额定电流一般小于或等于 1A。（　　）

186．RN2 型高压熔断器的熔丝采用三级不同截面积是为了限制灭弧时产生的冲击电流幅值。（　　）

187．RN2 型高压熔断器一般可通过观察熔丝熔断指示器是否弹出，来判断熔丝是否熔断。（　　）

188．高分断能力高压熔断器一般均不装设撞击器。（　　）

189．高分断能力高压熔断器不能用于短路电流较小的电气回路作保护之用。（　　）

190．高分断能力高压熔断器具有开断短路电流能力强的优点。（　　）

191．RW4-10 型熔断器在熔丝熔断后，如果熔管不能自动跌落

脱离电源，则有可能烧毁熔管。（　　）

192．RW4-10 型熔断器按灭弧方式分类为压气式熔断器。（　　）

193．RW4-10 型熔断器在安装时应尽量使熔管轴线与铅垂线保持一致。（　　）

194．RW4-10 型熔断器在安装熔丝时，熔丝应适度放松，避免在合闸操作时将熔丝绷断。（　　）

195．按动作特性分类，RW4-10 型熔断器为跌落式熔断器。（　　）

196．PRW10-12F 型熔断器的消弧触头载流量是按熔断器额定电流长期运行的要求设计的。（　　）

197．PRW10-12F 型熔断器的熔体采用专用低熔点合金材料，使熔体熔断时的安秒特性不稳定。（　　）

198．PRW10-12F 型熔断器在熔断器额定电流范围内具有分、合负荷电流的能力。（　　）

199．PRW10-12F 型熔断器装设有工作触头和消弧触头。（　　）

200．PRW10-12F 型熔断器没有消弧罩。（　　）

201．PRW10-12F 型熔断器可以分、合短路电流。（　　）

202．PRW10-12F 型熔断器熔丝的熔体上套有辅助熄弧管。（　　）

203．PRW10-12F 型熔断器的消弧触头返回弹簧在熔丝熔断时可迅速拉长电弧。（　　）

204．PRW10-12F 型熔断器可用于 10kV 线路及变压器保护。（　　）

205．PRW10-12F 型熔断器的型号中 F 表示带切负荷装置。（　　）

206．PRW10-12F 型熔断器安装结束时，一般不需要检查合闸时工作触头接触情况。（　　）

207．PRW10-12F 型熔断器在合闸时，如工作触头未良好接触，有可能引起消弧触头发热烧坏、消弧罩熔化或燃烧事故。（　　）

208．PRW10-12F 型熔断器在正常合闸状态时，消弧触头上无负荷电流流过。（　　）

209．RXW-35 型熔断器主要用于变压器保护。（　　）

210．RXW-35 型熔断器是限流式户外高压熔断器。（　　）

211．RXW-35 型熔断器的熔管装设在瓷套内。（　　）

212．限流式高压熔断器内部设有限制和调整短路电流大小的装置。（　）

213．RW3-10Z 型熔断器具有单次重合功能。（　）

214．电力系统无功补偿一般采用移相（并联）电容器。（　）

215．BWF10.5-25-1 型高压电容器为额定电压 10.5kV、25kvar 单相并联电容器。（　）

216．BWF10.5-25 型高压电容器为三相串联电容器。（　）

217．高压电容器一般设有出线套管和进线套管。（　）

218．为适应各种电压等级的要求，在电容器内部电容元件可接成串联或并联。（　）

219．当安装电容器的金属构架良好接地后，电容器金属外壳不一定要接地。（　）

220．一般情况下，环境温度在 40℃时，充矿物油的电容器允许温升为 50℃。（　）

221．当电容器内部设有放电电阻时，电容器组可不设放电装置。（　）

222．单台三相高压电容器的电容元件组在外壳内部一般接成三角形。（　）

223．10kV 及以下高压电容器内，有些电容器每个电容元件上都串有一只热继电器，作为电容器的内部短路保护。（　）

224．当高压电容器内部设有放电电阻时，电容器与电网断开 1分钟后，电容器残压可降到 75V 以下。（　）

225．额定电压和标定容量均相同的单相高压电容器，接入同一电压等级的电网时，电容器组的接线方式接成三角形和接成星形的补偿效果相同。（　）

226．新装电容器组投运前，应按预防性试验项目试验合格，方可投入运行。（　）

227．新装电容器组投运前，应检查电容器有无渗油现象。（　）

228．电容器组三相间的容量误差不应超过一相总容量的 10%。
（　）

229．新装电容器组投运前，继电保护装置应定值正确并处于投运位置。（　）

230．新装电容器组投运前，应对与电容器连接的电气元件进行试验并合格。（　）

231．电容器安装位置的建筑结构一般没有具体要求。（　）

232．高压电容器带电荷合闸时不会产生过电压。（　）

233．接入交流电路的高压电容器，在其有存储电荷时合闸送电，电容器两端所承受的电压有可能超过 2 倍额定电压。（　）

234．高压电容器组断电后，若需再次合闸，应在其断电 3 分钟后进行。（　）

235．正常情况下，高压电容器组的投入或退出运行与系统无功潮流无关。（　）

236．正常情况下，当系统电压偏低时，也可投入高压电容器组。（　）

237．正常情况下，一般功率因数低于 0.85 时，要投入高压电容器组。（　）

238．高压电容器的保护熔丝熔断后，应立即更换熔断器，使电容器能尽快恢复运行。（　）

239．事故情况下，在全站无电后，不必将电容器支路断路器断开。（　）

240．如果高压电容器刚断电即又合闸，有可能使熔断器熔断或断路器跳闸。（　）

241．高压电容器应在额定电压下运行，当长期运行电压超过额定电压的 1.1 倍时，应立即停运。（　）

242．电容器正常运行时，可在 1.3 倍额定电流下长期运行。（　）

243．高压电容器应在额定电流下运行，当电流超过额定电流的 1.3 倍时，应立即停运。（　）

244．对运行中的高压电容器巡视检查时，一般不检查高压电容器组的工作电流。（　）

245．造成高压电容器渗漏油的原因之一是运行中温度急剧

变化。（　　）

246．造成高压电容器渗漏油的原因之一是保养不当，外壳严重锈蚀。（　　）

247．高压电容器外壳有异形膨胀时，一般不需要将电容器立即退出运行。（　　）

248．电容器过负荷属于高压电力电容器常见故障及异常运行状态。（　　）

249．造成高压电容器发热的原因之一是长期过电压。（　　）

250．造成高压电容器爆炸的原因之一是长期过电压。（　　）

251．造成高压电容器爆炸的原因之一是电容器外部发生三相短路。（　　）

252．在将较低额定电压的电容器换成较高额定电压的电容器时，只要两者的标定容量相等，补偿效果也相同。（　　）

253．高压成套装置的调试工作一般由使用单位的运行值班人员完成。（　　）

254．KYN 系列高压开关柜属于高压成套装置。（　　）

255．高压成套装置的防误分、合断路器；防带电挂接地线或合接地刀闸；防带接地线（或接地刀闸）合断路器的闭锁功能属于"五防"联锁功能。（　　）

256．高压成套装置的"五防"联锁功能常采用断路器、熔断器、隔离开关、接地开关与柜门之间和强制性机械闭锁或电磁闭锁方式。（　　）

257．KYN28-10 型高压开关柜是具有"五防"联锁功能的中置式金属铠装高压开关柜。（　　）

258．高压成套装置"五防"联锁中，防误入带电间隔的闭锁功能一般可在柜门上加挂挂锁来达到。（　　）

259．KYN28-10 型高压开关柜，手车室内主回路触头盒遮挡帘板，不是为了保证小车室工作人员安全，而是为了保护断路器安全。（　　）

260．KYN28-10 型高压开关柜小车室内的活动帘板，在断路器

小车进入小车室向前移动时会自动打开，保证断路器动触头顺利通过接插孔。（　）

261．KYN28-10型高压开关柜的断路器小车向前移动时，当小车到达工作位置时，定位装置阻止小车继续向前移动，使小车在工作位置定位。（　）

262．XGN-10型高压开关柜不能用于3～10kV系统中作为接受和分配电能之用。（　）

263．XGN-10型开关柜主母线结线方式仅有单母线方式。（　）

264．XGN-10型开关柜的防护装置可有效地防止异物进入柜内造成的短路故障。（　）

265．XGN-10型开关柜采用的旋转式隔离开关在分闸后旋转刀片不应接地。（　）

266．XGN-10型开关柜的进出线方式只有电缆进出线方式。

（　）

267．XGN-10型开关柜的闭锁装置已允许打开柜门，打开柜门的顺序应先打开前门，后打开后门。（　）

268．RGC型高压开关柜可用于额定电压3～24kV单母线结线的场所。（　）

269．RGC型高压开关柜没有"五防"联锁功能。（　）

270．RGC型开关柜在施工现场按功能需要将各标准功能单元组合而成。（　）

271．RGCV型高压柜标准单元设置的设备有真空断路器、可见的三工位开关、母线、观察窗等。（　）

272．由于需要对高压三相计量，所以RGCM标准单元中装设有3只电压互感器。（　）

273．环网柜的高压母线截面积，应根据本变电所负荷电流和穿越电流之和进行选择。（　）

274．FZN12-40.5型开关柜不能适用于海上石油开采。（　）

275．FZN12-40.5型开关柜的过电压保护采用CM33可接触插拔式避雷器，运行维护方便。（　）

276．FZN12-40.5 型开关柜断路器与三工位隔离刀闸之间没有强制机械闭锁的"五防"联锁机构。（　）

277．手车式开关柜的断路器，手车在接地开关合闸位置时可自由移动。（　）

278．高压开关柜传感器损坏的常见故障原因为内部高压电容击穿。（　）

279．对高压开关柜巡视检查时，必须检查所挂标示牌的内容是否与现场相符。（　）

280．目前，某些开关柜的接地桩头不在柜外，所以巡视检查高压开关柜时可不检查接地是否良好。（　）

281．箱式变电站所使用的变压器一般采用 S11 型及以上节能型变压器。（　）

282．组合式（美式）箱变因变压器与箱变外壳为一个整体，所以调整变压器容量（增容或减容）比较困难。（　）

283．RN1 型高压熔断器一般不装设熔丝熔断指示器。（　）

三、多选题

1．交流电路中，电弧电流瞬时过零时电弧消失，此后若触头间（　），则电弧将重燃。

　　A．介质击穿电压＜恢复电压

　　B．介质击穿电压＝恢复电压

　　C．介质击穿电压＞恢复电压

　　D．以上答案皆不对

2．电路中负荷为（　）时，恢复电压不等于电源电压，不利于电弧熄灭。

　　A．电阻性负载

　　B．电感性负载

　　C．电容性负载

　　D．电阻性负载和电感性负载

3．触头间介质击穿电压大小与触头之间的（　）等因素有关。

　　A．温度　　　　　　　　　　B．离子浓度

C. 电源电压   D. 距离（电弧长度）

4. 触头间恢复电压大小与（ ）等因素有关。

   A. 电源电压   B. 介质击穿电压

   C. 负载性质   D. 电弧电流变化速率

5. 在开关电器中，气体吹动电弧的方法为横吹时，能（ ），其灭弧效果较好。

   A. 拉长电弧   B. 增大电弧冷却面积

   C. 带走大量带电质子   D. 使电流减小

6. 电弧与固体介质接触，固体介质能（ ），从而达到加速电弧熄灭的目的。

   A. 使电弧迅速冷却

   B. 金属蒸气大量在固体介质表面凝结

   C. 使电弧与空气隔绝

   D. 拉长电弧

7. 按高压断路器的安装地点分类可分为（ ）两种。

   A. 封闭式   B. 户内式   C. 防雨式   D. 户外式

8. 少油断路器具有（ ）等优点。

   A. 价格低

   B. 金属耗材量小

   C. 没有引起火灾与爆炸的危险

   D. 不需调试

9. 真空断路器虽然价格较高，但具有（ ）等突出优点。

   A. 体积小、重量轻   B. 噪音小

   C. 无可燃物   D. 维护工作量少

10. 真空断路器已成为（ ）3～35kV 电压等级中广泛使用的断路器。

   A. 发电厂   B. 变电所

   C. 高压用户变电所   D. 居民用电

11. 真空断路器一般采用整体式结构，由（ ）组成。

   A. 分、合闸电源蓄电池组   B. 一次电气部分

C．操作机构和底座 D．气体回收装置

12．真空灭弧室的绝缘外壳采用玻璃材料制作时，它的主要优点有（ ）等。

A．容易加工、易于与金属封接

B．有一定的机械强度

C．抗冲击机械强度高

D．透明性好

13．真空灭弧室按用途可分为（ ）真空灭弧室等。

A．断路器用 B．负荷开关用

C．接触器用 D．特殊用途

14．真空断路器的触头结构一般有（ ）。

A．梅花触头 B．圆柱形触头

C．纵向磁场触头 D．横向磁场触头

15．真空灭弧室的屏蔽筒一般采用（ ）等金属材料制成圆筒。

A．磁钢 B．无氧铜

C．不锈钢 D．电工纯铁

16．大电流真空灭弧室的触头，在设计时采取了在触头间施加（ ）措施，从而实现真空灭弧室开断大电流的功能。

A．横向磁场 B．气吹装置

C．纵向磁场 D．气体回收装置

17．常温常压下 SF_6 气体是一种无色、无味、（ ）对电气设备不腐蚀的气体。

A．有毒 B．无毒 C．不可燃 D．易液化

18．六氟化硫（SF_6）断路器具有（ ）等优点。

Λ．体积小 B．价格低

C．灭弧性能强 D．不自燃

19．为了保证六氟化硫（SF_6）断路器安全运行，保证运行和检修人员安全，六氟化硫（SF_6）断路器要有（ ）。

A．气体含水量检测系统 B．压力监视系统

C．净化系统 D．低氟化合物还原装置

20. 六氟化硫（SF_6）气体分解的某些成分，如低氟化合物和低氟氧化物有严重（　　）。

    A. 腐蚀性　　　B. 可燃性　　　C. 毒性　　　　D. 惰性

21. 六氟化硫（SF_6）断路器具有（　　）等缺点。

    A. 体积大　　　　　　　　　B. 结构复杂

    C. 制造工艺要求高　　　　　D. 价格昂贵

22. 罐式六氟化硫（SF_6）断路器的特点是（　　），可以加装电流互感器。

    A. 设备重心低　　　　　　　B. 设备重心高

    C. 结构稳固　　　　　　　　D. 抗震性好

23. 由于罐式六氟化硫（SF_6）断路器（　　），所以它的应用范围受到限制。

    A. 耗材量大

    B. 制造工艺要求高

    C. 系列化产品少

    D. 对安装环境的适应能力差

24. 断路器的操作机构是用来控制断路器（　　）的设备。

    A. 分闸　　　　　　　　　　B. 合闸

    C. 维持分闸状态　　　　　　D. 维持合闸状态

25. 对断路器的操作机构的基本要求中，要求操作机构具有（　　）的性能。

    A. 不受操作指令控制　　　　B. 动作快

    C. 不拒动　　　　　　　　　D. 不误动

26. 永磁操作机构具有（　　）等优点。

    A. 结构简单　　　　　　　　B. 可靠性高

    C. 价格低　　　　　　　　　D. 耐磨损、机械寿命长

27. 弹簧储能操作机构的优点是对合闸电源要求不高，可使用（　　）。

    A. 小容量交流电源　　　　　B. 大容量交流电源

    C. 小容量直流电源　　　　　D. 大容量直流电源

28. 液压操作机构有（　）等缺点。

　　A. 噪声大　　　　　　　　　　B. 价格昂贵

　　C. 运行维护工作量大　　　　　D. 体积大

29.（　）或（　）的高压断路器必须定期进行巡视检查。

　　A. 安装过程中　　　　　　　　B. 投入运行

　　C. 处于备用状态　　　　　　　D. 检修中

30. 巡视检查油断路器时，对涉及绝缘油的巡视检查项目包括（　）等。

　　A. 油中的水分　　　　　　　　B. 油位

　　C. 有无渗漏油　　　　　　　　D. 油色透明、有无游离碳

31. 巡视检查真空断路器时，支持绝缘子应无裂痕和放电声，（　）洁净。

　　A. 绝缘杆　　　　　　　　　　B. 绝缘挡板

　　C. 机械传动装置　　　　　　　D. 绝缘子

32. 运行中设备在（　）应进行特殊巡视。

　　A. 处于冷备用状态时　　　　　B. 雷雨过后

　　C. 故障处理恢复送电后　　　　D. 负荷电流特别小时

33. 六氟化硫（SF_6）断路器发生（　）等事故，值班人员接近设备时应谨慎，必要时要戴防毒面具，穿防护服。

　　A. 故障掉闸　　　　　　　　　B. 低气压闭锁装置动作

　　C. 意外爆炸　　　　　　　　　D. 严重漏气

34. 隔离开关的主要作用包括（　）等。

　　A. 隔离电源　　　　　　　　　B. 拉合负荷电流

　　C. 倒闸操作　　　　　　　　　D. 拉合小电流电路

35. 隔离开关在电气设备检修时，应将停电检修设备（　），以保证检修时工作人员和设备安全。

　　A. 与磁场隔离　　　　　　　　B. 与电源隔离

　　C. 形成可见明显断开点　　　　D. 与电弧隔离

36. 隔离开关按每相支柱绝缘子的数目分类可分为（　）等。

　　A. 五柱式　　B. 双柱式　　C. 单柱式　　D. 三柱式

37. 隔离开关按操作特点分类可分为（　　）。

    A. 单极式　　B. 三极式　　C. 电动式　　D. 双极式

38. 隔离开关按有无接地刀闸分类可分为（　　）。

    A. 金属支架无接地装置　　　　B. 带接地刀闸

    C. 无接地刀闸　　　　　　　　D. 金属支架带接地装置

39. GN19-12CST 型双掷隔离开关的三个工位是（　　）。

    A. 上触头合闸—下触头合闸

    B. 上触头分闸—下触头合闸

    C. 上触头合闸—下触头分闸

    D. 上触头分闸—下触头分闸（即分闸状态）

40. GW5-35 系列隔离开关与 GW4-35 系列隔离开关相比有（　　）的优点。

    A. 重量轻　　　　　　　　　　B. 占用空间大

    C. 重量重　　　　　　　　　　D. 占用空间小

41. 隔离开关的操作机构一般有（　　）等。

    A. 手动操作机构　　　　　　　B. 电磁操作机构

    C. 电动操作机构　　　　　　　D. 液压操作机构

42. 隔离开关手动操作机构具有（　　）等优点。

    A. 结构简单　　　　　　　　　B. 工作可靠

    C. 价格低廉　　　　　　　　　D. 不需要维护保养

43. 隔离开关电动操作机构与手动操作机构相比较，有（　　）等不同点。

    A. 结构复杂　　　　　　　　　B. 价格贵

    C. 操作功率大　　　　　　　　D. 可实现远方操作

44. 隔离开关的操作机构巡视检查时，应检查（　　）等内容。

    A. 操作机构箱箱门开启灵活，关闭紧密

    B. 操作手柄位置与运行状态相符

    C. 闭锁机构正常

    D. 分、合闸指示正确

45. 运行中隔离开关传动部分巡视检查时，应检查（　　）等项目。

　A．传动部分结构是否合理　　B．无扭曲变形

　C．轴销应不松动脱落　　　D．使用材料是否合格

46. 运行中隔离开关刀闸部分巡视检查时，应检查（　）等
项目。

　A．三相动触头位置与运行状态相符

　B．分闸时三相动触头应在同一平面，角度一致

　C．合闸时动、静触头接触良好，三相接触面一致

　D．灭弧装置完好无损

47. 运行中的隔离开关电气连接部分巡视检查时，应检查（　）
等内容。

　A．桩头接触良好

　B．无发热现象

　C．所使用的连接材料规范正确

　D．连接工艺良好

48. 运行中隔离开关绝缘部分巡视检查时，应检查（　）等
项目。

　A．户外设备无雨淋痕迹

　B．绝缘完好无损

　C．无闪络放电痕迹

　D．爬电距离是否符合规程要求

49. 负荷开关按灭弧方式及灭弧介质分类可分为（　）负荷开
关等。

　A．油浸式　　B．产气式　　C．压气式　　D．真空

　E．六氟化硫（SF_6）

50. BFN2 系列压气式负荷开关可用于（　）等场所。

　A．供电部门大型变电站出线

　B．城网终端变电站

　C．农网终端变电站

　D．箱式变电站

51. BFN1 系列负荷开关因电弧在钟形绝缘罩内熄灭，燃弧时的游离气体不会导致（ ）绝缘强度的降低。

    A. 相对地   B. 相与相之间
    C. 钟形绝缘罩内部   D. 以上答案均不对

52. BFN1 系列压气式负荷开关具有（ ）等优点。

    A. 电寿命长   B. 维修容易
    C. 操作方便   D. 运行可靠

53. VBFN 系列真空负荷开关广泛使用于（ ）等场所。

    A. 工矿企业   B. 供电部门大型变电站
    C. 城市大楼配电站   D. 大型变压器控制

54. VBFN 系列高压真空负荷开关集（ ）于一体。

    A. 隔离开关 B. 负荷开关 C. 接地开关 D. 断路器

55. VBFN 系列真空负荷开关具有（ ）等优点。

    A. 不需要"五防"联锁   B. 结构紧凑
    C. 体积小   D. 不需要维护保养

56. FL（R）N36-12D 型负荷开关可用于（ ）电器设备的控制和保护。

    A. 工矿企业   B. 民用供电
    C. 供电部门的一次变电所   D. 二次变电所

57. FL（R）N36-12D 型负荷开关正向操作面上主要有（ ）等。

    A. 位置指示   B. 负荷开关操作孔
    C. 接地开关操作孔   D. 继电保护装置

58. FL（R）N36-12D 型负荷开关操作方式有（ ）等。

    A. 现场手动操作   B. 远方手动操作
    C. 远方电动操作   D. 现场电动操作

59. FL（R）N36-12D 型负荷开关的维护保养包括对开关本体（ ）。

    A. 解体大修

    B. 适当的外观检查

    C. 对污秽和受潮表面予以清除

D. 继电保护定值的整定

60. 六氟化硫（SF₆）负荷开关的补气工作应（　　）或生产服务人员进行。

A. 使用专用设备

B. 由值班人员

C. 由受过专业培训人员

D. 有权巡视高压室的巡视人员

61. 交流高压真空接触器—熔断器组合电器具有对电器设备的（　　）功能。

A. 在继电保护作用下切除短路故障

B. 控制

C. 保护

D. 防止电器设备发生故障

62. 交流高压真空接触器的自保持方式有（　　）。

A. 机械保持方式

B. 动、静触头自锁自保持方式

C. 电磁保持方式

D. 手动保持方式

63. 高压熔断器在通过（　　）时熔断器起到保护电器设备的作用。

A. 负荷电流 　　　　　　　　B. 短路电流

C. 严重过负荷电流 　　　　　D. 变压器空载电流

64. 高压熔断器按熔管安装方式可分为（　　）。

A. 插入式 　　　　　　　　　B. 固定安装式

C. 跌落式 　　　　　　　　　D. 户内式

65. 高压熔断器按工作特性可分为（　　）。

A. 电动机保护用 　　　　　　B. 限流式

C. 非限流式 　　　　　　　　D. 户内式

66. 高压熔断器按保护特性可分为（　　）等限流式熔断器。

A. 电动机用 　　　　　　　　B. 变压器用

C. 电压互感器用　　　　　D. 电流互感器用

67. 按熔断器撞击器动作能量的取得方式可分为（　）撞击器。

A. 弹簧式　　B. 压气式　　C. 火药式　　D. 吹气式

68. 高压熔断器的熔体材料一般采用（　）等合金材料制成。

A. 银　　　　B. 铜　　　　C. 铬　　　　D. 康铜

69. 高压熔断器的撞击器可与（　）的分闸机构联动，在熔丝熔断后实施分闸。

A. 断路器　　　　　　　　B. 负荷开关

C. 高压交流接触器　　　　D. 隔离开关

70. RW4-10 系列熔断器的消弧管有（　）等作用。

A. 熔丝熔断时产生大量气体帮助灭弧

B. 增强熔管绝缘水平

C. 在电弧与环氧玻璃钢熔管间起隔离作用

D. 增强环氧玻璃钢熔管绝缘水平

71. PRW10-12F 型熔断器可用于 10kV 系统线路及变压器的（　）保护。

A. 故障电流　　B. 过电压　　C. 过载电流　　D. 欠电压

72. PRW10-12F 熔断器具有（　）的功能。

A. RW4-10 型熔断器基本保护性能

B. 分、合额定负荷电流

C. 分、合短路电流

D. 防止过电压

73. PRW10-12F 熔断器的熔丝上套装辅助消弧管，合理地解决了开断（　）与（　）的矛盾。

A. 短路电流　　　　　　　B. 额定电流

C. 下限开断电流　　　　　D. 额定开断电流

74. PRW10-12F 熔断器的弹簧翻板有（　）的作用。

A. 使熔断器接触良好

B. 在熔丝熔断时迅速拉长电弧

C. 有利于电弧熄灭

D. 加快灭弧触头分离速度

75. RXW-35 型熔断器主要有（ ）等部分组成。

    A. 瓷套　　　　　　　　　　B. 熔管

    C. 棒形支持绝缘子　　　　　D. 接线端帽

76. 高压电容器按其功能可分为（ ）等。

    A. 移相（并联）电容器　　　B. 串联电容器

    C. 耦合电容器　　　　　　　D. 脉冲电容器

77. 高压电容器主要由（ ）等元件组成。

    A. 出线瓷套管　　　　　　　B. 放电显示器

    C. 电容元件组　　　　　　　D. 外壳

78. 电容器金属外壳应有明显接地标志，其（ ）应共同接地。

    A. 外壳　　　　　　　　　　B. 金属构架

    C. 熔断器　　　　　　　　　D. 隔离开关

79. 电容器安装场所的（ ）应符合规程要求。

    A. 建筑结构　　　　　　　　B. 建筑外装饰

    C. 通风设施　　　　　　　　D. 建筑内装饰

80. 新装电容器投运前，电容器组的继电保护装置应经校验合格，且（ ）。

    A. 处于停运位置　　　　　　B. 定值正确

    C. 处于投运位置　　　　　　D. 投运后进行定值整定

81. 正常情况下，高压电容器组的投入或退出运行应根据（ ）等情况确定。

    A. 系统无功潮流　　　　　　B. 负荷功率因素

    C. 负荷电流　　　　　　　　D. 系统电压

82. 常见的高压电容器产生渗漏油的原因有（ ）等。

    A. 外壳机械损伤　　　　　　B. 保养不当

    C. 温度急剧变化　　　　　　D. 内部局部放电

83. 对运行中的高压电容器巡视检查项目包括（ ）等。

    A. 电容器的铭牌是否与设计相符

    B. 电容器外壳是否膨胀

C. 电容器是否有喷油、渗漏现象

D. 电容器的接线正确

84. 一般常见的高压电容器外壳膨胀的原因有（　　）等。

A. 机械损伤

B. 内部局部放电或过电压

C. 已超过使用期限

D. 电容器本身存在质量问题

85. 当高压电容器组发生下列情况之一时，应立即退出运行：（　　）。

A. 电容器爆炸

B. 电容器喷油或起火

C. 套管发生严重放电、闪络

D. 接点严重过热或熔化

E. 电容器内部或放电设备有严重异常响声

F. 长期过电压

86. 一般常见的高压电容器内部发出"滋滋"或"咕咕"异声的原因有（　　）等。

A. 电容器内部有局部放电

B. 温度剧烈变化

C. 电容器内部绝缘老化，即将断裂

D. 接头螺丝松动

87. 下列属于高压电力电容器常见故障有（　　）。

A. 电容器过负荷

B. 单台电容器内部极间短路

C. 电容器组与断路器之间连线短路

D. 电容器组失压

88. 高压成套装置高压线路出线单元按电气主结线的要求，将断路器等一次设备及（　　）等设备集中装配在一个整体柜内。

A. 保护　　　　　　　　　B. 控制

C. 测量　　　　　　　　　D. 直流操作电源蓄电池组

89. 高压成套配电装置电气主结线的要求：将各个单元的（ ）等一次及保护控制、测量等设备装配在一个整体内。

    A. 断路器   B. 隔离开关

    C. 电流互感器   D. 电压互感器

90. 高压成套装置广泛应用于（ ）等场所。

    A. 航天器   B. 发电厂   C. 变电所   D. 配电所

91. 高压成套装置具有（ ）等优点。

    A. 结构紧凑

    B. 价格便宜

    C. 占地面积小

    D. 不需要按电气主结线进行选择

92. 高压成套装置按额定工作电压可分为（ ）成套配电装置。

    A. 高压   B. 低压   C. 特高电压   D. 中压

93. 高压开关柜的"五防"联锁常采用的闭锁方式有（ ）。

    A. 强制性机械闭锁   B. 压力闭锁

    C. 电磁闭锁   D. 温度闭锁

94. 高压开关柜的"五防"联锁功能中包括（ ）等联锁功能。

    A. 防断路器自动跳闸

    B. 防带电挂接地线或合接地刀闸

    C. 防带接地线（或接地刀闸）合断路器

    D. 防误入带电间隔

95. KYN28-10 型开关柜小车室右侧轨道上设有（ ）。

    A. 小车运动横向限位装置

    B. 小车的接地装置

    C. 防止小车滑脱的限位装置

    D. 开、合主回路触头盒遮挡帘板的机构

96. KYN28-10 型开关柜小车室左侧轨道上设有（ ）。

    A. 开、合主回路触头盒遮挡帘板的机构

    B. 小车的接地装置

    C. 小车运动横向限位装置

D. 防止小车滑脱的限位装置

97. 小车室与主母线室和电缆室的隔板上安装的主回路静触头盒有（　　）的作用。

A. 保证各功能小室的隔离　　B. 作为静触头的支持物

C. 作为动触头的支持物　　　D. 作为小车的支持物

98. 高压成套装置按断路器的安装方式可分为（　　）。

A. 固定式　　　　　　　　　B. 户内式

C. 手车（移开）式　　　　　D. 户外式

99. XGN-10型开关柜具有（　　）等特点。

A. 工作安全可靠　　　　　　B. 操作简单

C. 运行维护检修方便　　　　D. 适用面广

100. XGN-10型开关柜采用的断路器（主开关）、隔离开关与柜门的强制机械闭锁方式具有（　　）等特点。

A. 结构简单合理　　　　　　B. 结构复杂合理

C. 操作方便　　　　　　　　D. 能满足"五防"要求

101. XGN-10型开关柜，当闭锁机构允许打开柜门时，打开前、后柜门的操作顺序是（　　）。

A. 先打开前柜门　　　　　　B. 先打开后柜门

C. 后打开前柜门　　　　　　D. 后打开后柜门

102. RGCC电缆开关标准单元中一次设备有（　　）等。

A. 断路器　　　　　　　　　B. 熔断器

C. 隔离开关　　　　　　　　D. 接地开关

103. FZN12-40.5型开关柜的隔离刀闸具有（　　）三个工作位置。

A. 关合（合闸）　　　　　　B. 分、合闸闭锁

C. 分闸　　　　　　　　　　D. 接地

104. RGCF型负荷开关—熔断器单元开关柜中标准单元配置的一次设备有（　　）等。

A. 断路器　　　　　　　　　B. 负荷开关

C. 熔断器　　　　　　　　　D. 接地开关

105. 环网供电一般适用于（　）等交流 10kV 配电系统。

A. 对供电可靠性要求特别高的军事、政治中心

B. 工矿企业

C. 住宅小区、高层建筑

D. 港口

106. HXGH1-10 型环网柜的断路器室，一般自上而下安装（　）等电器。

A. 负荷开关和熔断器　　　B. 电流互感器

C. 避雷器　　　　　　　　D. 带电显示器和电缆头

107. HXGH1-10 型环网柜设有独立的仪表室，仪表室内一般装设有（　）等电器元件。

A. 电压表、电流表　　　　B. 换向开关

C. 指示器和操作元件　　　D. 峰谷电能表

108. 环网柜终端柜除满足各项电气性能要求外，应设置必要的（　）等装置。

A. 过电压保护（避雷器）　B. GN 系列隔离开关

C. 继电保护（熔断器）　　D. 防火装置

109. SM6 型环网终端柜可按需求选择各功能单元，并可加装（　）等功能元件。

A. 接地刀闸　　　　　　　B. 避雷器

C. 电流互感器　　　　　　D. 熔断器

E. 电压互感器

110. FZN12-40.5 型开关柜具有（　）等优点。

A. 体积小　　　　　　　　B. 不需要运行管理

C. 受周围环境条件影响小　D. 价格低

111. FZN12-40.5 型开关柜的气室设置有（　），确保故障时的安全性。

A. 防火装置　　　　　　　B. 防爆装置

C. 压力释放通道　　　　　D. 温度控制装置

112. 手车式开关柜的断路器手车常见故障有（　）等。

A. 断路器手车在试验位置时摇不进

B. 断路器手车在工作位置时摇不出

C. 断路器手车在工作位置定位状态时，断路分闸后，手车可以摇出

D. 断路器在合闸状态时，手车不能移动

113. 手车式开关柜的断路器手车在试验位置时摇不进的故障原因可能有（ ）等。

A. 断路器在合闸状态

B. 接地开关在合闸位置

C. 接地开关操作孔处的操作舌片未回复至接地开关分闸时应处位置

D. 断路器室活门工作不正常

114. 由于断路器室活门工作不正常，使手车不能摇进，故障的一般处理方法有（ ）等。

A. 检查提门机构有无变形，如变形则进行整形

B. 检查提门机构有无卡涩，如卡涩则清除卡涩点

C. 检查断路器室内活门动作是否正常

D. 检查推进摇把是否变形

115. 手车式开关柜的断路器手车在工作位置时摇不出的故障原因可能有（ ）等。

A. 断路器在合闸状态　　　B. 断路器在分闸状态

C. 手车底盘机构卡死　　　D. 合闸线圈烧坏

116. 由于分闸线圈断线、烧坏而使断路器不能分闸的故障处理方法有（ ）等。

A. 检测分闸线圈两端的电压是否太高

B. 调整分闸线圈两端电源电压至合格电压

C. 更换分闸线圈

D. 检查分闸机构的机械部分有无卡涩现象

117. 手车式开关柜接地开关无法操作合闸的故障原因可能有（ ）等。

A. 电缆侧带电，操作舌片不能按下

B. 接地开关闭锁电磁铁不动作，舌片不能按下

C. 电缆室门未关好

D. 隔离开关未拉开

118. 对高压开关柜巡视检查时应检查开关柜（ ）等。

A. 有电显示装置显示是否正确

B. 断路器动静触头接触是否良好

C. 开关柜内照明灯是否正常

D. 排气活门是否打开

119. 对高压开关柜巡视检查时应检查（ ）等。

A. 母线各连接点是否正常

B. 支持绝缘体是否完好无损

C. 六氟化硫（SF_6）断路器气体含水量是否正常

D. 真空灭弧室"真空度"是否达标

120. 高压开关柜巡视检查项目包括（ ）分、合闸位置是否与运行工况状态相符，操作电源工作是否正常。

A. 刀闸　　　　　　　　B. 断路器

C. 继电器触点　　　　　D. 接地刀闸

121. 高压开关柜巡视检查项目包括（ ）等。

A. 电容器柜放电装置工作是否正常

B. 断路器安装位置是否合适

C. 功能转换开关位置是否正确

D. 电容器组结线方式是否合理

122. 高压开关柜巡视检查项目包括检查柜内电气设备是否（ ），电缆头运行正常。

A. 与铭牌不符　　　　　B. 有异声

C. 有异味　　　　　　　D. 温度达标

123. 高压开关柜巡视检查时应检查开关柜整洁无锈蚀，（ ）等标示标志清晰完整、位置正确。

A. 编号　　　　　　　　B. 名称

　　C．交通标志　　　　　　　　D．禁烟标志

124．高压开关柜的常见故障还有（　　）等。

　　A．接地开关无法合闸　　　　B．传感器损坏

　　C．带电显示器损坏　　　　　D．柜体变形

125．箱式变电站的低压控制和保护设备一般有（　　）等。

　　A．空气断路器（开关）

　　B．刀闸（隔离）开关

　　C．熔断器和低压避雷器

　　D．六氟化硫（SF_6）负荷开关

126．在城市干道实现电缆化配电系统中，箱式变电站是（　　）的配电设备之一。

　　A．经济　　　　　　　　　　B．方便

　　C．有效　　　　　　　　　　D．适合大容量

127．按结构分，箱式变电站一般可分为（　　）箱式变电站。

　　A．组合式（美式）　　　　　B．开启式

　　C．预装式（欧式）　　　　　D．封闭式

128．组合式箱式变电站变压器油箱中，一般设有（　　）等高压控制和保护电器。

　　A．断路器　　　　　　　　　B．负荷开关

　　C．主保护熔断器　　　　　　D．后备保护熔断器

129．预装式（欧式）箱式变电站一般有（　　）等部分组成。

　　A．高压室　　　　　　　　　B．变压器室

　　C．低压室　　　　　　　　　D．电能计量室

130．值班人员若发现设备有威胁电网安全运行且不停电难以消除的缺陷时，应及时报告上级领导，同时向（　　）和（　　）报告，申请停电处理。

　　A．供电部门　　　　　　　　B．调度部门

　　C．电力监管部门　　　　　　D．行政主管部门

四、案例分析及计算题

1．六氟化硫（SF_6）断路器中六氟化硫（SF_6）气体含水量过多，

会造成（　　），容易引起设备事故。

    A．水分凝结

    B．浸润绝缘部件表面

    C．绝缘强度下降

    D．六氟化硫（SF_6）气室气压下降

    E．在电弧作用下六氟化硫（SF_6）气体分解出有腐蚀性和有毒低氟化合物

2．断路器常见故障有（　　）等。

    A．断路器不能合闸

    B．断路器不能分闸

    C．断路器在继电保护装置发出故障分闸指令后拒动

    D．接地开关合闸时，断路器不能合闸

3．隔离开关的巡视检查项目包括（　　）等。

    A．操作手柄位置与运行状态是否相符，闭锁机构是否正常

    B．绝缘部分应完好无损，无破损及闪络放电痕迹

    C．各连接桩头接触良好，无发热现象

    D．分闸时三相触头应在同一平面

    E．加热器正常完好

4．高压负荷开关在额定电压下可接通或断开（　　）。

    A．短路电流　　　　　　　　B．变压器空载电流

    C．正常负荷电流　　　　　　D．过负荷电流

5．当使用 FN5-10R/400 型负荷开关时，如果要达到对变压器过载保护的目的，则熔断器的额定电流要以（　　）进行选择。

    A．负荷开关额定电压　　　　B．计算负荷电流

    C．短路电流　　　　　　　　D．变压器额定电流

6．BFN2 系列压气式负荷开关—熔断器组合电器，可作为（　　）等电力设备的控制和保护电器。

    A．变压器　　　B．电缆　　　C．架空线路　D．发电机

7．交流高压真空接触器主要由真空开关管（真空灭弧室）、（　　）等部件组成。

    A．操作机构　　　　　　　　B．控制电磁铁

    C．电源模块　　　　　　　　D．继电保护装置

8．交流高压真空接触器广泛应用于（　　）等领域电气设备的控制，尤其适合需要频繁操作的场所。

    A．工矿企业　　　　　　　　B．服务业

    C．海运　　　　　　　　　　D．居民生活用电

9．高压熔断器在 3～35kV 系统中可用于保护（　　）及电压互感器等。

    A．调相机　　　B．线路　　　C．变压器　　　D．电动机

10．PRW10-12F 型熔断器合闸操作时必须合闸到位，使工作触头良好接触，否则负荷电流经消弧触头构成回路，引起熔断器的（　　）事故。

    A．工作触头烧毁　　　　　　B．消弧触头发热烧坏

    C．消弧罩熔化或燃烧　　　　D．消弧管烧毁

11．PRW10-12F 型熔断器安装结束时应检查（　　）以确保可靠运行。

    A．各部位螺钉是否拧紧

    B．各转动部分灵活、可靠

    C．分、合闸操作时各部位动作正确、可靠

    D．合闸时工作触头接触良好

12．装设电容器的周围环境应（　　）。

    A．无易燃易爆危险　　　　　B．无剧烈冲击和震动

    C．无噪声　　　　　　　　　D．无异味

13．常见的高压电容器发生爆炸的原因包括（　　）等。

    A．电容器内部局部放电

    B．电容器内部相间短路

    C．电容器内部发生相对外壳击穿

    D．温度急剧变化

14．在变（配）电所内高压成套装置的断路器功能单元（柜）内，一般装设有（　　）等一次电器设备。

  A．断路器   B．接地开关

  C．熔断器   D．电流互感器

  E．电压互感器

15．高压开关柜的"五防"联锁功能是指（　）。

  A．防误分、合断路器

  B．防带负荷拉、合隔离开关

  C．防带电挂接地线或合接地刀闸

  D．防带接地线（或接地刀闸）合断路器

  E．防继电保护误动

  F．防误入带电间隔

16．高压成套配电装置按其结构特点可分为（　）等。

  A．金属封闭式   B．金属开启式

  C．金属封闭铠装式   D．金属封闭箱式

  E．SF$_6$封闭组合电器

17．隔离小车与断路器的联锁是（　）。

  A．断路器在分闸状态时，隔离小车不能进行推、拉移动

  B．断路器在合闸状态时，隔离小车不能进行推、拉移动

  C．隔离小车的推、拉移动不受断路器分、合闸位置的
   控制

  D．隔离小车推、拉移动时，断路器不能合闸

18．KYN28-10 系列高压开关柜为防止误操作，设置了以下联
锁装置：（　）。

  A．小车推进装置与断路器联锁

  B．隔离开关与断路器联锁

  C．小车与接地开关联锁

  D．隔离小车与断路器联锁

19．KYN28-10 系列高压开关柜小车与接地开关的联锁包括
（　）。

  A．接地开关处于分闸位置时，不允许小车由试验位置的
   定位状态转变为移动状态

B. 接地开关处于合闸位置时，不允许小车进入移动状态

C. 小车进入移动状态后联锁机构立即将接地开关操作摇把插孔封闭

D. 接地开关摇把未取下时，不允许小车进入移动状态

20. XGN-10 型开关柜的主母线结线方式有（　　）。

  A. 单母线方式   B. 单母线带旁路母线方式

  C. 桥式结线方式   D. 双母线方式

21. XGN-10 型开关柜的"五防"联锁采用（　　）与柜门的强制性机械闭锁方式。

  A. 主开关（断路器）   B. 隔离开关

  C. 熔断器   D. 接地开关

22. RGC 系列开关柜通过观察窗可见的隔离开关三工位是指（　　）。

  A. 关合   B. 隔离

  C. 接地   D. 分闸准备

23. RGC 型开关柜包括 7 种标准单元，其中（　　）是标准单元。

  A. 电缆开关单元

  B. 负荷开关熔断器组合单元

  C. 断路器单元

  D. 负荷开关母线分段或断路器母联单元

  E. 空气绝缘测量单元

24. RGCM 空气绝缘计量单元一般用于计量的一次设备有（　　）等。

  A. 2 只电流互感器   B. 3 只电流互感器

  C. 2 只电压互感器   D. 3 只电压互感器

25. FZN12-40.5 型开关柜配备电缆试验插座，电缆试验时只需分开（　　），利用电缆试验插座即可对电缆进行试验。

  A. 断路器   B. 隔离开关

  C. 主母线   D. 拔下电缆头

26. FZN12-40.5 型六氟化硫（SF_6）气体绝缘开关柜，因一次

导电部分全部密封在六氟化硫（SF$_6$）气室中，所以在（　　）的环境中使用有较好的适应性。

  A．高海拔   B．环境污染严重

  C．有明火或高温辐射 D．潮湿

27．目前高压配电设备性能结构上已向（　　）方向迅速发展。

  A．小型化   B．低能耗

  C．全封闭、全绝缘   D．智能化、多功能

  E．模块化和功能单元通用性

28．目前高压配电设备使用性能上向（　　）方向发展。

  A．长寿命   B．安装使用方便

  C．免维护   D．不需要电气试验

29．目前高压配电设备由于广泛采用了新技术、新材料、新工艺，提高了供电的（　　）等性能。

  A．安全性 B．可靠性 C．经济性 D．实用性

30．断路器不能合闸的常见故障一般有（　　）等。

  A．手车式开关柜手车未到达确定的定位位置

  B．二次回路接线松动接触不良或断线

  C．合闸电压太低

  D．闭锁线圈或合闸线圈断线或烧坏

  E．分闸线圈断线、烧坏

31．由于分闸电源电压太低而使断路器不能分闸的故障处理方法有（　　）等。

  A．检测分闸线圈两端的电压是否太低

  B．检查合闸线圈两端的电压是否太低

  C．调整分闸线圈两端的电压至合格电压

  D．更换分闸线圈

32．由于分闸线圈断线、烧坏而使断路器不能分闸的故障处理方法有（　　）等。

  A．检测分闸线圈两端的电压是否太高

  B．调整分闸线圈两端电源电压至合格电压

C. 更换分闸线圈

D. 检查分闸机构的机械部分有无卡涩现象

33. 断路器不能分闸的常见故障一般有（　　）等。

A. 二次回路松动接触不良或断线

B. 分闸电源电压太低

C. 合闸线圈断线或烧坏

D. 分闸线圈断线、烧坏

E. 合闸电压太低

34. 断路器闭锁线圈或合闸线圈断线、烧坏的故障处理方法有（　　）等。

A. 检测闭锁线圈或合闸线圈两端电压是否过高

B. 检测分闸线圈两端电压是否过高

C. 调换闭锁线圈或合闸线圈

D. 检查合闸机构的机械部分是否有卡涩现象

35. 对高压开关柜巡视检查时应检查（　　）等。

A. 柜上装置的元件、零部件完好无损

B. 继电保护装置工作正常

C. 柜顶排气盖板关闭良好

D. 开关柜接地装置是否良好

36. 箱式变电站的特点是将小型变电站的（　　）等组合在一起，在工厂内成套生产组装成箱式整体结构。

A. 高压电气设备　　　　　　B. 变压器

C. 低压控制设备　　　　　　D. 电气测量设备

37. 使用箱式变电站的优点有（　　）等。

A. 可使高压供电线路延伸到负荷中心

B. 减少低压供电半径、降低低压线损

C. 缩短现场施工周期

D. 投资少

E. 占地面积小

本 章 答 案

一、单选题

1. B	2. C	3. A	4. B	5. C
6. C	7. A	8. A	9. B	10. B
11. C	12. A	13. C	14. B	15. C
16. B	17. B	18. A	19. B	20. A
21. B	22. C	23. A	24. C	25. B
26. B	27. C	28. C	29. C	30. C
31. B	32. A	33. A	34. B	35. B
36. B	37. C	38. C	39. A	40. A
41. B	42. C	43. C	44. B	45. C
46. A	47. C	48. A	49. B	50. A
51. C	52. B	53. B	54. A	55. C
56. B	57. C	58. C	59. C	60. C
61. D	62. C	63. A	64. B	65. B
66. A	67. B	68. C	69. A	70. B
71. C	72. B	73. C	74. B	75. A
76. B	77. B	78. C	79. B	80. A
81. C	82. C	83. C	84. A	85. A
86. A	87. B	88. C	89. A	90. C
91. C	92. C	93. C	94. A	95. A
96. B	97. B	98. A	99. B	100. B
101. B	102. B	103. C	104. C	105. C
106. C	107. A	108. A	109. A	110. A
111. B	112. C	113. C	114. B	115. B
116. A	117. B	118. C	119. B	120. B
121. B	122. B	123. A	124. A	125. A
126. C	127. B	128. C	129. B	130. C

131. B	132. A	133. C	134. B	135. C
136. A	137. A	138. B	139. C	140. B
141. C	142. A	143. B	144. B	145. D
146. C	147. B	148. B	149. C	150. A
151. B	152. A	153. A	154. B	155. C
156. B	157. C	158. B	159. B	160. C
161. C	162. A	163. A	164. B	165. A
166. C	167. B	168. A	169. C	170. B
171. B	172. A	173. A	174. B	175. A
176. A	177. B	178. A	179. C	180. C
181. B	182. C	183. B	184. A	185. A
186. B	187. B	188. C	189. B	190. C
191. A	192. C	193. B	194. C	195. C
196. A	197. C	198. C	199. B	200. A
201. B	202. A	203. A	204. A	205. C
206. A	207. A	208. C	209. B	210. D
211. A	212. A	213. A	214. A	215. C
216. A	217. C	218. B	219. A	220. B
221. A	222. C	223. C	224. C	225. C
226. B	227. B	228. C	229. B	230. C
231. B	232. A	233. A	234. C	235. C
236. A	237. C	238. C	239. D	240. B
241. B	242. A	243. B	244. C	245. B
246. C	247. A	248. C	249. A	250. B
251. C	252. A	253. B	254. A	255. A
256. C	257. C	258. A	259. A	260. A
261. B	262. C	263. A	264. C	265. B
266. C	267. A	268. B	269. B	270. B
271. B	272. A	273. B	274. A	275. C
276. C	277. B	278. A	279. C	280. C

281. A	282. C	283. B	284. B	285. B
286. A	287. C	288. A	289. B	290. B
291. C	292. B	293. A	294. B	295. B
296. B	297. C	298. C	299. B	300. A
301. A	302. B	303. C	304. A	305. C
306. C	307. C	308. B	309. A	310. A
311. A	312. C	313. A	314. B	315. A
316. B	317. B	318. A	319. B	320. B
321. B	322. C	323. A	324. B	325. C
326. A	327. A	328. C	329. B	330. B
331. C	332. A	333. C	334. B	335. B

二、判断题

1. ×	2. ×	3. √	4. ×	5. √
6. √	7. ×	8. √	9. √	10. √
11. √	12. √	13. ×	14. ×	15. ×
16. ×	17. ×	18. √	19. ×	20. √
21. √	22. ×	23. ×	24. √	25. √
26. √	27. ×	28. √	29. ×	30. ×
31. ×	32. √	33. ×	34. √	35. ×
36. ×	37. √	38. √	39. ×	40. √
41. √	42. √	43. ×	44. ×	45. ×
46. √	47. ×	48. √	49. ×	50. ×
51. √	52. √	53. ×	54. ×	55. √
56. ×	57. ×	58. ×	59. ×	60. √
61. ×	62. ×	63. ×	64. √	65. ×
66. ×	67. ×	68. ×	69. ×	70. ×
71. √	72. √	73. ×	74. ×	75. ×
76. ×	77. √	78. √	79. √	80. √
81. √	82. ×	83. √	84. √	85. ×
86. √	87. √	88. ×	89. ×	90. ×

91. ×	92. ×	93. √	94. ×	95. √
96. √	97. ×	98. ×	99. ×	100. ×
101. ×	102. ×	103. √	104. √	105. ×
106. ×	107. √	108. ×	109. √	110. √
111. √	112. ×	113. ×	114. √	115. ×
116. ×	117. ×	118. √	119. √	120. ×
121. ×	122. ×	123. √	124. ×	125. √
126. √	127. √	128. ×	129. ×	130. ×
131. √	132. √	133. √	134. ×	135. √
136. ×	137. √	138. √	139. √	140. ×
141. √	142. √	143. ×	144. √	145. √
146. √	147. √	148. √	149. √	150. ×
151. √	152. ×	153. √	154. √	155. √
156. ×	157. ×	158. √	159. √	160. √
161. √	162. ×	163. ×	164. ×	165. ×
166. ×	167. ×	168. √	169. ×	170. ×
171. ×	172. ×	173. √	174. ×	175. ×
176. √	177. ×	178. ×	179. ×	180. √
181. √	182. √	183. ×	184. ×	185. √
186. ×	187. ×	188. ×	189. ×	190. √
191. √	192. ×	193. ×	194. ×	195. √
196. ×	197. ×	198. √	199. √	200. ×
201. ×	202. √	203. √	204. ×	205. √
206. ×	207. √	208. ×	209. ×	210. √
211. √	212. ×	213. √	214. √	215. √
216. ×	217. ×	218. √	219. ×	220. √
221. ×	222. √	223. √	224. ×	225. ×
226. ×	227. √	228. ×	229. √	230. √
231. ×	232. ×	233. √	234. √	235. ×
236. √	237. √	238. ×	239. ×	240. √

241. √	242. √	243. √	244. ×	245. √
246. √	247. ×	248. √	249. √	250. ×
251. ×	252. ×	253. ×	254. √	255. √
256. ×	257. √	258. ×	259. ×	260. √
261. √	262. ×	263. ×	264. √	265. ×
266. √	267. √	268. √	269. ×	270. √
271. √	272. ×	273. √	274. ×	275. √
276. ×	277. ×	278. √	279. √	280. ×
281. √	282. √	283. ×		

三、多选题

1. AB	2. BCD	3. ABD	4. ACD
5. ABC	6. AB	7. BD	8. AB
9. ABCD	10. ABC	11. BC	12. ABD
13. ABCD	14. CD	15. BCD	16. AC
17. BCD	18. ACD	19. BC	20. AC
21. CD	22. ACD	23. ABC	24. ABD
25. BCD	26. ABD	27. AC	28. BC
29. B，C	30. BCD	31. ABD	32. BC
33. CD	34. ACD	35. BC	36. BCD
37. AB	38. BC	39. BCD	40. AD
41. ACD	42. ABC	43. ABCD	44. BC
45. BC	46. ABC	47. AB	48. BC
49. ABCDE	50. BCD	51. AB	52. ABCD
53. AC	54. ABC	55. BC	56. ABD
57. ABC	58. AC	59. BC	60. AC
61. ABCD	62. AC	63. BC	64. AB
65. BC	66. AB	67. AC	68. ABD
69. BC	70. AC	71. AC	72. AB
73. B，C	74. BCD	75. ABCD	76. ABCD
77. ACD	78. AB	79. AC	80. BC

81. ABD	82. ABC	83. BC	84. BCD
85. ABCDE	86. AC	87. AB	88. ABC
89. ABCD	90. BCD	91. AC	92. AB
93. AC	94. BCD	95. BC	96. AC
97. AB	98. AC	99. ABCD	100. ACD
101. AD	102. AC	103. ACD	104. ABC
105. BCD	106. ABCD	107. ABC	108. AC
109. ABCDE	110. AC	111. BC	112. AB
113. ABCD	114. ABC	115. AC	116. ABCD
117. ABC	118. ACD	119. AB	120. AB
121. AC	122. BC	123. AB	124. ABC
125. ABC	126. ABC	127. AC	128. BC
129. ABCD	130. AB		

四、案例分析及计算题

1. ABCE	2. ABC	3. ABCD	4. C
5. BC	6. ABC	7. ABC	8. ABC
9. BCD	10. BC	11. AB	12. AB
13. BC	14. ACDE	15. ABCDF	16. ACDE
17. BD	18. ACD	19. BCD	20. AB
21. AB	22. ABC	23. ABCE	24. AC
25. AB	26. ABD	27. ABCDE	28. ABC
29. ABCD	30. ABCD	31. ACD	32. ABCD
33. ABD	34. ACD	35. ABD	36. ABCD
37. ABCDE			

第五章　高压电力线路

一、单选题

1. 输电线路输送容量大，送电距离远，线路电压等级高，是（　）。

  A. 高压配电线路　　　　　　B. 超高压输电线路

  C. 高压输电线路　　　　　　D. 电力网的骨干网架

2. 电力线路是电力网的主要组成部分，其作用是（　）电能。

  A. 变换和分配　　　　　　　B. 输送和分配

  C. 输送和消耗　　　　　　　D. 变换和分配

3. 架设在发电厂升压变电所与区域变电所之间的线路以及区域变电所与区域变电所之间的线路，称为（　）。

  A. 配电线路　　　　　　　　B. 所用电线路

  C. 输电线路　　　　　　　　D. 厂用电线路

4. 一般电压等级 1000kV 及以上称为（　）。

  A. 高压配电线路　　　　　　B. 超高压输电线路

  C. 高压输电线路　　　　　　D. 特高压输电线路

5. 电网按其在电力系统中的作用不同，分为（　）。

  A. 强电网和弱电网　　　　　B. 输电网和配电网

  C. 大电网和小电网　　　　　D. 高电网和低电网

6. 我国输变电线路的电压等级为 110、220、330、500、750、（　）kV。

  A. 1000　　　B. 1200　　　C. 1400　　　D. 1600

7. 高压输电线路的电压等级一般为（　）。

  A. 220/380V　　　　　　　　B. 10kV 或 20kV

  C. 35kV 或 110kV　　　　　　D. 220kV

8. 一般电压等级为 750kV 的线路称为（　　）。

　　A. 高压配电线路　　　　　　B. 高压输电线路

　　C. 超高压输电线路　　　　　D. 特高压输电线路

9. 一般电压等级为 35kV 或 110kV 的线路称为（　　）。

　　A. 高压配电线路　　　　　　B. 高压输电线路

　　C. 超高压输电线路　　　　　D. 中压配电线路

10. 中压配电线路的电压等级一般为（　　）。

　　A. 220/380V　　　　　　　　B. 10kV 或 20kV

　　C. 35kV 或 110kV　　　　　　D. 220kV

11. 架空电力线路构成的主要元件有导线、杆塔、绝缘子、金具、拉线、基础、（　　）等。

　　A. 支架和接地装置　　　　　B. 支架和避雷器

　　C. 接地装置和架空线　　　　D. 防雷设备和接地装置

12. 防雷设施及接地装置的原理是（　　）。

　　A. 将导线与杆塔绝缘　　　　B. 将导线与大地连接

　　C. 将电流引入大地　　　　　D. 将雷电流引入大地

13. 防雷设施及接地装置的目的是（　　）。

　　A. 将导线与杆塔绝缘　　　　B. 将导线与与大地连接

　　C. 将电流引入大地　　　　　D. 保护线路绝缘

14. 电力线路的导线是用来（　　）。

　　A. 输送电能、分配电能　　　B. 输送电能、变换电能

　　C. 输送电能、消耗电能　　　D. 传导电流、输送电能

15. 绝缘子是用来（　　）。

　　A. 连接导线

　　B. 将导线与杆塔连接

　　C. 将导线与杆塔固定和绝缘

　　D. 将导线支撑

16. 锥形水泥杆的锥度一般为（　　）。

　　A. 1/50　　　B. 1/75　　　C. 1/85　　　D. 1/95

17. 杆塔按使用的材料可分为（　　）。

　　A．钢筋混凝土杆和金属杆塔

　　B．铁塔、钢管杆、型钢杆

　　C．锥形杆、等径杆

　　D．直线杆、耐张杆、转角杆

18．直线杆塔一般位于线路的（　）。

　　A．直线段　　B．耐张　　　C．转角　　　D．终端

19．正常情况下直线杆塔仅承受（　）。

　　A．导线顺线路方向的张力

　　B．导线、绝缘子、覆冰等重量和风力

　　C．相邻两档导线的不平衡张力

　　D．导线断线张力

20．钢筋混凝土杆俗称（　）。

　　A．木杆　　　B．水泥杆　　C．金属杆　　D．直线杆

21．目前生产的钢筋混凝土电杆又分普通型和（　）两种。

　　A．等径环形截面　　　　　B．预应力型

　　C．金属杆　　　　　　　　D．拔梢环形截面

22．目前生产的水泥电杆主要有（　）。

　　A．直线杆　　　　　　　　B．耐张杆

　　C．转角杆　　　　　　　　D．锥形杆、等径杆

23．正常情况下直线杆塔一般不承受（　）。

　　A．导线顺线路方向的张力　B．导线、绝缘子的重量

　　C．导线覆冰的重量　　　　D．导线的风力

24．耐张杆塔一般位于线路的（　）。

　　A．终端处　　　　　　　　B．跨越处

　　C．转角处　　　　　　　　D．直线分段处

25．架空线路中的（　）用于限制线路发生断线、倒杆事故时的波及范围。

　　A．直线杆塔　　　　　　　B．耐张杆塔

　　C．转角杆塔　　　　　　　D．终端杆塔

26．耐张杆塔用符号（　）表示。

    A．Z   B．N   C．J   D．D

27．转角杆塔用符号（   ）表示。

    A．Z   B．N   C．J   D．D

28．线路转角即为（   ）。

    A．线路转向内角   B．线路转向外角

    C．线路转向的补角   D．线路转向内角的补角

29．电杆底盘基础的作用（   ）。

    A．以防电杆倒塌   B．以防电杆上拔

    C．以防电杆下沉   D．以防电杆倾覆

30．杆塔基础的拉盘作用是（   ）。

    A．以防电杆上拔   B．稳住电杆

    C．以防电杆下沉   D．锚固拉线

31．杆塔基础施工时，在地面上应留有（   ）高的防沉土台。

    A．100mm   B．300mm   C．500mm   D．700mm

32．12m电杆埋设深度宜（   ）。

    A．1.5m   B．1.7m   C．1.9m   D．2.3m

    E．2.6～3m

33．15m电杆埋设深度宜（   ）。

    A．1.5m   B．1.7m   C．1.9m   D．2.3m

34．加强型钢芯铝绞线多用于（   ）。

    A．大跨越地段或对机械强度要求很高的线路

    B．平原地区且气象条件较好的高压线路中

    C．110kV及以上的输电线路上

    D．架空地线、接地引下线及杆塔的拉线

35．钢绞线常用作（   ）。

    A．大跨越地段或对机械强度要求很高线路的导线

    B．平原地区且气象条件较好的高压线路中的导线

    C．110kV及以上的输电线路上的导线

    D．架空地线、接地引下线及杆塔的拉线

36．架空导线型号LGJ-35/6表示的含义为（   ）。

A. 钢芯铝绞线，电压等级为 35kV，额定电流 6kA

B. 铝芯钢绞线，电压等级为 35kV，额定电流 6kA

C. 钢芯铝绞线，铝线部分标称截面为 35mm², 钢芯部分截面为 6mm²

D. 铝芯钢绞线，钢线部分标称截面为 35mm², 铝芯部分截面为 6mm²

37. 钢芯铝绞线的型号表示符号为（ ）。

A. LJ   B. TJ   C. GJ   D. LGJ

38. 架空导线型号 JKLYJ-120 表示的含义为（ ）。

A. 标称截面为 120mm² 的钢芯铝绞绝缘线

B. 标称截面为 120mm² 铝芯交联聚乙烯绝缘线

C. 标称截面为 120mm² 铝芯聚氯乙烯绝缘线

D. 标称截面为 120mm² 铝芯聚乙烯绝缘线

39. 架空导线型号 LJ-35 表示的含义为（ ）。

A. 铝绞线，电压等级为 35kV

B. 铝芯钢绞线，电压等级为 35kV

C. 铝绞线，铝线部分标称截面为 35mm²

D. 铝芯钢绞线，钢线部分标称截面为 35mm²

40. 针式绝缘子主要用于（ ）。

A. 35kV 以下线路   B. 35kV 以上线路

C. 直流线路   D. 低压配电线路

41. 棒式绝缘子一般用于（ ）。

A. 应力比较小的承力杆   B. 跨越公路

C. 跨越铁路   D. 跨越航道或市中心区域

42. 可兼作绝缘子和横担的是（ ）。

A. 木横担   B. 瓷横担

C. 铁横担   D. 橡胶横担

43. 蝶式绝缘子常用于（ ）。

A. 35kV 以下线路   B. 35kV 以上线路

C. 直流线路   D. 低压配电线路

44．下列不属于加强线路绝缘的措施是（　　）。

A．防污绝缘子换成普通绝缘子

B．一般合成绝缘子换成加长型合成绝缘子

C．增加绝缘子片数

D．铁横担线路上改用瓷横担

45．绝缘子的材质一般为（　　）。

A．铜　　　　　　　　　　　　B．玻璃、电瓷

C．铸钢　　　　　　　　　　　D．铝

46．拉线的作用是为了在架设导线后能平衡杆塔所承受的导线张力和水平风力，以（　　）、影响安全正常供电。

A．防止杆塔折断　　　　　　　B．防止杆塔倾倒

C．防止杆塔上拔　　　　　　　D．防止杆塔下沉

47．拉线的作用是为了在架设导线后能平衡杆塔所承受的（　　）和水平风力，以防止杆塔倾倒、影响安全正常供电。

A．导线张力　　　　　　　　　B．导线上拔力

C．杆塔上拔力　　　　　　　　D．杆塔下压力

48．杆塔拉线与杆塔的夹角不应小于（　　）。

A．20°　　　　B．30°　　　　C．45°　　　　D．90°

49．杆塔拉线与杆塔的夹角宜采用（　　）。

A．20°　　　　B．60°　　　　C．45°　　　　D．90°

50．拉线的作用是为了在架设导线后能平衡杆塔所承受的导线张力和（　　），以防止杆塔倾倒、影响安全正常供电。

A．水平上拔力　　　　　　　　B．水平风力

C．杆塔上拔力　　　　　　　　D．杆塔下压力

51．当杆塔离道路较近，不能就地装设拉线时，一般采用（　　）。

A．张力拉线　　　　　　　　　B．普通拉线

C．水平拉线　　　　　　　　　D．弓形拉线

52．跨越道路的水平拉线，对路面中心的垂直距离，不应小于（　　）。

A．3m　　　　B．5m　　　　C．6m　　　　D．8m

53. 当杆塔由于地形限制不能装设普通拉线时,可以采用(　　),在电杆的中部加装自拉横担,在其上下加装拉线,以防电杆弯曲。

  A. 张力拉线   B. V 形拉线

  C. 水平拉线   D. 弓形拉线

54. 两层横担的转角杆,按电源方向先后作上下层安装,且均安装于(　　)。

  A. 受电侧   B. 拉线侧

  C. 供电侧   D. 导线受力反方向侧

55. 一般情况下,直线杆横担和杆顶支架装在(　　)。

  A. 受电侧   B. 拉线侧

  C. 供电侧   D. 导线受力反方向侧

56. 分支终端杆的单横担应装在(　　)。

  A. 受电侧   B. 拉线侧

  C. 供电侧   D. 导线受力反方向侧

57. 转角杆的横担根据受力情况,转角在(　　)宜采用单横担。

  A. 15°以下   B. 15°~45°之间

  C. 45°以上   D. 任意角度

58. 转角杆的横担根据受力情况,转角在(　　)宜采用双横担。

  A. 15°以下   B. 15°~45°之间

  C. 45°以上   D. 任意角度

59. 中、高压线路铁横担的规格不应小于(　　)。

  A. ∟63×6   B. ∟50×5

  C. ∟40×5   D. ∟75×6

60. 连接金具的作用是(　　),并将一串或数串绝缘子连接起来悬挂在横担上。

  A. 用于拉线的连接

  B. 将悬式绝缘子组装成串

  C. 用于作拉线的调节

  D. 使导线和避雷线固定在绝缘子或杆塔上

61. 球头挂环属于(　　)。

    A. 支持金具　　　　　　　　　B. 保护金具

    C. 连接金具　　　　　　　　　D. 接续金具

62. （　　）的作用是用于导线和避雷线的接续和修补等。

    A. 支持金具　　　　　　　　　B. 连接金具

    C. 接续金具　　　　　　　　　D. 保护金具

63. 接续金具的作用是用于（　　）等。

    A. 用于作拉线的连接

    B. 将悬式绝缘子组装成串

    C. 导线和避雷线的接续和修补

    D. 使导线和避雷线固定在绝缘子或杆塔上

64. 承力接续金具的握着力不应小于该导线、避雷线计算拉断力的（　　）。

    A. 85%　　　　B. 90%　　　　C. 95%　　　　D. 100%

65. （　　）的作用是用于作拉线的连接、紧固和调节。

    A. 支持金具　　　　　　　　　B. 连接金具

    C. 拉线金具　　　　　　　　　D. 保护金具

66. 无配电网规划地区，高压配电线路分干线导线截面不宜小于（　　）。

    A. LGJ-70　　B. LGJ-95　　C. LGJ-120　　D. LGJ-150

67. 无配电网规划地区，高压配电线路主干线导线截面不宜小于（　　）。

    A. LGJ-70　　B. LGJ-95　　C. LGJ-120　　D. LGJ-150

68. 选择导线截面时，需要进行电压损失校验，电压损失的计算公式是（　　）。

    A. $\Delta U = (PX + QR)/UN$　　B. $\Delta U = (PR + QX)/UN$

    C. $\Delta U = (PR + QX)L/UN$　　D. $\Delta U = (PX + QR)L/UN$

69. 按允许电压损失选择导线截面应满足（　　）。

    A. 线路电压损失＜额定电压的 5%

    B. 线路电压损失≤允许电压损失

    C. 线路电压损失＝允许电压损失

D. 线路电压损失≥允许电压损失

70. 对各种类型的绝缘导线,其容许工作温度为( )。

    A. 40℃   B. 65℃   C. 70℃   D. 90℃

71. 铝及钢芯铝绞线在事故情况下运行的最高温度不得超过( )。

    A. 40℃   B. 65℃   C. 70℃   D. 90℃

72. 考虑线路的电压降,线路始端(电源端)电压应高于等级电压,35kV 以下的要高( )。

    A. 5%   B. 6%   C. 7%   D. 8%

73. 低压配电线路,自配电变压器二次侧出口至线路末端(不包括接户线)的允许电压损失为额定低压配电电压的( )。

    A. 4%   B. 5%   C. 7%   D. 10%

74. 当导线温度过高时,会导致( )减小。

    A. 导线对地安全距离   B. 导线弧垂

    C. 导线连接触接触电阻   D. 导线发热

75. 三相四线制的相线截面为 LJ-70、LGJ-70 及以上,其零线截面应( )。

    A. 与相线截面相同   B. 不大于相线截面的 50%

    C. 不小于相线截面的 35%   D. 不小于相线截面的 50%

76. 低压配电线路的导线宜采用( )。

    A. 水平排列   B. 垂直排列

    C. 三角、水平混合排列   D. 任意排列

77. 城镇的 1～10kV 配电线路和 1kV 以下配电线路宜同杆架设,且( )。

    A. 应是同一电源

    B. 应有明显的标志

    C. 应是同一电源并应有明显的标志

    D. 应排列统一

78. 35kV 架空线路耐张段的长度不宜大于( )。

    A. 2km   B. 5km   C. 6km   D. 8km

79. 郊区高压架空配电线路的档距一般采用（ ）。

    A．20～30m   B．40～50m

    C．40～80m   D．60～100m

80. 10kV 及以下架空线路耐张段的长度不宜大于（ ）。

    A．2km   B．3km   C．4km   D．5km

81. 10kV 及以下与 35kV 线路同杆架设时，导线间的垂直距离不应小于（ ）。

    A．2m   B．3m   C．4m   D．5m

82. 高压配电线路每相的过引线、引下线与邻相的过引线、引下线或导线之间的净空距离不应小于（ ）。

    A．0.2m   B．0.3m   C．0.4m   D．0.5m

83. 高压配电线路的导线与拉线、电杆或构架间的净空距离不应小于（ ）。

    A．0.2m   B．0.3m   C．0.4m   D．0.5m

84. 相邻两杆塔导线悬挂点连线中点对导线铅垂距离称为（ ）。

    A．垂距   B．挡距

    C．导线挂点高度   D．弧垂

85. 相邻两杆塔导线悬挂点连线（ ）称为弧垂。

    A．中点对导线铅垂距离

    B．与导线最低点间垂直距离

    C．与导线间垂直距离

    D．与导线最低点间铅垂距离

86. 10kV 及以下架空线路在同一挡距中，各相导线的弧垂应力求一致，水平排列的导线弧垂相差不应大于（ ）。

    A．50mm   B．200mm   C．300mm   D．500mm

87. 35kV 架空线路紧线弧垂正误差最大值不应超过（ ）。

    A．50mm   B．200mm   C．300mm   D．500mm

88. 线路运行中，挡距内三相导线各相导线弧垂相差不应超过（ ）。

    A．50mm   B．150mm   C．500mm   D．800mm

89. 高压架空电力线路不应跨越（　　）。

　　A. 建筑物

　　B. 屋顶为燃烧材料做成的建筑物

　　C. 耐火屋顶的建筑物

　　D. 高速铁路

90. 架空线路导线与建筑物的垂直距离在最大计算弧垂情况下，35kV 线路不应小于（　　）。

　　A. 2.5m　　　　B. 3.0m　　　　C. 4.0m　　　　D. 5.0m

91. 架空线路导线与建筑物的垂直距离在最大计算弧垂情况下，3～10kV 线路不应小于（　　）。

　　A. 2.5m　　　　B. 3.0m　　　　C. 4.0m　　　　D. 5.0m

92. 架空线路导线与建筑物的垂直距离在最大计算弧垂情况下，3kV 以下线路不应小于（　　）。

　　A. 2.5m　　　　B. 3.0m　　　　C. 4.0m　　　　D. 5.0m

93. 架空电力线路跨越架空弱电线路时，其交叉角对于一级弱电线路应（　　）。

　　A. <30°　　　B. ≥30°　　　C. <45°　　　D. ≥45°

94. 架空电力线路跨越架空弱电线路时，其交叉角对于二级弱电线路应（　　）。

　　A. <30°　　　B. ≥30°　　　C. <45°　　　D. ≥45°

95. 线路运行中，杆塔横向偏离线路中心线的距离不应大于（　　）。

　　A. 0.5m　　　B. 0.8m　　　C. 1.0m　　　D. 0.1m

96. 线路运行中电杆倾斜度（包括挠度），杆塔直线杆、转角杆不应大于（　　）。

　　A. 5‰

　　C. 15‰

　　B. 10‰

　　D. －5‰～＋10‰

97. 线路运行中，三相导线的弧垂应力求一致，误差不得超过设计值的（　　）。

　　A. ±5%

　　B. ±10%

C．±15%　　　　　　　　　D．−5%～＋10%

98．电力电缆线路与架空电力线路相比有如下优点（　　）。

A．不占用地上空间　　　　　B．引出分支线路比较容易

C．故障测寻比较容易　　　　D．投资费用省

99．电力电缆线路与架空电力线路相比有如下缺点（　　）。

A．占用地上空间大　　　　　B．分布电容较大

C．维护工作量大　　　　　　D．投资费用大

100．电力电缆线路与架空电力线路相比有如下优点（　　）。

A．占用地上空间大　　　　　B．故障测寻比较容易

C．维护工作量少　　　　　　D．投资费用省

101．电力电缆线路与架空电力线路相比有如下缺点（　　）。

A．供电可靠性低　　　　　　B．容易发生电击

C．故障测寻比较困难　　　　D．分布电容较大

102．电力电缆中，线芯（导体）是用来（　　），是电缆的主要部分。

A．输送电能　　　　　　　　B．使导线与外面绝缘

C．输送电压　　　　　　　　D．增加电缆强度

103．电力电缆线路与架空电力线路相比有如下缺点（　　）。

A．占用地上空间大　　　　　B．电缆头制作工艺要求高

C．维护工作量大　　　　　　D．供电可靠性低

104．电力电缆的基本结构分为（　　）。

A．线芯（导体）、绝缘层、屏蔽层、保护层

B．线芯（导体）、绝缘层、屏蔽层、铠装层

C．线芯（导体）、绝缘层、防水层、保护层

D．线芯（导体）、绝缘层、屏蔽层、隔热层

105．电力电缆中，将线芯与大地以及不同相的线芯间在电气上彼此隔离的为（　　）。

A．线芯（导体）　　　　　　B．绝缘层

C．屏蔽层　　　　　　　　　D．保护层

106．电力电缆中，用来消除导体表面的不光滑所引起导体表

面电场强度的增加，使绝缘层和电缆导体有较好的接触的为（　　）。

  A．线芯（导体）   B．绝缘层

  C．屏蔽层   D．保护层

107．油纸绝缘电缆的绝缘屏蔽层一般采用（　　）。

  A．金属化纸带

  B．半导电纸带

  C．绝缘纸带

  D．金属化纸带、半导电纸带或绝缘纸带

108．电力电缆中，（　　）具有容许温升高，允许载流量较大，耐热性能好，适宜于高落差和垂直敷设，介电性能优良的特点。

  A．不滴漏油浸纸绝缘型电缆

  B．交联聚乙烯绝缘电缆

  C．聚氯乙烯绝缘电缆

  D．橡胶绝缘电缆

109．中低压电力电缆中，（　　）具有化学稳定性高、安装工艺简单、材料来源充足、能适应高落差敷设、敷设维护简单方便的特点。

  A．不滴漏油浸纸绝缘型电缆

  B．交联聚乙烯绝缘电缆

  C．聚氯乙烯绝缘电缆

  D．橡胶绝缘电缆

110．中低压电力电缆中，（　　）具有柔软性好，易弯曲，具有较好的耐寒性能、电气性能、机械性能和化学稳定性，对气体、潮气、水的渗透性好的特点。

  A．不滴漏油浸纸绝缘型电缆

  B．交联聚乙烯绝缘电缆

  C．聚氯乙烯绝缘电缆

  D．橡胶绝缘电缆

111．高压电力电缆中，橡胶绝缘电缆具有（　　）的优点。

  A．耐电晕   B．柔软性好

  C．耐热性好   D．耐腐蚀性好

112. 交联聚乙烯绝缘铜芯聚氯乙烯护套电力电缆型号表示为（　　）。

    A. YJV   B. YJV32   C. VV   D. VV32

113. 聚氯乙烯绝缘铜芯聚氯乙烯护套电缆型号表示为（　　）。

    A. YJV   B. YJV32   C. VV   D. VV32

114. 电缆型号 VV32 表示的电缆为（　　）。

    A. 交联聚乙烯绝缘铜芯聚氯乙烯护套电力电缆

    B. 交联聚乙烯绝缘铜芯细钢丝铠装聚氯乙烯护套电力电缆

    C. 聚氯乙烯绝缘铜芯细钢丝铠装聚氯乙烯护套电缆

    D. 聚氯乙烯绝缘铜芯聚氯乙烯护套电缆

115. 电缆型号 $YJLV_{22}$-10-3×120 表示的电缆为（　　）。

    A. 铝芯、交联聚乙烯绝缘、细圆钢丝铠装、聚乙烯外护套电缆

    B. 铜芯、交联聚乙烯绝缘、双钢带铠装、聚氯乙烯外护套电缆

    C. 铝芯、交联聚乙烯绝缘、双钢带铠装、聚氯乙烯外护套电缆

    D. 铜芯、交联聚乙烯绝缘、细圆钢丝铠装、聚乙烯外护套电缆

116. 电缆型号 VV 表示的电缆为（　　）

    A. 交联聚乙烯绝缘铜芯聚氯乙烯护套电力电缆

    B. 交联聚乙烯绝缘铜芯细钢丝铠装聚氯乙烯护套电力电缆

    C. 聚氯乙烯绝缘铜芯细钢丝铠装聚氯乙烯护套电缆

    D. 聚氯乙烯绝缘铜芯聚氯乙烯护套电缆

117. 当电缆导体温度等于电缆最高长期工作温度，而电缆中的发热与散热达到平衡时的负载电流称为（　　）。

    A. 电缆长期允许载流量   B. 短时间允许载流量

    C. 短路允许载流量   D. 电缆长期平均载流量

118. 聚氯乙烯绝缘电缆允许最高工作温度为（　　）。

A. 65℃ B. 70℃ C. 75℃ D. 90℃

119. 橡皮绝缘电缆允许最高工作温度为（ ）。

A. 65℃ B. 70℃ C. 75℃ D. 90℃

120. 电力电缆停电超过一个星期但不满一个月时，重新投入运行前应摇测其绝缘电阻值，与上次试验记录比较不得降低（ ），否则须做直流耐压试验。

A. 10% B. 20% C. 30% D. 40%

121. 电力电缆停电超过一个月但不满一年时，必须做（ ）。

A. 交流耐压试验 B. 直流耐压试验

C. 接地电阻试验 D. 标准预防性试验

122. 电力电缆停电时间超过试验周期时，必须做（ ）。

A. 交流耐压试验 B. 直流耐压试验

C. 接地电阻试验 D. 标准预防性试验

123. 敷设在竖井内的电缆，每（ ）至少进行一次定期检查。

A. 一个月 B. 三个月 C. 半年 D. 一年

124. 接于电力系统的主进电缆及重要电缆每（ ）应进行一次预防性试验。

A. 半年 B. 周 C. 月 D. 年

125. 新电缆敷设前应做（ ）。

A. 交流耐压试验 B. 直流耐压试验

C. 交接试验 D. 标准预防性试验

126. 新敷设的带有中间接头的电缆线路，在投入运行（ ）个月后，应进行预防性试验。

A. 1 B. 3 C. 5 D. 6

127. 架空线路导线通过的最大负荷电流不应超过其（ ）。

A. 额定电流 B. 短路电流

C. 允许电流 D. 负载电流

128. 架空线路导线通过的（ ）不应超过其允许电流。

A. 额定电流 B. 短路电流

C. 最大负荷电流 D. 负载电流

二、判断题

1. 电力线路一般可分为输电线路和配电线路。（ ）

2. 电力线路的作用是输送和分配电能。（ ）

3. 从地区变电所到用户变电所或城乡电力变压器之间的线路，称为输电线路。（ ）

4. 电网按其在电力系统中的作用不同，分为输电网和配电网，配电网是以高压甚至超高压将发电厂、变电所或变电所之间连接起来的送电网络，所以又称为电力网中的主网架。（ ）

5. 架设在发电厂升压变电所与区域变电所之间的线路以及区域变电所之间的线路，是用于输送电能的，称为输电线路。（ ）

6. 高压配电线路的电压一般为 10kV、20kV。（ ）

7. 中压配电线路的电压一般为 35kV。（ ）

8. 低压配电线路的电压为 10kV 及以下。（ ）

9. 电压为 220V 的线路一般称为低压配电线路；电压为 380V 的线路一般称为中压配电线路。（ ）

10. 线路电压等级在 220kV 以上称为超高压输电线路。（ ）

11. 电力线路按架设方式可分为输电线路和配电线路。（ ）

12. 目前我国的输（送）电线路基本采用电缆电力线路。（ ）

13. 配电线路特别是农村配电线路基本以架空电力线路为主。

（ ）

14. 在城市中心地带，考虑安全方面和城市美观的问题，配电线路大都采用架空线路。（ ）

15. 导线用来传导电压，输送电流。（ ）

16. 空气是架空电力线路导线之间及导线对地的自然绝缘介质。（ ）

17. 金具用来固定导线，并使导线与杆塔之间保持绝缘状态。

（ ）

18. 杆塔的作用只是用来支撑和固定导线。（ ）

19. 杆塔主要用来支撑导线、地线和其他附件。（ ）

20. 金具在架空线路中主要用于支持、固定、连接、接续、调

节及保护作用。（　）

21．杆塔基础将杆塔固定于地下，以保证杆塔不发生倾斜或倒塌。（　）

22．杆塔基础用来加强杆塔的强度，承担外部荷载的作用力。

（　）

23．钢筋混凝土杆又分普通型预应力杆和等径预应力杆两种。

（　）

24．一般地区的特大荷载的终端、耐张、大转角、大跨越等采用等径电杆。（　）

25．钢筋混凝土杆俗称水泥杆，是由钢筋和混凝土在离心滚杆机内浇制而成。（　）

26．金属杆有铁塔、钢管杆和型钢杆等。（　）

27．在正常运行情况下，直线杆塔一般不承受顺线路方向的张力，主要承受垂直荷载以及水平荷载。（　）

28．架空线路中发生断线、倒杆事故时，耐张杆可以将事故控制在一个耐张段内。（　）

29．架空线路中的直线杆用于限制线路发生断线、倒杆事故时波及范围。（　）

30．底盘是埋（垫）在电杆底部的方（圆）形盘，承受电杆的下压力并将其传递到地基上，以防电杆下沉。（　）

31．位于线路首端的第一基杆塔属于终端杆，最末端一基杆塔也属于终端杆。（　）

32．当架空配电线路中间需设置分支线时，一般采用跨越杆塔。

（　）

33．拉盘用来承受拉线的上拔力，稳住电杆，以防电杆上拔。

（　）

34．卡盘的作用是承受电杆的横向力，增加电杆的抗倾覆力，防止电杆下沉。（　）

35．在线路设计施工时，不论土壤特性如何，所有混凝土电杆基础都必须采用底盘、卡盘、拉盘基础。（　）

36. 杆塔基础施工时，基础的埋深必须在冻土层深度以下，且不应小于2m。（　　）

37. 架空导线的主要材料中，铜应用广泛。（　　）

38. 铁塔基础型式一般采用底盘、卡盘、拉盘基础。（　　）

39. 铁塔宽基基础是将铁塔的四根主材（四条腿）均安置在一个共用基础上。（　　）

40. 架空导线多采用钢芯铝绞线，其钢芯的主要作用是提高导电能力。（　　）

41. 架空导线多采用钢芯铝绞线，其钢芯的主要作用是提高机械强度。（　　）

42. 高压架空电力线路一般都采用多股绝缘导线。（　　）

43. 多股绞线由多股细导线绞合而成，多层绞线相邻层的绞向相反，防止放线时打卷扭花。（　　）

44. 架空绝缘导线按绝缘材料可分为聚氯乙烯绝缘线、聚乙烯绝缘线、交联聚乙烯绝缘线、钢芯铝绞线。（　　）

45. 针式绝缘子主要用于终端杆塔或转角杆塔上，也有在耐张杆塔上用以固定导线。（　　）

46. 针式绝缘子主要用于直线杆塔或角度较小的转角杆塔上，也有在耐张杆塔上用以固定导线跳线。（　　）

47. 悬式绝缘子具有良好的电气性能和较高的机械强度，按防污性能分为普通型和防污型两种。（　　）

48. 悬式绝缘子一般安装在高压架空线路耐张杆塔、终端杆塔或分支杆塔上，作为耐张绝缘子串使用。（　　）

49. 棒式绝缘子一般只能用在一些受力比较小的承力杆，且不宜用于跨越公路、铁路、航道或市中心区域等重要地区的线路。（　　）

50. 棒式绝缘子可以代替悬式绝缘子串或蝶式绝缘子用于架空配电线路的耐张杆塔、终端杆塔或分支杆塔，作为耐张绝缘子使用。（　　）

51. 拉线按其作用可分为张力拉线和角度拉线两种。（　　）

52. 普通拉线用于线路的转角、耐张、终端、分支杆塔等处，

起平衡拉力的作用。（ ）

53．钢筋混凝土杆的拉线，应装设拉线绝缘子。（ ）

54．如拉线从导线之间穿过，应装设拉线绝缘子。（ ）

55．拉线的作用是为了在架设导线后能平衡杆塔所承受的导线张力和水平风力，以防止杆塔倾倒。（ ）

56．横担定位在电杆的上部，用来支持绝缘子和导线等，并使导线间满足规定的距离。（ ）

57．转角杆的横担，应根据受力情况而定。一般情况下，15°以下转角杆，宜采用单横担。（ ）

58．转角杆的横担，应根据受力情况而定。一般情况下，15°～45°以下转角杆，宜采用单横担。（ ）

59．一般情况下，直线杆横担和杆顶支架装在受电侧。（ ）

60．一般情况下，分支终端杆的单横担应装在受电侧。（ ）

61．接续金具的作用是将悬式绝缘子连接成串，并将一串或数串绝缘子连接起来悬挂在横担上。（ ）

62．金具必须有足够的机械强度，并能满足耐腐蚀的要求。（ ）

63．线路金具是指连接和组合线路上各类装置，以传递机械、电气负荷以及起到某种防护作用的金属附件。（ ）

64．悬垂线夹用于直线杆塔上固定导线及耐张转角杆塔固定跳线。（ ）

65．支持金具一般用于直线杆塔或耐张杆塔的跳线上，又称线夹。（ ）

66．耐张线夹用于耐张、终端、分支等杆塔上紧固导线或避雷线，使其固定在绝缘了串或横担上。（ ）

67．承力接续金具主要有导线、避雷线的接续管等，用于导线连接的接续管主要有 U 形挂环、液压管和钳压管。（ ）

68．并沟线夹（用于导线作为跳线、T 接线时的接续）、带电装卸线夹（用于导线带电拆、搭头和分支搭接的接续）和异径并沟线夹等都属于承力接续金具。（ ）

69．拉线金具用于拉线的连接、紧固和调节。（ ）

70．拉线连接金具的作用是使拉线与杆塔、其他拉线金具连接成整体，主要有拉线 U 形挂环、二连板等。（　　）

71．拉线紧固金具主要有楔型线夹、预绞丝和钢线卡子等。（　　）

72．保护金具主要有用于防止导线在绑扎或线夹处磨损的铝包带和防止导线、地线振动用的防振锤。（　　）

73．确定导线截面，只需按允许电压损失进行校验。（　　）

74．确定导线截面，只需按允许发热条件进行校验。（　　）

75．按允许电压损失选择导线截面应满足线路电压损失≥允许电压损失。（　　）

76．铝及钢芯铝绞线在正常情况下运行的最高温度不得超过70℃。（　　）

77．铝及钢芯铝绞线在正常情况下运行的最高温度不得超过90℃。（　　）

78．各种类型的绝缘导线，其容许工作温度为 65℃。（　　）

79．单线制的零线截面，应与相线截面相同。（　　）

80．单线制的零线截面不小于相线截面的 50%。（　　）

81．LJ-70、LGJ-70 及以上三相四线制的零线截面不小于相线截面的 50%。（　　）

82．LJ-70、LGJ-70 以下三相四线制的零线截面与相线截面相同。（　　）

83．10～35kV 单回架空线路的导线，一般采用三角排列或水平排列。（　　）

84．同一地区低压配电线路的导线在电杆上的排列应统一。
（　　）

85．由于受到线路空间走廊限制，有时在同一基杆塔上架设多回线路。（　　）

86．低压配电线路的零线应靠电杆或建筑物排列。（　　）

87．城镇的高压配电线路和低压配电线路宜同杆架设，且应是同一回电源。（　　）

88．35kV 架空线路耐张段的长度不宜大于 5km。（　　）

89．10kV 及以下架空线路的耐张段的长度不宜大于 5km。（　）

90．10kV 及以下架空线路的耐张段的长度不宜大于 2km。（　）

91．10kV 同杆架设的双回线路横担间的垂直距离不应小于 0.8m。（　）

92．高压配电线路每相的过引线、引下线与邻相的过引线、引下线或导线之间的净空距离不应小于 0.2m。（　）

93．高压配电线路的导线与拉线、电杆或构架间的净空距离不应小于 0.2m。（　）

94．10kV 及以下线路与 35kV 线路同杆架设时，导线间的垂直距离不应小于 1.2m。（　）

95．相邻两杆塔导线悬挂点连线对导线最低点的垂直距离称为弧垂。（　）

96．10kV 及以下架空线路的导线紧好后，弧垂的误差不应超过设计弧垂的＋5%、－2.5%。（　）

97．35kV 架空线路紧线弧垂误差不应超过设计弧垂的＋5%、－2.5%，且正误差最大值不应超过 500mm。（　）

98．35kV 架空线路导线或地线各相间的弧垂宜一致，各相间弧垂的相对误差不应超过 200mm。（　）

99．架空电力线路与特殊管道交叉，应避开管道的检查井或检查孔，同时，交叉处管道上所有部件应接地。（　）

100．架空电力线路跨越一级架空弱电线路时，其交叉角不应小于 30°。（　）

101．架空线路直线杆、转角杆倾斜度（包括挠度），不应大于 15‰，转角杆不应向内侧倾斜。（　）

102．混凝土杆不宜有纵向裂纹，横向裂纹不宜超过 1/3 周长，且裂纹宽度不宜大于 0.5mm。（　）

103．预应力钢筋混凝土杆不允许有裂纹。（　）

104．架空线路杆塔的横担上下倾斜、左右偏歪不应大于横担长度的 2%。（　）

105．架空线路运行中，导（地）线应无断股；7 股线的其任一

股导线损伤深度不得超过该股导线直径的 1/2；19 股以上的其某一处的损伤不得超过 3 股。（ ）

106. 新线路投入运行一年后，镀锌铁塔坚固螺栓需紧一次。

（ ）

107. 新线路投入运行 3～5 年后，混凝土电杆各部坚固螺栓需紧一次。（ ）

108. 线路维护是一种较小规模的检修项目，一般是处理和解决一些直接影响线路安全运行的设备缺陷。（ ）

109. 线路维护是一种线路大型检修和线路技术改进工程。（ ）

110. 电力电缆是一种地下敷设的送电线路。（ ）

111. 电力电缆不占用地上空间，一般不受地上建筑物的影响。

（ ）

112. 线芯是电力电缆的导电部分，用来输送电能。（ ）

113. 电力电缆是指外包绝缘的绞合导线，有的还包有金属外皮并加以接地。（ ）

114. 电力电缆的基本结构由线芯（导体）、绝缘层、屏蔽层和接地层四部分组成。（ ）

115. 电力电缆的线芯一般采用铜线和铝线。（ ）

116. 电力电缆导体屏蔽层的作用是消除导体表面的不光滑所引起导体表面电场强度的增加，使绝缘层和电缆导体有较好的接触。

（ ）

117. 电力电缆中，保护层是将线芯与大地以及不同相的线芯间在电气上彼此隔离。（ ）

118. 电力电缆铠装和护套是用来保护电缆防止外力损坏的。

（ ）

119. 刚好使导线的稳定温度达到电缆最高允许温度时的载流量，称为允许载流量或安全载流量。（ ）

120. 交联聚乙烯电缆允许长期最高工作温度为 90℃。（ ）

121. 聚乙烯绝缘电缆允许长期最高工作温度为 90℃。（ ）

122. 聚氯乙烯绝缘电缆允许长期最高工作温度为 65℃。（ ）

123．电缆安装竣工后和投入运行前应做预防性试验。（　）

124．重做电缆终端头时后，必须核对相位、摇测绝缘电阻，并做耐压试验，全部合格后才允许恢复运行。（　）

125．停电超过一个星期但不满一个月的电缆线路，重新投入运行前，应摇测其绝缘电阻值，与上次试验记录比较（换算到同一温度下）不得降低30%。（　）

126．接于电力系统的主进电缆及重要电缆每半年应进行一次预防性试验。（　）

127．新敷设的带有中间接头的电缆线路，在投入运行 3 个月后，应进行预防性试验。（　）

128．3～10kV 变电所每组母线和架空进线上都必须装设阀型避雷器。（　）

三、多选题

1. 电力网的输电线路按电压等级可为（　）。
   A．高压配电线路　　　　　B．高压输电线路
   C．超高压配电线路　　　　D．超高压输电线路
   E．特高压输电线路

2. 电网按其在电力系统中的作用不同，分为（　）。
   A．发电网　　B．输电网　　C．配电网　　D．用电网

3. 一般电压等级在（　）称为超高压输电线路。
   A．220kV　　B．330kV　　C．500kV　　D．750kV

4. 我国输变电线路的终端电压包括（　）kV。
   A．10　　　　B．35　　　　C．110　　　D．220

5. 高压配电线路的电压等级一般为（　）。
   A．220/380V　B．10kV　　C．20kV　　D．35kV
   E．110kV

6. 电力线路按架设方式可分为（　）两大类。
   A．输电线路　　　　　　　B．架空电力线路
   C．电缆电力线路　　　　　D．配电线路

7. 架空电力线路与电缆电力线路相比，具有（　）等显著优点。

A. 结构简单　　　　　　　B. 造价低

C. 建设速度快　　　　　　D. 敞露在空间

E. 施工和运行维护方便

8. 用于分配电能的线路，称为配电线路，配电线路可分为（　　）。

A. 高压配电线路　　　　　B. 中压配电线路

C. 低压配电线路　　　　　D. 超高压配电线路

9. 在（　　）及一些特殊的场所的配电线路逐渐采用电缆电力线路。

A. 城市中心地带　　　　　B. 便于架设电缆的地方

C. 高层建筑　　　　　　　D. 工厂厂区内部

10. 杆塔基础的作用是（　　）。

A. 将杆塔固定于地下　　　B. 保证杆塔不发生倾斜

C. 保证杆塔不发生倒塌　　D. 降低杆塔的造价

11. 电力线路的杆塔用来支撑导线和地线，并使（　　）以及导线和各种被跨越物之间，保持一定的安全距离。

A. 导线和导线之间　　　　B. 导线和地线之间

C. 杆塔和杆塔之间　　　　D. 导线和杆塔之间

12. 架空电力线路构成的主要元件有（　　）及接地装置等。

A. 导线　　B. 杆塔　　C. 拉线　　D. 抱箍

E. 防雷设施

13. 电力线路的导线是用来（　　）。

A. 分配电能　　　　　　　B. 变换电能

C. 传导电流　　　　　　　D. 输送电能

14. 金具在架空线路中主要用于（　　）等。

A. 接续　　B. 固定　　C. 绝缘　　D. 保护

15. 杆塔使用拉线可以（　　）。

A. 支撑杆塔　　　　　　　B. 减少杆塔的压力

C. 减少杆塔的材料消耗量　D. 降低杆塔的造价

16. 目前生产的钢筋混凝土电杆（或预应力钢筋混凝土电杆），有（　　）。

  A. 等径环形截面   B. 水泥杆

  C. 拔梢环形截面   D. 转角杆

17. 杆塔按在线路上作用分为（　　）。

  A. 直线杆塔   B. 转角杆塔

  C. 耐张杆塔   D. 预应力型杆塔

18. 直线杆塔一般仅承受（　　）。

  A. 导线顺线路方向的张力 B. 导线、绝缘子的重量

  C. 导线覆冰的重量   D. 导线的风力

19. 杆塔基础一般分为（　　）。

  A. 底盘   B. 拉盘

  C. 电杆基础   D. 铁塔基础

20. 电杆卡盘的作用（　　）。

  A. 承受电杆的下压力 B. 以防电杆上拔

  C. 承受电杆的横向力 D. 以防电杆倾覆

21. 导线的材料中铜的（　　）。

  A. 导电率高   B. 机械强度高

  C. 重量轻   D. 价格便宜

22. 导线的材料中铝相对铜来讲（　　）。

  A. 导电率高   B. 机械强度高

  C. 重量轻   D. 价格便宜

23. 对于杆塔基础的设置要考虑（　　）。

  A. 承受拉线的上拔力

  B. 考虑水流对基础的冲刷作用

  C. 以防电杆下沉

  D. 基土的冻胀影响

24. 架空导线的种类有（　　）。

  A. 裸导线   B. 避雷线

  C. 绝缘导线   D. 接地线

25. 架空线路中，钢绞线（GJ）常用作（　　）。

  A. 架空地线   B. 接地引下线

C. 接地极　　　　　　　　　　D. 杆塔的拉线

26. 架空绝缘导线按绝缘材料可分为（　　）。

　　A. 聚氯乙烯绝缘线　　　　　B. 聚乙烯绝缘线

　　C. 交联聚乙烯绝缘线　　　　D. 橡胶聚乙烯绝缘线

27. 目前架空绝缘导线按电压等级可分为（　　）。

　　A. 超高压绝缘线　　　　　　B. 高压绝缘线

　　C. 中压（10kV）绝缘线　　　D. 低压绝缘线

28. 下列的（　　）是架空配电线路常用的绝缘子。

　　A. 针式绝缘子　　　　　　　B. 柱式绝缘子

　　C. 瓷横担绝缘子　　　　　　D. 棒式绝缘子

　　E. 悬式绝缘子　　　　　　　F. 蝶式绝缘子

29. 针式绝缘子主要用于（　　）。

　　A. 普通型杆塔　　　　　　　B. 跨越型杆塔

　　C. 直线杆塔　　　　　　　　D. 角度较小的转角杆

30. 悬式绝缘子按制造材料分为（　　）。

　　A. 普通型　　　　　　　　　B. 钢化玻璃悬式

　　C. 瓷悬式　　　　　　　　　D. 防污型

31. 合成绝缘子具有（　　）等优点。

　　A. 体积小　　　　　　　　　B. 重量轻

　　C. 机械强度高　　　　　　　D. 外形美观

　　E. 抗污闪性能强

32. 杆塔拉线按其作用可分为（　　）。

　　A. 张力拉线　　　　　　　　B. 普通拉线

　　C. 水平拉线　　　　　　　　D. 风力拉线

33. 普通拉线用于线路的（　　）等处。

　　A. 转角杆塔　　　　　　　　B. 耐张杆塔

　　C. 直线杆塔　　　　　　　　D. 分支杆塔

　　E. 终端杆塔　　　　　　　　F. 大跨越杆塔

34. 跨越道路的水平拉线安装时要求（　　）。

　　A. 对路面中心的垂直距离不应小于 6m

　　B．拉线柱对路面中心的水平距离不应小于 6m

　　C．拉线柱的倾斜角采用 30°～45°

　　D．拉线柱的倾斜角采用 10°～20°

35．横担定位在电杆上部，用来（　　）。

　　A．支持绝缘子　　　　　　B．支持导线

　　C．使导线间满足规定的距离　D．支持水泥横担

36．非承力接续金具主要用于（　　）。

　　A．导线作为跳线时的接续　B．导线 T 接线时的接续

　　C．导线带电拆、搭头　　　D．分支搭接的接续

37．金具在架空线路中主要用于（　　）。

　　A．连接　　　B．绝缘　　　C．调节　　　D．保护

38．拉线金具的作用是作（　　）。

　　A．加强杆塔强度　　　　　B．拉线的连接

　　C．拉线的紧固　　　　　　D．拉线的调节

39．拉线连接金具主要有（　　）。

　　A．U 型挂环　　　　　　　B．二连板

　　C．楔型线夹　　　　　　　D．钢线卡子

40．保护金具主要有用于防止（　　）。

　　A．导线在绑扎松脱　　　　B．导线、地线振动

　　C．导线在绑扎磨损　　　　D．导线在线夹处磨损

41．架空导线截面选择条件有（　　）。

　　A．满足发热条件　　　　　B．满足电压损失条件

　　C．满足机械强度条件　　　D．满足保护条件

　　E．满足经济申流密度条件

42．当导线通过电流时，（　　）。

　　A．会产生电能损耗

　　B．使导线发热、弧垂减小

　　C．使导线发热、温度上升

　　D．导线连接处的接触电阻增加

43．裸导线允许载流量的条件是导线运行的（　　）。

A. 最大电能损耗　　　　　　B. 周围环境温度+25℃

C. 最高温升为 70℃　　　　　D. 最高温度为 70℃

44. 同一地区低压配电线路的导线在电杆上的（　　）。

A. 零线应靠电杆

B. 同一回路的零线，不应低于相线

C. 零线应靠建筑物

D. 同一回路的零线，不应高于相线

45. 弧垂大小和导线的（　　）等因素有关。

A. 重量　　　B. 气温　　　C. 张力　　　D. 挡距

46. 35kV 架空线路紧线弧垂应在挂线后随即检查，弧垂误差不应超过设计弧垂的（　　）。

A. ±2.5%

B. ±5%

C. +5%、−2.5%

D. 正误差最大值不应超过 500mm

47. 10kV 及以下架空线路的导线紧好后，弧垂的误差不应超过设计弧垂的（　　）。

A. ±2.5%

B. ±5%

C. +5%、−2.5%

D. 同挡内水平排列的导线弧垂相差不应大于 50mm

48. 线路运行中，杆塔倾斜度（包括挠度）的允许范围：（　　）。

A. 直线杆、转角杆不应大于 15‰

B. 转角杆向拉线侧倾斜应小于 200mm

C. 终端杆向拉线侧倾斜应小于 200mm

D. 50m 以下铁塔倾斜度不应大于 10‰

E. 50m 及以上铁塔倾斜度不应大于 5‰

F. 50m 及以上不作要求

49. 线路运行中对混凝土杆裂纹的限制（　　）。

A. 不宜有纵向裂纹

    B．横向裂纹不宜超过 1/3 周长

    C．预应力钢筋混凝土杆不允许有裂纹

    D．裂纹宽度不宜大于 0.1mm

    E．裂纹宽度不宜大于 0.5mm

50．线路运行中对混凝土杆的要求（　　）。

    A．纵向裂纹宽度不宜大于 0.5mm

    B．不应有严重裂纹

    C．不应有流铁锈水

    D．横向裂纹宽度不宜大于 0.1mm

51．接户线施工时，（　　）。

    A．周围土壤无突起

    B．导线不应松弛

    C．每根导线接头不应多于 1 个

    D．须用同一型号导线相连接

52．架空电力线路巡视的目的是（　　）。

    A．巡线人员较为系统和有序地查看线路设备

    B．及时掌握线路及设备的运行状况

    C．发现并消除设备缺陷，预防事故发生

    D．提供翔实的线路设备检修内容

53．架空电力线路的巡视可分为（　　）。

    A．定期巡视　　　　　　　　B．特殊巡视

    C．故障巡视　　　　　　　　D．夜间巡视

    E．登杆塔巡视　　　　　　　F．监察巡视

54．架空电力线路的运行要求导（地）线接头（　　）。

    A．无变色　　　　　　　　　B．无严重腐蚀

    C．连接线夹螺栓应紧固　　　D．须用同一型号导线相连接

55．绝缘子的巡视检查内容（　　）。

    A．绝缘子的型号是否正确

    B．绝缘子有无破损、裂纹，有无闪络放电现象，表面是
      否严重脏污

C. 绝缘子有无歪斜，紧固螺丝是否松动，扎线有无松、断

D. 瓷横担装设是否符合要求，倾斜角度是否符合规定

56. 接地装置的巡视检查内容（　　）。

A. 接地引下线有无丢失、断股、损伤

B. 接头接触是否良好，线夹螺栓有无松动、锈蚀

C. 接地引下线的保护管有无破损、丢失，固定是否牢靠

D. 接地体有无外露、严重腐蚀，在埋设范围内有无土方工程

57. 拉线的巡视检查内容（　　）。

A. 拉线有无锈蚀、松弛、断股和张力分配不均等现象

B. 水平拉线对地距离是否符合要求

C. 拉线有无歪斜，紧固螺丝是否松动，扎线有无松、断

D. 拉线是否妨碍交通或被车碰撞

E. 拉线棒、抱箍等金具有无变形、锈蚀

F. 拉线固定是否牢固，拉线基础周围土壤有无突起、沉陷、缺土等现象

58. 线路维护工作主要有以下（　　）等内容。

A. 补加杆塔材料和部件，尽快恢复线路原有状态

B. 清扫绝缘子，提高绝缘水平

C. 加固杆塔拉线基础，增加稳定性

D. 消除杆塔上鸟巢及其他杂物

E. 进行运行线路测试（测量）工作，掌握运行线路的情况

F. 混凝土电杆铁构件及铁塔刷漆、喷锌处理，以防锈蚀

59. 下列属于线路维护工作主要内容是（　　）。

A. 处理个别不合格的接地装置

B. 消除杆塔上鸟巢及其他杂物

C. 杆塔倾斜和挠曲调整

D. 涂写悬挂杆塔号牌，悬挂警告牌，加装标志牌

60. 下列属于线路维护工作主要内容是（　　）。

A. 清扫绝缘子

B. 补加杆塔材料和部件

C. 少量更换绝缘子串或个别零值绝缘子

D. 线路小型技改工程

61. 电力电缆线路与架空电力线路相比有如下缺点（ ）。

A. 占用地上空间大

B. 投资费用大

C. 故障测寻比较困难

D. 容易发生电击

E. 电缆头制作工艺要求高

F. 维护工作量大

62. 高压电力电缆的绝缘屏蔽层一般采用（ ）。

A. 半导电纸带   B. 半导电金属皮

C. 半导电塑料   D. 半导电橡皮

63. 完整的电缆产品型号应包括（ ）。

A. 电缆额定电压   B. 电缆芯数

C. 电缆标称截面   D. 电缆标准号

64. 电缆型号 YJV_{22}-10-3×150 表示（ ）。

A. 铜芯   B. 聚氯乙烯绝缘

C. 双钢带铠装   D. 聚氯乙烯外护套

E. 交联聚乙烯绝缘   F. 三芯电缆

65. 重做终端头、中间头和新做中间头的电缆，必须（ ）全部合格后，才允许恢复运行。

A. 核对相位   B. 摇测绝缘电阻

C. 摇测接地电阻   D. 做耐压试验

四、案例分析及计算题

1. 某 10kV 架空电力线路，导线为 LGJ-150/25，线路长度为 6km，线路所带负荷为 1.6MW，功率因数为 0.8，则该线路的电压损失为（ ）。（导线阻抗：$x_0=0.4\Omega/km$，$r_0=0.21\Omega/km$）

A. 244.8V   B. 408.0V   C. 489.6V   D. 652.8V

2. 某 10kV 架空电力线路，导线为 LGJ-150/25，线路长度为

5km，线路所带负荷为 1.6MW，功率因数为 0.8，则该线路的电压损失为（　　）。（导线阻抗：$x_0=0.4\Omega/km$，$r_0=0.21\Omega/km$）

  A．244.8V B．408.0V C．489.6V D．652.8V

  3．某 10kV 架空电力线路，导线为 LGJ-120/25，线路长度为 3km，线路所带负荷为 1.2MW，功率因数为 0.8，则该线路的电压损失为（　　）。（导线阻抗：$x_0=0.4\Omega/km$，$r_0=0.27\Omega/km$）

  A．0.205kV B．0.342kV C．0.410kV D．0.547kV

  4．某 10kV 架空电力线路，导线为 LGJ-120/25，线路长度为 5km，线路所带负荷为 1.2MW，功率因数为 0.8，则该线路的电压损失为（　　）。（导线阻抗：$x_0=0.4\Omega/km$，$r_0=0.27\Omega/km$）

  A．0.205kV B．0.342kV C．0.410kV D．0.547kV

  5．线路维护工作主要有以下（　　）等内容。

  A．少量更换绝缘子串或个别零值绝缘子

  B．清扫绝缘子，提高绝缘水平

  C．处理导线连接器

  D．消除杆塔上鸟巢及其他杂物

  E．混凝土电杆损坏修补和加固，提高电杆强度

  F．做好线路保护区清障工作，确保线路安全运行

  6．线路维护工作主要有以下（　　）等内容。

  A．更换少量线夹

  B．清扫绝缘子，提高绝缘水平

  C．加固杆塔和拉线基础，增加稳定性

  D．消除杆塔上鸟巢及其他杂物

  E．混凝土电杆损坏修补和加固，提高电杆强度

  F．补加杆塔材料和部件，尽快恢复线路原有状态

  7．电力电缆线路日常巡视检查的主要有以下（　　）等内容。

  A．电缆沟的清理检查

  B．油浸纸绝缘电力电缆及终端头有无渗、漏油现象

  C．电缆终端头的连接点有无过热变色

  D．终端头接地线有无异常

E．有无打火、放电声响及异常气味

F．进行运行线路测试（测量）工作，掌握运行线路的情况

8．钢筋混凝土杆使用最多的是锥形杆，其锥度一般为 1/75，若已知某锥形杆的梢径为 190mm，则距杆顶 3m 处的直径为（　　）。

A．190.04mm　B．230mm　　C．25mm　　　D．300mm

本 章 答 案

一、单选题

1. D	2. B	3. C	4. D	5. B
6. A	7. D	8. C	9. A	10. B
11. D	12. D	13. D	14. D	15. C
16. B	17. A	18. A	19. B	20. B
21. B	22. D	23. A	24. D	25. B
26. B	27. C	28. D	29. C	30. B
31. B	32. C	33. D	34. A	35. D
36. C	37. D	38. B	39. C	40. A
41. A	42. B	43. D	44. A	45. B
46. B	47. A	48. B	49. C	50. B
51. C	52. C	53. D	54. D	55. A
56. B	57. A	58. B	59. A	60. B
61. C	62. C	63. C	64. C	65. C
66. A	67. C	68. B	69. B	70. B
71. D	72. A	73. A	74. A	75. D
76. A	77. C	78. B	79. D	80. A
81. A	82. B	83. A	84. D	85. A
86. A	87. D	88. A	89. B	90. C
91. B	92. A	93. D	94. B	95. D
96. C	97. D	98. A	99. D	100. C
101. C	102. A	103. B	104. A	105. B
106. C	107. B	108. B	109. C	110. D
111. B	112. A	113. C	114. C	115. C
116. D	117. A	118. A	119. A	120. C
121. B	122. D	123. C	124. D	125. C
126. B	127. C	128. C		

二、判断题

1. √	2. √	3. ×	4. ×	5. √
6. ×	7. ×	8. ×	9. ×	10. √
11. ×	12. ×	13. √	14. ×	15. ×
16. √	17. ×	18. ×	19. √	20. √
21. √	22. √	23. ×	24. ×	25. √
26. √	27. √	28. √	29. ×	30. √
31. √	32. ×	33. √	34. ×	35. ×
36. ×	37. √	38. ×	39. ×	40. ×
41. √	42. ×	43. √	44. ×	45. ×
46. √	47. ×	48. ×	49. √	50. √
51. ×	52. √	53. ×	54. √	55. √
56. √	57. √	58. ×	59. √	60. ×
61. ×	62. √	63. √	64. √	65. √
66. √	67. ×	68. ×	69. √	70. √
71. √	72. √	73. ×	74. ×	75. ×
76. √	77. ×	78. ×	79. √	80. ×
81. √	82. √	83. √	84. √	85. √
86. √	87. √	88. ×	89. ×	90. √
91. √	92. ×	93. √	94. ×	95. ×
96. ×	97. √	98. √	99. √	100. ×
101. √	102. √	103. √	104. √	105. √
106. √	107. ×	108. √	109. ×	110. √
111. √	112. √	113. √	114. ×	115. √
116. √	117. ×	118. √	119. √	120. √
121. ×	122. √	123. ×	124. √	125. √
126. ×	127. √	128. √		

三、多选题

1. BDE	2. BC	3. BCD	4. ABCD
5. DE	6. BC	7. ABCE	8. ABC

9. ACD 10. ABC 11. ABD 12. ABCE

13. CD 14. ABD 15. CD 16. AC

17. ABC 18. BCD 19. CD 20. CD

21. AB 22. CD 23. BD 24. AC

25. ABD 26. ABC 27. CD 28. ABCDEF

29. CD 30. BC 31. ABCE 32. ACD

33. ABDE 34. AD 35. ABC 36. ABCD

37. ACD 38. BCD 39. AB 40. BCD

41. ABCDE 42. ACD 43. BD 44. ACD

45. ABCD 46. CD 47. BD 48. ACDE

49. ABCE 50. BC 51. BCD 52. ABCD

53. ABCDEF 54. ABCD 55. BCD 56. ABCD

57. ABDEF 58. ABCDEF 59. ABCD 60. ABC

61. BCE 62. ACD 63. ABCD 64. ACDEF

65. ABD

四、案例分析及计算题

1. C 2. B 3. A 4. B

5. ABDEF 6. BCDEF 7. BCDE 8. B

第六章　电力系统过电压

一、单选题

1. 一般地，电力系统的运行电压在正常情况下不会超过（　　）。
    A. 额定线电压　　　　　　　　B. 允许最高工作电压
    C. 绝缘水平　　　　　　　　　D. 额定相电压

2. 电力系统过电压分成（　　）两大类。
    A. 外部过电压和内部过电压
    B. 外部过电压和大气过电压
    C. 操作过电压和短路过电压
    D. 工频过电压和大气过电压

3. 外部原因造成的过电压称为（　　）。
    A. 外部过电压　　　　　　　　B. 内部过电压
    C. 操作过电压　　　　　　　　D. 工频过电压

4. 在电力系统内部能量的传递或转化过程中引起的过电压称为（　　）。
    A. 大气过电压　　　　　　　　B. 内部过电压
    C. 感应过电压　　　　　　　　D. 雷云过电压

5. 外部过电压，与气象条件有关，又称为（　　）。
    A. 气象过电压　　　　　　　　B. 大气过电压
    C. 污秽过电压　　　　　　　　D. 条件过电压

6. 以下过电压中（　　）属于内部过电压。
    A. 大气过电压　　　　　　　　B. 感应雷过电压
    C. 操作过电压　　　　　　　　D. 雷电过电压

7. 外部过电压通常指（　　）过电压。
    A. 操作　　　B. 感应　　　C. 雷电　　　D. 直接

8. 内部过电压是在电力系统内部（　　）的传递或转化过程中引起的过电压。

　　A. 电压　　　　B. 频率　　　　C. 波形　　　　D. 能量

9. 云中的水滴受强烈气流的摩擦产生电荷，而且小水滴带（　　）。

　　A. 正电　　　　B. 负电　　　　C. 静电　　　　D. 感应电

10. 由于（　　），带电的云层在大地表面会感应出与云块异号的电荷。

　　A. 静电感应　　　　　　　　B. 电磁感应

　　C. 空间效应　　　　　　　　D. 以上都不对

11. 在两块异号电荷的雷云之间，当（　　）达到一定值时，便发生云层之间放电。

　　A. 电流　　　　　　　　　　B. 电压

　　C. 距离　　　　　　　　　　D. 电场强度

12. 雷电直接击中建筑物或其他物体，造成建筑物、电气设备及其他被击中的物体损坏，雷电的这种破坏形式称为（　　）。

　　A. 直击雷　　　　　　　　　B. 感应雷

　　C. 雷电波侵入　　　　　　　D. 雷电的折射与反射

13. 雷电直接击中建筑物或其他物体，对其放电，强大的雷电流通过这些物体入地，产生破坏性很大的（　　）。

　　A. 热效应和电效应　　　　　B. 电效应和机械效应

　　C. 热效应和机械效应　　　　D. 热效应和电磁效应

14. 雷电放电时，强大的雷电流由于（　　）会使周围的物体产生危险的过电压，造成设备损坏、人畜伤亡。雷电的这种破坏形式称为感应雷。

　　A. 静电感应和电磁感应　　　B. 静电感应和电压感应

　　C. 静电感应和电流效应　　　D. 电压感应和电流效应

15. 雷电波沿着输电线侵入变、配电所或电气设备，造成变配电所及线路的电气设备损坏，这种破坏形式称为（　　）。

　　A. 直击雷　　　　　　　　　B. 感应雷

C. 雷电波侵入　　　　　　D. 雷电的折射与反射

16. 电气设备附近遭受雷击，在设备的导体上感应出大量与雷云极性相反的束缚电荷，形成过电压，称为（　）。

　　A. 直接雷击过电压　　　　B. 感应雷过电压

　　C. 雷电反击过电压　　　　D. 短路过电压

17. 在防雷装置中用以接受雷云放电的（　）称为接闪器。

　　A. 引下线　　　　　　　　B. 金属导体

　　C. 接地体　　　　　　　　D. 绝缘材料

18. 避雷针通常采用（　）制成。

　　A. 铝制材料　　　　　　　B. 镀锌角钢

　　C. 镀锌圆钢　　　　　　　D. 铜材

19. 在防雷装置中用以接受雷云放电的金属导体称为（　）。

　　A. 接闪器　　　　　　　　B. 接地引下线

　　C. 接地体　　　　　　　　D. 接地装置

20. 在防雷装置中，具有引雷作用的是（　）。

　　A. 避雷针和避雷器　　　　B. 避雷针和避雷线

　　C. 避雷线和避雷器　　　　D. 接地体和避雷器

21. 单支避雷针的保护范围是一个（　）。

　　A. 带状空间　　　　　　　B. 圆柱空间

　　C. 近似锥形空间　　　　　D. 近似圆台空间

22. 单支避雷针的高度为 h，其地面保护半径是（　）。

　　A. 1.8h　　　B. 1.5h　　　C. 2.0h　　　D. 1.0h

23. 下列避雷针高度为 h，其影响系数描述正确的是（　）。

　　A. $h<30$m 时 $P=1$　　　B. $h>30$m 时 $P=1$

　　C. $h<30$m 时 $P=5.5/\sqrt{h}$　　D. 以上都可以

24. 避雷线又称为（　）。

　　A. 耦合地线　　　　　　　B. 屏蔽地线

　　C. 架空地线　　　　　　　D. OPGW

25. 避雷线一般用截面不小于（　）镀锌钢绞线。

　　A. 25mm^2　　　B. 50mm^2　　　C. 75mm^2　　　D. 35mm^2

26. 为防止直接雷击架空线路，一般多采用（　　）。

　　A. 避雷针　　B. 避雷线　　C. 避雷器　　D. 消雷器

27. 避雷线在防雷保护中所起的作用是（　　）。

　　A. 防感应雷　　　　　　　B. 防高压雷电波

　　C. 防直击雷　　　　　　　D. 防内部过电压

28. 下列关于避雷线保护角描述正确的是（　　）。

　　A. 保护角越小，越容易出现绕击

　　B. 山区的线路保护角可以适当放大

　　C. 保护角大小与线路是否遭受雷击无关

　　D. 多雷区的线路保护角适当缩小

29. 同等高度的避雷针，平原的保护范围（　　）山区的保护范围。

　　A. 小于　　　　　　　　　B. 大于

　　C. 等于　　　　　　　　　D. 大于或等于

30. 同等高度的避雷针，山区的保护范围（　　）平原的保护范围。

　　A. 小于　　　　　　　　　B. 大于

　　C. 等于　　　　　　　　　D. 大于或等于

31. 避雷带是沿建筑物易受雷击的部位（如屋脊、屋檐、屋角等处）装设的（　　）。

　　A. 网状绝缘体　　　　　　B. 网状导体

　　C. 带形绝缘体　　　　　　D. 带形导体

32. 烟囱顶上的避雷环采用镀锌圆钢或镀锌扁钢，其尺寸不应小于下列数值：（　　）。

　　A. 圆钢直径 8mm；扁钢厚度 4mm，截面积 48mm^2

　　B. 圆钢直径 8mm；扁钢厚度 4mm，截面积 100mm^2

　　C. 圆钢直径 12mm；扁钢厚度 4mm，截面积 100mm^2

　　D. 圆钢直径 12mm；扁钢厚度 4mm，截面积 48mm^2

33. 在腐蚀性较强的场所引下线应适当（　　）或采用其他防腐措施。

A. 减小截面　　　　　　　B. 加大截面

C. 减小直径　　　　　　　D. 缩短长度

34. 独立避雷针及其接地装置与道路的距离应（　）3m。

A. 大于

B. 等于

C. 小于

D. 以上都可以，看具体情况选择

35. 在土壤率不大于 $100\Omega \cdot m$ 的地区，独立避雷针接地电阻不宜超过（　）。

A. 10Ω　　　B. 15Ω　　　C. 20Ω　　　D. 30Ω

36. 其他接地体与独立避雷针的接地体之地中距离不应（　）3m。

A. ＞　　　　B. ＜　　　　C. ＝　　　　D. ≥

37. （　）用来防护高压雷电波侵入变、配电所或其他建筑物内，损坏被保护设备。

A. 避雷针　　B. 避雷线　　C. 消雷器　　D. 避雷器

38. 阀型避雷器都由火花间隙和阀电阻片组成，装在密封的瓷套管内。火花间隙用铜片冲制而成，每对间隙用（　）厚的云母垫圈隔开。

A. 0.5～1.5mm　　　　　　B. 1.5～2.0mm

C. 0.5～1.0mm　　　　　　D. 0.5～2.0mm

39. 在正常情况下，阀型避雷器中（　）。

A. 无电流流过　　　　　　B. 流过工作电流

C. 流过工频续流　　　　　D. 流过冲击续流

40. 下列关于低压阀型避雷器特点描述正确的是（　）。

A. 并联的火花间隙和阀片少

B. 并联的火花间隙和阀片多

C. 串联的火花间隙和阀片多

D. 串联的火花间隙和阀片少

41. 下列关于高压阀型避雷器特点描述正确的是（　）。

    A. 并联的火花间隙和阀片多

    B. 并联的火花间隙和阀片少

    C. 串联的火花间隙和阀片少

    D. 串联的火花间隙和阀片多

42. 下列关于管型避雷器开断续流特性描述正确的是（   ）。

    A. 上限应不大于安装处短路电流最大有效值

    B. 下限应不小于安装处短路电流最大有效值

    C. 下限应不大于安装处短路电流最大有效值

    D. 上限应不小于安装处短路电流最大有效值

43. 下列关于管型避雷器外部间隙最小值描述正确的是（   ）。

    A. 10kV 为 8mm   B. 10kV 为 10mm

    C. 10kV 为 12mm   D. 10kV 为 15mm

44. 下列关于高压阀型避雷器特点描述正确的是（   ）。

    A. 串联的火花间隙和阀片多，而且随电压的升高数量增多

    B. 并联的火花间隙和阀片少，而且随电压的升高数量增多

    C. 串联的火花间隙和阀片少，而且随电压的升高数量减小

    D. 并联的火花间隙和阀片多，而且随电压的升高数量减小

45. 管型避雷器由（   ）三部分组成。

    A. 产气管、内部电极和外部间隙

    B. 产气管、内部间隙和外部间隙

    C. 产气管、内部间隙和外部电极

    D. 产气管、内部电极和外部电极

46. 氧化锌避雷器的阀片电阻具有非线性特性，在（   ），其阻值很小，相当于"导通"状态。

    A. 正常工作电压作用下   B. 电压超过其启动值时

    C. 冲击电压作用过去后   D. 工频电压作用过去后

47. 金属氧化锌避雷器特点有动作迅速、（   ）、残压低、通流量大。

    A. 无续流   B. 能耗低

    C. 续流小   D. 耐热性能好

48. 下列关于氧化锌避雷器特点描述正确的是（　　）。

　　A. 残压高　　　　　　　　B. 通流量小

　　C. 有续流　　　　　　　　D. 残压低

49. 下列关于保护间隙特点描述正确的是（　　）。

　　A. 容易造成接地短路故障　　B. 灭弧能力强

　　C. 保护性能好　　　　　　　D. 以上都是

50. 下列关于保护间隙特点描述正确的是（　　）。

　　A. 不会造成接地短路故障　　B. 灭弧能力小

　　C. 保护性能好　　　　　　　D. 以上都是

51. 下列关于保护变压器的角型间隙安装位置描述正确的是（　　）。

　　A. 远离变压器一侧　　　　　B. 高压熔断器的外侧

　　C. 高压熔断器的内侧　　　　D. 以上都不是

52. 消雷器是利用金属针状电极的（　　），中和雷云电荷，从而不致发生雷击现象。

　　A. 静电作用　　　　　　　　B. 电磁感应

　　C. 沿面放电原理　　　　　　D. 尖端放电原理

53. 为防止直接雷击高大建筑物，一般多采用（　　）。

　　A. 避雷针　　　　　　　　　B. 避雷线

　　C. 避雷器　　　　　　　　　D. 保护间隙

54. 年平均雷暴日不超过（　　）天，称为少雷区。

　　A. 15　　　　　B. 25　　　　　C. 40　　　　　D. 90

55. 在高杆塔增加绝缘子串长度，线路跳闸率（　　）。

　　A. 降低　　　　　　　　　　B. 增大

　　C. 不变化　　　　　　　　　D. 以上皆有可能

56. 降低杆塔接地电阻，线路的跳闸率（　　）。

　　A. 降低　　　　　　　　　　B. 增大

　　C. 不变化　　　　　　　　　D. 以上皆有可能

57. 杆塔接地电阻应（　　）愈好。

　　A. 愈大

B. 愈小

C. 在土壤电阻率小的地区愈大

D. 在土壤电阻率大的地区愈大

58. 雷季经常运行的进出线路 1 条时，10kV 避雷器与变压器的最大电气距离是（ ）m。

A. 30   B. 25   C. 20   D. 15

59. 10kV 变、配电所应在（ ）上装设阀型避雷器。

A. 单组母线和每回路架空线路

B. 每组母线和单回路架空线路

C. 每组母线和每回路架空线路

D. 以上都不对

60. 雷季经常运行的进出线路 3 条时，10kV 避雷器与变压器的最大电气距离是（ ）m。

A. 27   B. 25   C. 20   D. 30

61. 多雷区，如变压器高压侧电压在 35kV 以上，则在变压器的（ ）装设阀型避雷器保护。

A. 低压侧   B. 高压侧

C. 不需要   D. 高、低压侧

62. 下列关于多雷区低压线路终端的保护描述正确的是（ ）。

A. 重要用户，全部采用架空线供电

B. 重要用户，全部采用电缆供电

C. 重要性较低用户，全部采用电缆供电

D. 一般用户，接户线的绝缘子铁脚可不接地

63. 屋顶上单支避雷针的保护范围可按保护角（ ）确定。

A. 60°   B. 45°   C. 30°   D. 15°

64. 金属氧化性避雷器应（ ）保管。

A. 靠墙放置   B. 水平放置

C. 垂直立放   D. 以上都正确

65. 金属氧化性避雷器应安装垂直，每一个元件的中心线与避雷器安装中心线的垂直偏差不应大于该元件高度的（ ）。

　　A. 2.5%　　　B. 1.5%　　　C. 3.0%　　　D. 4.5%

66. 金属氧化锌避雷器安装时，接地引下线应尽量（　　）。

　　A. 短　　　　B. 长　　　　C. 短而直　　　D. 长而直

67. 金属氧化性避雷器安装前应检查其（　　）是否与设计相符。

　　A. 大小　　　　　　　　　B. 体积

　　C. 质量　　　　　　　　　D. 型号规格

68. 无续流管型避雷器安装时其轴线与水平方向的夹角应（　　）。

　　A. 不小于 45°　　　　　　B. 不小于 15°

　　C. 不小于 25°　　　　　　D. 不小于 30°

69. 普通阀型避雷器由于阀片热容量有限，所以只允许在（　　）下动作。

　　A. 大气过电压　　　　　　B. 操作过电压

　　C. 谐振过电压　　　　　　D. 短路过电压

70. 35～110kV 线路电缆进线段为三芯电缆时，避雷器接地端应与电缆金属外皮连接，其末端金属外皮应（　　）。

　　A. 对地绝缘　　　　　　　B. 经保护器接地

　　C. 经保护间隙接地　　　　D. 直接接地

71. 与 FZ 型避雷器残压相比，FS 型避雷器具有（　　）的特点。

　　A. 残压低　　　　　　　　B. 体积小

　　C. 有均压电阻　　　　　　D. 残压高

72. 对于需要频繁投切的高压电容器，为了防止断路器触头弹跳和重击穿引起操作过电压，有时需要并联（　　）。

　　A. 管型避雷器　　　　　　B. 阀型避雷器

　　C. 金属氧化物避雷器　　　D. 排气式避雷器

二、判断题

1. 电力系统中危及电气设备绝缘的电压升高即为过电压。（　　）

2. 电力系统中危及电气设备绝缘的电压升高即为短路过电压。

（　　）

3. 为了考核电气设备的绝缘水平，我国规定：10kV 对应的允许最高工作电压为 11.5kV。（　　）

4．电力系统过电压分成两大类：感应过电压和内部过电压。（　　）

5．电力系统过电压分成两大类：外部过电压和内部过电压。（　　）

6．电力系统过电压分成两大类：大气过电压和内部过电压。（　　）

7．外部过电压是指外部原因造成的过电压，通常指雷电过电压。（　　）

8．雷电是带电荷的云所引起的放电现象。（　　）

9．不同原因引起的内部过电压，其过电压的大小、波形、频率、延续时间长短并不完全相同，因此防止对策也有区别。（　　）

10．输电线路上遭受直击雷或发生感应雷，雷电波便沿着输电线侵入变、配电所或电气设备，就将造成电气设备损坏，甚至造成人员伤亡事故，这种破坏形式称为高压雷电波侵入。（　　）

11．输电线路上遭受直击雷或发生感应雷，雷电波便沿着输电线侵入变、配电所或电气设备，就将造成电气设备损坏，甚至造成人员伤亡事故，这种破坏形式称为感应雷过电压。（　　）

12．在防雷装置中用以接受雷云放电的金属导体称为接闪器。（　　）

13．在防雷装置中用以接受雷云放电的金属导体称为消雷器。（　　）

14．烟囱顶上的避雷针直径不大于15mm。（　　）

15．烟囱顶上的避雷针直径不小于10mm。（　　）

16．避雷针一般安装在支柱（电杆）上或其他构架、建筑物上，必须经引下线与接地体可靠连接。（　　）

17．在防雷装置中用以接受雷云放电的金属导体称为消雷器。（　　）

18．避雷针通常采用镀锌圆钢或镀锌钢管制成，一般采用圆钢，上部制成针尖形状。（　　）

19．避雷针在地面上的保护半径是2.5倍避雷针高度。（　　）

20．避雷针在地面上的保护半径是2倍避雷针高度。（　　）

21．避雷线一般用截面不小于 $35mm^2$ 的镀锌钢绞线。（　）

22．避雷线又叫耦合地线。（　）

23．避雷线的作用原理与避雷针相同，只是保护范围较小。

（　）

24．避雷带是沿建筑物易受雷击的部位（如屋脊、屋檐、屋角等处）装设的带形导体。（　）

25．装设在烟囱上圆钢的引下线，其规格尺寸不应小于直径8mm。（　）

26．避雷器用来防护高压雷电波侵入变、配电所或其他建筑物内，损坏被保护设备。（　）

27．避雷器与被保护设备并联连接。（　）

28．避雷器与被保护设备串联连接。（　）

29．阀型避雷器的阀电阻片具有线性特性。（　）

30．在正常情况下，阀型避雷器中流过工作电流。（　）

31．高压阀型避雷器或低压阀型避雷器都由火花间隙和阀电阻片组成，装在密封的瓷套管内。（　）

32．管型避雷器由产气管、内部间隙和外部间隙三部分组成。

（　）

33．氧化锌避雷器的阀片电阻具有非线性特性，在正常工作电压作用下，呈绝缘状态；在冲击电压作用下，其阻值很小，相当于短路状态。（　）

34．为提高供电可靠性，装有保护间隙的线路上，一般都不会装有自动重合装置。（　）

35．金属氧化物避雷器的特点包括动作迅速、无续流、残压低、通流量小等。（　）

36．金属氧化物避雷器的特点包括动作迅速、无续流、残压低、伏安特性差等。（　）

37．保护间隙是最简单、最经济的防雷设备，它结构十分简单，维护也方便。（　）

38．消雷器是利用金属针状电极的电磁感应原理，使雷云电荷

被中和，从而不致发生雷击现象。（　　）

39．35kV 及以下电力线路一般不沿全线装设避雷线。（　　）

40．10kV 变、配电所应在每组母线和每回路架空线路上装设阀型避雷器。（　　）

41．500kV 电力线路一般沿全线装设单避雷线。（　　）

42．在铁横担线路上可改用瓷横担或高一等级的绝缘子（10kV 线路）加强线路绝缘。（　　）

43．为降低线路跳闸率，可在大跨越地带杆塔增加绝缘子串数目。（　　）

44．10kV 变、配电所应在每组母线和每回路架空线路上装设阀型避雷器。（　　）

45．接地电阻应愈小愈好，年平均雷暴日在 40 以上的地区，其接地电阻不应超过 100Ω。（　　）

46．避雷针及其接地装置不能装设在人、畜经常通行的地方。（　　）

47．屋顶上单支避雷针的保护范围可按 45°保护角确定。（　　）

48．管型避雷器倾斜安装时，其轴线与水平方向夹角普通管型避雷器应不小于 15°。（　　）

49．导线通过的最大负荷电流不应超过其允许电流。（　　）

50．当雷电侵入波前行时，如遇到前方开路，会发生行波的全反射而可能造成设备损坏。（　　）

51．35～110kV 架空线路，如果未沿全线架设避雷线，则应在变电所 1～2km 的进线段架设避雷线。（　　）

52．在过电压作用过去后，阀型避雷器中流过雷电流。（　　）

53．普通阀型避雷器由于阀片热容量有限，所以不允许在内部过电压下动作。（　　）

三、多选题

1．由于（　　）等原因，会使某些电气设备和线路承受的电压大大超过正常运行电压，危及设备和线路的绝缘等多种因素有关。

　　A．雷击　　　　　　　　　　B．切断空载线路

C．切断空载变压器 D．事故

2．过电压对电气设备和电力系统安全运行危害极大，它（　），影响电力系统安全发、供、用电。

A．破坏绝缘 B．损坏设备

C．造成人员伤亡 D．一般不会造成事故

3．内部过电压是在电力系统（　）引起的。

A．内部能量的传递 B．内部能量的转化

C．外部能量的传递 D．外部能量的转化

4．内部过电压与（　）等多种因素有关。

A．各项参数 B．运行状态

C．电力系统内部结构 D．停送电操作

E．是否发生事故

5．电力系统过电压分成两大类：（　）。

A．外部过电压和内部过电压

B．外部过电压和大气过电压

C．大气过电压和内部过电压

D．雷电过电压和内部过电压

6．内部过电压与（　）等多种因素有关。

A．是否发生事故 B．运行状态

C．电力系统内部结构 D．停送电操作

7．内部过电压与（　）等多种因素有关。

A．各项参数 B．气象条件

C．电力系统内部结构 D．停送电操作

8．内部过电压与（　）等多种因素有关。

A．气象条件 B．运行状态

C．电力系统内部结构 D．停送电操作

9．雷电过电压通常称为（　）。

A．外部过电压 B．内部过电压

C．大气过电压 D．操作过电压

10．雷电直接击中建筑物或其他物体，产生破坏性很大的（　），造成建筑物、电气设备及其他被击中的物体损坏，雷电的这种破坏形式称为直击雷。

    A．波效应　　　　　　　　　B．声光效应

    C．热效应　　　　　　　　　D．机械效应

11．下列属于接闪器的有（　　）。

    A．避雷针　　B．避雷线　　C．避雷网　　D．避雷带

12．强大的雷电流由于（　　）会使周围的物体产生危险的过电压，造成设备损坏、人畜伤亡，雷电的这种破坏形式称为感应雷。

    A．电磁感应　　　　　　　　B．电流幅值大

    C．电压幅值大　　　　　　　D．静电感应

13．下列关于避雷针直径最小值描述正确的有（　　）。

    A．针长 1m 以下：圆钢为 12mm

    B．针长 1～2m：圆钢为 16mm

    C．烟囱顶上的针：圆钢为 16mm

    D．烟囱顶上的针：圆钢为 20mm

14．下列关于接闪器引下线描述正确的有（　　）。

    A．引下线应镀锌

    B．焊接处应涂防腐漆

    C．引下线是防雷装置极重要的组成部分

    D．可以利用混凝土中钢筋作引下线

15．下列关于接闪器接地要求描述正确的有（　　）。

    A．避雷针（带）与引下线之间的连接应采用焊接

    B．在土壤电阻率不大于 $100\Omega \cdot m$ 的地区，其接地电阻不宜超过 10Ω

    C．独立避雷针及其接地装置与道路或建筑物的出入口等的距离应大于 3m

    D．其他接地体与独立避雷针的接地体之地中距离不应小于 3m

    E．不得在避雷针构架或电杆上架设低压电力线或通信线

16．下列关于接闪器接地要求描述不正确的有（　　）。

A. 避雷针（带）与引下线之间的连接应采用焊接

B. 在土壤电阻率不大于 $100\Omega \cdot m$ 的地区，其接地电阻不宜超过 30Ω

C. 独立避雷针及其接地装置与道路或建筑物的出入口等的距离应大于 1.5m

D. 其他接地体与独立避雷针的接地体之地中距离不应小于 3m

E. 不得在避雷针构架或电杆上架设低压电力线或通信线

17. 避雷器包括（　）。

A. 阀型避雷器　　　　　　B. 氧化锌避雷器

C. 管型避雷器　　　　　　D. 消雷器

18. 高压阀型避雷器或低压阀型避雷器都是由（　）组成，装在密封的瓷套管内。

A. 火花间隙　　　　　　　B. 产气管

C. 阀电阻片　　　　　　　D. 金属氧化物

19. 下列关于阀型避雷器阀电阻片特性描述正确的有（　）。

A. 具有非线性特性　　　　B. 正常电压时阀片电阻很大

C. 过电压时电阻很小　　　D. 电压越高电阻越大

20. 管型避雷器由（　）组成。

A. 阀电阻片　　　　　　　B. 产气管

C. 内部间隙　　　　　　　D. 外部间隙

21. 管型避雷器外部间隙 S_2 的最小值符合要求的有（　）。

A. 3kV 为 8mm　　　　　　B. 6kV 为 10mm

C. 6kV 为 12mm　　　　　　D. 10kV 为 15mm

22. 氧化锌避雷器工作原理描述正确的有（　）。

A. 正常工作电压下，呈绝缘状态

B. 电压超过启动值时，呈"导通"状态

C. 正常工作电压下，呈"导通"状态

D. 电压超过启动值时，呈绝缘状态

23. 金属氧化物避雷器的特点包括（　）、体积小、重量轻、结构简单、运行维护方便等。

A. 无续流   B. 残压低

C. 通流量大   D. 动作迅速

24. 下列关于保护间隙描述正确的有（   ）。

A. 保护性能好、灭弧能力大

B. 保护电力变压器，要求装在高压熔断器的内侧

C. 结构复杂、维护方便

D. 保护间隙在运行中要加强维护检查

25. 下列有关消雷器描述正确的有（   ）。

A. 利用金属针状电极的尖端放电原理

B. 中和雷云电荷，不致发生雷击现象

C. 消雷器及其附近大地感应出与雷云电荷极性相反的电荷

D. 接地装置通过引下线与离子化装置相连

26. 下列属于架空线路防雷保护措施的有（   ）。

A. 架设避雷线

B. 加强线路绝缘

C. 利用导线三角形排列的顶线兼作防雷保护线

D. 降低杆塔接地电阻

E. 装设自动重合闸装置

27. 防雷设施及接地装置的作用是（   ）。

A. 吸引雷电流   B. 把雷电流引入大地

C. 将杆塔可靠接地   D. 保护线路绝缘

28. 下列关于少雷区避雷线架设规定正确的有（   ）。

A. 35kV 电力线路部分地段装设避雷线

B. 35kV 及以下电力线路全线装设避雷线

C. 重要的 110kV 线路、220kV 及以上电力线路全线装设
避雷线

D. 500kV 及以上电力线路全线装设双避雷线

29. 下列属于加强线路绝缘的有（   ）。

A. 铁横担线路上可改用瓷横担

B. 增加绝缘子片数

C. 缩小爬电距离

D. 瓷绝缘子更换为防污型绝缘子

30. 下列杆塔接地电阻描述正确的有（　　）。

A. 接地电阻应愈大愈好

B. 接地电阻应愈小愈好

C. 年平均雷暴日在 40 以上的地区，其接地电阻不应超过 30Ω

D. 土壤电阻率高的地区，接地电阻大

31. 下列低压线路终端的保护描述正确的有（　　）。

A. 重要用户，最好采用电缆供电并将电缆金属外皮接地

B. 重要性较低的用户，采用全部架空线供电，在进户处装设一组低压阀型避雷器或保护间隙并与绝缘子铁脚一起接地

C. 一般用户，将进户处绝缘子铁脚接地

D. 少雷区，接户线的绝缘子铁脚可不接地

32. 下列氧化锌避雷器安装要求描述正确的有（　　）。

A. 避雷器不得任意拆开，避雷器应垂直立放保管

B. 避雷器不得任意拆开，避雷器应水平摆放保管

C. 安装垂直，元件中心线与避雷器安装中心线垂直偏差不应大于元件高度 5%

D. 安装垂直，元件中心线与避雷器安装中心线垂直偏差不应大于元件高度 1.5%

33. 3~10kV 变电所必须在（　　）装设避雷器。

A. 母线　　　　B. 架空进线　　C. 变压器　　　D. 开关

四、案例分析及计算题

1. 某变电站避雷针架设高度为 40m，则该避雷针地面保护半径是（　　）。

A. 30m　　　　B. 40m　　　　C. 50m　　　　D. 60m

2. 某变电站避雷针架设高度为 36m，则该避雷针地面保护半

径是（　　）。

　　　　A．18m　　　　B．36m　　　　C．45m　　　　D．54m

　　3．某变电站避雷针架设高度为 36m，则该避雷针在 30m 的高度的保护半径是（　　）。

　　　　A．5m　　　　B．5.5m　　　　C．8m　　　　D．8.5m

　　4．某变电站避雷针架设高度为 36m，则该避雷针在 27m 的高度的保护半径是（　　）。

　　　　A．8.25m　　　B．9.5m　　　C．9.25m　　　D．10.5m

　　5．某变电站避雷针架设高度为 36m，则该避雷针在 24m 的高度的保护半径是（　　）。

　　　　A．11m　　　　B．14m　　　　C．12m　　　　D．15m

　　6．某变电站避雷针架设高度为 36m，则该避雷针在 15m 的高度的保护半径是（　　）。

　　　　A．18m　　　　B．22m　　　　C．24m　　　　D．26m

　　7．某变电站避雷针架设高度为 36m，则该避雷针在 12m 的高度的保护半径是（　　）。

　　　　A．22.5m　　　B．25m　　　　C．27.5m　　　D．30m

　　8．某变电站避雷针架设高度为 20m，则该避雷针在 14m 的高度的保护半径是（　　）。

　　　　A．10m　　　　B．8m　　　　C．12m　　　　D．6m

　　9．某变电站避雷针架设高度为 20m，则该避雷针在 12m 的高度的保护半径是（　　）。

　　　　A．10m　　　　B．8m　　　　C．12m　　　　D．6m

　　10．某变电站避雷针架设高度为 20m，则该避雷针在 8m 的高度的保护半径是（　　）。

　　　　A．12m　　　　B．14m　　　　C．16m　　　　D．18m

　　11．某变电站避雷针架设高度为 20m，则该避雷针在 6m 的高度的保护半径是（　　）。

　　　　A．14m　　　　B．16m　　　　C．18m　　　　D．12m

本 章 答 案

一、单选题

1. B	2. A	3. A	4. B	5. B
6. C	7. C	8. D	9. B	10. A
11. D	12. A	13. C	14. A	15. C
16. B	17. B	18. C	19. A	20. B
21. C	22. B	23. A	24. C	25. D
26. B	27. C	28. D	29. B	30. A
31. D	32. C	33. B	34. A	35. A
36. B	37. D	38. C	39. C	40. D
41. D	42. D	43. D	44. A	45. B
46. B	47. A	48. D	49. A	50. B
51. C	52. D	53. A	54. A	55. A
56. A	57. B	58. D	59. C	60. A
61. D	62. B	63. A	64. C	65. B
66. C	67. D	68. A	69. A	70. D
71. A	72. C			

二、判断题

1. √	2. ×	3. ×	4. ×	5. √
6. √	7. √	8. ×	9. √	10. √
11. ×	12. √	13. ×	14. ×	15. ×
16. √	17. ×	18. √	19. ×	20. ×
21. √	22. ×	23. √	24. √	25. ×
26. √	27. √	28. ×	29. ×	30. ×
31. √	32. √	33. √	34. ×	35. ×
36. ×	37. √	38. ×	39. √	40. ×
41. ×	42. √	43. ×	44. ×	45. ×
46. √	47. ×	48. √	49. √	50. √

51. √   52. ×   53. √

三、多选题

1. ABCD	2. ABC	3. AB	4. ABCDE
5. ACD	6. ABCD	7. ACD	8. BCD
9. AC	10. CD	11. ABCD	12. AD
13. ABD	14. ABCD	15. ABCDE	16. BC
17. ABC	18. AC	19. ABC	20. BCD
21. ABD	22. AB	23. ABCD	24. BD
25. ABCD	26. ABCDE	27. ABCD	28. ACD
29. ABD	30. BC	31. ABCD	32. AD
33. AB			

四、案例分析及计算题

1. D	2. D	3. B	4. A	5. A
6. B	7. C	8. D	9. B	10. B
11. C				

第七章　继电保护自动装置

一、单选题

1.（　）属于电气设备不正常运行状态。
    A．单相短路　　　　　　　　B．单相断线
    C．两相短路　　　　　　　　D．系统振荡

2.（　）属于电气设备故障。
    A．过负荷　　　　　　　　　B．单相短路
    C．频率降低　　　　　　　　D．系统振荡

3.（　）属于电气设备故障。
    A．过负荷　　　　　　　　　B．过电压
    C．频率降低　　　　　　　　D．单相断线

4.（　）不属于电力系统中的事故。
    A．对用户少送电
    B．电能质量降低到不能允许的程度
    C．过负荷
    D．电气设备损坏

5．继电保护的（　）是指发生了属于它该动作的故障，它能可靠动作，而在不该动作时，它能可靠不动作。
    A．可靠性　　　B．选择性　　　C．速动性　　　D．灵敏性

6．继电保护的（　）是指电力系统发生故障时，保护装置仅将故障元件切除，而使非故障元件仍能正常运行，以尽量缩小停电范围的一种性能。
    A．可靠性　　　B．选择性　　　C．速动性　　　D．灵敏性

7．继电保护动作的选择性，可以通过合理整定（　）和上下级保护的动作时限来实现。

A．动作电压   B．动作范围

C．动作值   D．动作电流

8．为保证继电保护动作的选择性，一般上下级保护的时限差取（　　）。

A．0.1～0.3s   B．0.3～0.7s   C．1s   D．1.2s

9．继电保护的（　　）是指保护快速切除故障的性能。

A．可靠性   B．选择性

C．速动性   D．灵敏性

10．一般的快速保护动作时间为（　　）。

A．0～0.05s   B．0.06～0.12s

C．0.1～0.2s   D．0.01～0.04s

11．一般的断路器的动作时间为0.06～0.15s，最快的可达（　　）。

A．0.06～0.15s   B．0.02～0.06s

C．0.06～0.12s   D．0.01～0.04s

12．（　　）可以提高系统并列运行的稳定性、减少用户在低电压下的工作时间、减少故障元件的损坏程度，避免故障进一步扩大。

A．可靠性   B．选择性   C．速动性   D．灵敏性

13．继电保护的（　　）是指继电保护对其保护范围内故障的反应能力。

A．可靠性   B．选择性   C．速动性   D．灵敏性

14．继电保护装置按被保护的对象分类，有电力线路保护、发电机保护、变压器保护、电动机保护、（　　）等。

A．差动保护   B．母线保护

C．后备保护   D．主保护

15．电压保护属于按（　　）分类。

A．被保护的对象   B．保护原理

C．保护所起作用   D．保护所反映的故障类型

16．差动保护属于按（　　）分类。

A．被保护的对象   B．保护原理

C．保护所起作用   D．保护所反映的故障类型

17. 电力线路保护属于按（ ）分类。
    A. 被保护的对象　　　　　　　B. 保护原理
    C. 保护所起作用　　　　　　　D. 保护所反映的故障类型

18. 变压器保护属于按（ ）分类。
    A. 被保护的对象　　　　　　　B. 保护原理
    C. 保护所起作用　　　　　　　D. 保护所反映的故障类型

19. 相间短路保护属于按（ ）分类。
    A. 被保护的对象　　　　　　　B. 保护原理
    C. 保护所起作用　　　　　　　D. 保护所反映的故障类型

20. 过励磁保护属于按（ ）分类。
    A. 被保护的对象　　　　　　　B. 保护原理
    C. 保护所起作用　　　　　　　D. 保护所反映的故障类型

21. 主保护属于按（ ）分类。
    A. 被保护的对象　　　　　　　B. 保护原理
    C. 保护所起作用　　　　　　　D. 保护所反映的故障类型

22. 主保护是指满足系统稳定和设备安全要求，能以最快速度（ ）地切除被保护元件故障的保护。
    A. 灵敏　　　B. 快速　　　C. 有选择　　　D. 可靠

23. （ ）是指当主保护或断路器拒动时用来切除故障的保护。
    A. 主保护　　　　　　　　　　B. 后备保护
    C. 辅助保护　　　　　　　　　D. 失灵保护

24. （ ）是指当主保护或断路器拒动时，由相邻电力设备或线路的保护来实现。
    A. 主保护　　　　　　　　　　B. 远后备保护
    C. 辅助保护　　　　　　　　　D. 近后备保护

25. （ ）是指当主保护拒动时，由本电力设备或线路的另一套保护来实现。
    A. 主保护　　　　　　　　　　B. 远后备保护
    C. 辅助保护　　　　　　　　　D. 近后备保护

26. 辅助保护是为补充主保护和后备保护的性能或当主保护和

后备保护退出运行而增设的（　　）。

  A．电流保护   B．电压保护

  C．简单保护   D．断路器保护

27．（　　）是指继电器动作时处于闭合状态的接点。

  A．动断接点   B．动合接点

  C．延时动断接点   D．自保持接点

28．能使继电器动合接点由断开状态到闭合状态的（　　）电流称为动作电流。

  A．最大   B 最小   C．所有   D．整定

29．电流继电器的返回系数要求在（　　）之间。

  A．0.7～0.75   B．0.75～0.8

  C．0.8～0.85   D．0.85～0.9

30．（　　）是反应电压下降到某一整定值及以下动断接点由断开状态到闭合状态的继电器。

  A．过电压继电器   B．低电压继电器

  C．时间继电器   D．中间继电器

31．时间继电器的（　　）接点是指继电器通足够大的电流时经所需要的时间（整定时间）闭合的接点。

  A．瞬时动合   B．延时动合

  C．瞬时动断   D．延时动断

32．下列符号中表示中间继电器的是（　　）。

  A．KA   B．KS   C．KT   D．KM

33．（　　）所发信号不应随电气量的消失而消失，要有机械或电气自保持。

  A．时间继电器   B．中间继电器

  C．信号继电器   D．电压继电器

34．（　　）主要应用于Y，d接线的变压器差动保护装置中。

  A．三相星形接线   B．两相不完全星形接线方式

  C．两相电流差接线方式   D．三角形接线方式

35．三角形接线方式在正常运行或三相短路时，流过继电器线

圈的电流为相电流的（　　）倍，并且相位上相差30°。

    A．1.5　　　　B．1.732　　　　C．1.414　　　　D．2

36．三角形接线方式在正常运行或三相短路时，流过继电器线圈的电流为相电流的1.732倍，并且相位上相差（　　）度。

    A．30　　　　B．60　　　　C．90　　　　D．120

37．下列不属于变压器的油箱内故障的是（　　）。

    A．内部绕组相间短路

    B．直接接地系统侧绕组的接地短路

    C．内部绕组匝间短路

    D．油箱漏油造成油面降低

38．变压器容量在（　　）kVA以下的变压器，当过电流保护动作时间大于0.5s时，用户3～10kV配电变压器的继电保护，应装设电流速断保护。

    A．6300　　　B．8000　　　C．10000　　　D．12000

39．油浸式变压器容量在（　　）kVA及以上，应装设瓦斯保护。

    A．400　　　B．800　　　C．1000　　　D．2000

40．容量在10000kVA及以上，或容量在（　　）kVA及以上并列运行变压器或用户中的重要变压器应装设电流纵差动保护。

    A．2000　　　B．3150　　　C．6300　　　D．8000

41．过负荷保护主要用于反应（　　）kVA及以上变压器过负荷。

    A．315　　　B．400　　　C．630　　　D．800

42．（　　）动作时间随电流的大小而变化，电流越大动作时间越长，电流越小动作时间越短。

    A．电流速断保护　　　　　　B．定时限过电流保护

    C．反时限过电流保护　　　　D．限时电流速断保护

43．对于中、小容量变压器，可以装设单独的电流速断保护，作为变压器防止相间短路故障的（　　）。

    A．主保护　　　　　　　　　B．后备保护

    C．辅助保护　　　　　　　　D．方向保护

44．对于中、小容量变压器，可以装设单独的（　　），作为变

压器防止相间短路故障的主保护。

  A．电流速断保护   B．过电流保护

  C．差动保护   D．瓦斯保护

 45．变压器的（   ），其动作电流整定按躲过变压器负荷侧母线短路电流来整定，一般应大于额定电流 3～5 倍整定。

  A．电流速断保护   B．过电流保护

  C．差动保护   D．零序电流保护

 46．（   ）必须躲过变压器空载投运时的激磁涌流。

  A．过电流保护   B．过负荷保护

  C．比率差动保护   D．电流速断保护

 47．（   ）的触点可以直接闭合断路器的跳闸线圈回路。

  A．电压继电器   B．电流继电器

  C．差动继电器   D．中间继电器

 48．（   ）必须躲过变压器空载投运时的激磁涌流。

  A．过电流保护   B．过负荷保护

  C．比率差动保护   D．差动速断保护

 49．电力系统中常用的 Y，d11 接线的变压器，三角形侧的电流比星形侧的同一相电流，在相位上超前（   ）度。

  A．30   B．60   C．120   D．150

 50．重瓦斯动作后，跳开变压器（   ）断路器。

  A．高压侧   B．各侧

  C．低压侧   D．主电源侧

 51．以下（   ）动作后必须有自保持回路。

  A．差动保护   B．重瓦斯保护

  C．轻瓦斯保护   D．以上答案皆不对

 52．轻瓦斯动作后，（   ）。

  A．跳开变压器高压侧断路器

  B．跳开变压器低压侧断路器

  C．只发信号，不跳开关

  D．跳开变压器各侧断路器

53. 电力线路过电流保护的动作电流按躲过（　）整定。

　　A．最大短路电流　　　　　　B．最小短路电流

　　C．正常负荷电流　　　　　　D．最大负荷电流

54. 电力线路过电流保护动作时间的整定采取阶梯原则，时限阶段差 t 一般设置为（　）。

　　A．0.3s　　　B．0.5s　　　C．0.8s　　　D．1s

55. 电力线路过电流保护的动作时间一般在（　）。

　　A．0.2～0.5s　　　　　　　B．0.5～0.8s

　　C．0.8～1s　　　　　　　　D．1～1.2s

56. 在本线路上（　）有死区。

　　A．过电流保护　　　　　　　B．限时电流速断保护

　　C．过负荷保护　　　　　　　D．电流速断保护

57. 对于高压电力线路，限时电流速断保护的动作时间一般取（　）。

　　A．0.2s　　　B．0.5s　　　C．0.7s　　　D．1s

58. 对于高压电力线路，（　）的动作时间一般取 0.5s。

　　A．电流速断保护　　　　　　B．过负荷保护

　　C．限时电流速断保护　　　　D．纵差保护

59. 高压电动机最严重的故障是（　）。

　　A．定子绕组的相间短路故障

　　B．单相接地短路

　　C．一相绕组的匝间短路

　　D．供电电压过低或过高

60. 当电压过高时，电动机可能（　）。

　　A．不能启动　　　　　　　　B．绝缘老化加快

　　C．反转　　　　　　　　　　D．倒转

61. 高压电动机发生单相接地故障时，只要接地电流大于（　），将造成电动机定子铁芯烧损。

　　A．5A　　　B．10A　　　C．15A　　　D．20A

62. 对单相接地电流大于（　）时的电动机，保护装置动作于

跳闸。

  A. 5A   B. 10A   C. 15A   D. 20A

  63. （ ）以下的高压电动机，装设电流速断保护，保护宜采用两相式并动作于跳闸。

  A. 1000kW B. 2000kW C. 3000kW D. 4000kW

  64. 2000kW 及以上大容量的高压电机，普遍采用（ ）代替电流速断保护。

  A. 过负荷保护   B. 低电压保护

  C. 纵差动保护   D. 失步保护

  65. 2000kW 以下的电动机，如果（ ）灵敏度不能满足要求时，也可采用电流纵差动保护代替。

  A. 过负荷保护   B. 电流速断保护

  C. 纵差动保护   D. 过电流保护

  66. 运行过程中易发生过负荷和需要防止启动或自启动时间过长的电动机应装设（ ）。

  A. 过负荷保护   B. 低电压保护

  C. 失步保护   D. 电流速断保护

  67. 对单相接地电流大于 5A 时的电动机，应装设反映（ ）的零序电流保护。

  A. 两相短路   B. 三相短路

  C. 单相接地短路   D. 区外短路

  68. 中小容量的高压电容器组如配置（ ），动作电流可取电容器组额定电流的2～2.5 倍。

  A. 过电流保护   B. 电流速断保护

  C. 差动保护   D. 过负荷保护

  69. 中小容量的高压电容器组如配置电流速断保护，动作电流可取电容器组额定电流的（ ）倍。

  A. 1.5～2 B. 2～2.5 C. 2.5～3 D. 3～3.5

  70. 中小容量的高压电容器组如配置延时电流速断保护，动作时限可取（ ），以便避开电容器的合闸涌流。

A．0.1s　　　B．0.2s　　　C．0.3s　　　D．0.4s

71．从功能上来划分，微机保护装置的硬件系统可分为（　　）个部分。

A．5　　　　B．6　　　　C．7　　　　D．8

72．微机保护装置的（　　）也叫数据采集系统。

A．交流电压输入系统　　　　B．模拟量输入系统

C．开关量输入系统　　　　　D．开关量输出系统

73．微机保护装置的 CPU 执行存放在（　　）中的程序。

A．RAM　　　　　　　　　B．ROM

C．EPROM　　　　　　　　D．EEPROM

74．微机保护装置的 CPU 在执行程序时，对由数据采集系统输入至（　　）区的原始数据进行分析处理，以完成各种继电保护功能。

A．RAM　　　　　　　　　B．ROM

C．EPROM　　　　　　　　D．EEPROM

75．下列不属于微机保护装置人机接口主要功能的是（　　）。

A．调试　　　　　　　　　B．定值调整

C．人对机器工作状态的干预　D．外部接点输入

76．根据模数转换的原理不同，微机保护装置中模拟量输入回路有（　　）种方式。

A．1　　　　B．2　　　　C．3　　　　D．4

77．微机保护装置中，模拟低通滤波器的符号是（　　）。

A．ALF　　　B．S/H　　　C．VFC　　　D．A/D

78．微机保护装置中，采样保持回路的符号是（　　）。

A．ALF　　　B．S/H　　　C．VFC　　　D．A/D

79．微机保护装置中，模数转换回路的符号是（　　）。

A．ALF　　　B．S/H　　　C．VFC　　　D．A/D

80．110kV 及以下线路保护测控装置不具备（　　）功能。

A．三相一次重合闸　　　　B．过电流保护

C．断路器保护　　　　　　D．过负荷保护

81．下列不属于 110kV 及以下并联电容器组保护测控装置主要

功能的是（   ）。

    A. 重瓦斯保护

    B. 低电压保护

    C. 过电压保护

    D. 复合电压闭锁方向过流保护

82. 110kV 及以下线路保护测控装置的线路电压报警为：当重合闸方式为（   ）时，并且线路有流而无压，则延时 10 秒报线路电压异常。

    A. 检无压   B. 检同期

    C. 检无压或检同期   D. 不检

83. 110kV 及以下线路保护测控装置，满足以下条件：当正序电压小于（   ）而任一相电流大于 0.1A，延时 10 秒报母线 PT 断线。

    A. 20V   B. 30V   C. 40V   D. 50V

84. 110kV 及以下线路保护测控装置，满足以下条件：负序电压大于（   ），延时 10 秒报母线 PT 断线。

    A. 6V   B. 8V   C. 10V   D. 12V

85. 110kV 及以下线路保护测控装置，电压恢复正常后装置延时（   ）自动把 PT 断线报警返回。

    A. 1s   B. 1.25s   C. 1.5s   D. 2s

86. 110kV 及以下线路保护测控装置，当开关在跳位而（   ），延时 10 秒报 TWJ 异常。

    A. 线路有压   B. 线路无压

    C. 线路有流   D. 线路无流

87. 110kV 及以下线路保护测控装置，当过负荷报警功能投入时，（   ）电流大于整定值，经整定延时后报警。

    A. A 相   B. B 相   C. C 相   D. 任意相

88. 110kV 及以下线路保护测控装置，当装置自产零序电压大于（   ）时，延时 15 秒接地报警。

    A. 20V   B. 25V   C. 30V   D. 40V

89. 架空线路装设自动重合闸装置后，可以（   ）。

A．提高耐雷水平　　　　B．提高供电可靠性

C．降低杆塔接地电阻　　D．降低跳闸率

90．电力系统自动操作装置的作用对象往往是某些（　），自动操作的目的是提高电力系统供电可靠性和保证系统安全运行。

A．系统电压　　　　　　B．系统频率

C．断路器　　　　　　　D．发电机

91．（　）指正常情况下有明显断开的备用电源或备用设备或备用线路。

A．明备用　　B．冷备用　　C．暗备用　　D．热备用

92．（　）指正常情况下没有断开的备用电源或备用设备，而是工作在分段母线状态，靠分段断路器取得相互备用。

A．明备用　　B．冷备用　　C．暗备用　　D．热备用

93．以电气回路为基础，将继电器和各元件的线圈、触点按保护动作顺序，自左而右、自上而下绘制的接线图，称为（　）。

A．原理图　　B．展开图　　C．安装图　　D．一次图

94．阅读（　）的顺序是：先交流后直流再信号，从上而下，从左到右，层次分明。

A．原理图　　　　　　　B．展开图

C．安装图　　　　　　　D．归总式原理图

95．安装图按其（　）分为屏面布置图及安装接线图。

A．原理　　　B．作用　　C．性质　　　D．表现形式

96．（　）的特点是能够使读图者对整个二次回路的构成以及动作过程，都有一个明确的整体概念。

Ａ．安装接线图　　　　　B．屏面布置图

C．归总式原理图　　　　D．展开式原理图

97．在（　）中，各继电器的线圈和触点分开，分别画在它们各自所属的回路中，并且属于同一个继电器或元件的所有部件都注明同样的符号。

A．原理图　　B．展开图　　C．安装图　　D．一次图

98．（　）是以屏面布置图为基础，以原理图为依据而绘制成

的接线图，是一种指导屏柜上配线工作的图纸。

    A．安装接线图　　　　　　　　B．屏面布置图

    C．归总式原理图　　　　　　　D．展开式原理图

99．安装接线图对各元件和端子排都采用（　　）进行编号。

    A．相对编号法　　　　　　　　B．绝对编号法

    C．相对顺序法　　　　　　　　D．回路编号法

100．对于二次回路的标号，按线的性质、用途进行编号叫（　　）。

    A．相对编号法　　　　　　　　B．绝对编号法

    C．回路编号法　　　　　　　　D．相对顺序法

101．对于二次回路的标号，按线的走向、按设备端子进行编号叫（　　）。

    A．相对编号法　　　　　　　　B．绝对编号法

    C．回路编号法　　　　　　　　D．相对顺序法

102．继电保护回路编号用（　　）位及以下的数字组成。

    A．2　　　　　　B．3　　　　　　C．4　　　　　　D．5

103．下列关于回路编号的说法，不正确的是（　　）。

    A．需要标明回路的相别时，可在数字编号的前面增注文字或字母符号

    B．在电气回路中，连于一点上的所有导线均标以相同的回路编号

    C．经动断触点相连的两段线路给予相同的回路编号

    D．电气设备的线圈所间隔的线段，给予不同的标号

104．对控制和保护回路进行编号时，正极性回路（　　）。

    A．编为偶数由大到小　　　　　B．编为奇数由大到小

    C．编为偶数由小到大　　　　　D．编为奇数由小到大

105．对控制和保护回路进行编号时，负极性回路（　　）。

    A．编为偶数由大到小　　　　　B．编为奇数由大到小

    C．编为偶数由小到大　　　　　D．编为奇数由小到大

106．对控制和保护回路进行编号时，下列说法不正确的是（　　）。

    A．控制回路可用 301～399 进行编号

B．负极性回路编为偶数由小到大

C．正极性回路编为奇数由小到大

D．励磁回路用 501～599

107．在直流回路编号细则中，励磁回路用（　）。

　　A．101～199　　　　　　B．201～299

　　C．401～499　　　　　　D．601～699

108．下列不属于专用编号的是（　）。

　　A．102　　　B．805　　　C．201　　　D．205

109．电流互感器的回路编号，一般以十位数字为一组，（　）的回路标号可以用 411～419。

　　A．1TA　　　B．4TA　　　C．11TA　　　D．19TA

110．下列（　）表示 110kV 母线电流差动保护 A 相电流公共回路。

　　A．A310　　　B．A320　　　C．A330　　　D．A340

111．设备编号是一种以（　）和阿拉伯数字组合的编号。

　　A．中文大写数字　　　　　B．英文大写字母

　　C．英文小写字母　　　　　D．罗马数字

112．设备编号中，罗马数字表示（　）。

　　A．设备顺序号　　　　　B．设备数量

　　C．安装单位编号　　　　　D．安装单位数量

113．设备编号中，阿拉伯数字表示（　）。

　　A．设备顺序号　　　　　B．设备数量

　　C．安装单位编号　　　　　D．安装单位数量

114．把设备编号和接线端子编号加在一起，每一个接线端子就有了唯一的（　）。

　　A．设备文字符号　　　　　B．回路编号

　　C．相对编号　　　　　D．安装单位号

115．相对编号常用于（　）中。

　　A．安装接线图　　　　　B．屏面布置图

　　C．归总式原理图　　　　　D．展开式原理图

116. 相对编号的常用格式是（　　）。

    A. 设备编号—端子排号　　B. 设备名称—接线端子号

    C. 设备编号—接线端子号　D. 设备名称—端子排

117. 在直接编设备文字符号中，属于 12n 装置的端子排编为（　　）。

    A. 12K　　　B. 12LP　　　C. 12D　　　D. 12C

118. 以下不属于直接编设备文字符号的是（　　）。

    A. 1n、2n　　　　　　　B. 1K、2K

    C. 1SA、2FA　　　　　　D. I1. I2

119. 安装单位号 11D 的 1 号端子 11n3 属于（　　）。

    A. 设备文字符号　　　　　B. 回路编号

    C. 相对编号　　　　　　　D. 安装单位号

120. 在直接编设备文字符号中，第一号小空气开关用（　　）表示。

    A. 1n　　　B. 1LP　　　C. 1D　　　D. 1K

121. 下列电缆编号属于 35kV I 段电压互感器间隔的是（　　）。

    A. 2UYH　　B. 1UYH　　C. 2YYH　　　D. 1YYH

122. 下列电缆编号属于 110kV II 段电压互感器间隔的是（　　）。

    A. 2UYH　　B. 1UYH　　C. 2YYH　　　D. 1YYH

123. 下列电缆编号属于 35kV 线路间隔的是（　　）。

    A. 1Y123　　B. 1U123　　C. 1E123　　　D. 1S123

124. 控制电缆的编号中，打头字母表征电缆的归属，如"Y"就表示该电缆归属于（　　）。

    A. 110kV 线路间隔单元　　B. 220kV 线路间隔单元

    C. 330kV 线路间隔单元　　D. 500kV 线路间隔单元

125. 小母线编号中，符号"～"表示（　　）性质。

    A. 正极　　B. 负极　　　C. 交流　　　D. 直流

126. 小母线编号中，I 段直流控制母线正极用（　　）表示。

    A. ＋KM2　B. －KM2　　C. ＋KM1　　D. －KM1

127. 小母线编号中，（　　）用－XM 表示。

A. 直流控制母线正极　　　B. 直流信号母线正极

C. 直流信号母线负极　　　D. 直流控制母线负极

128. 下列（　）表示Ⅰ段电压小母线A相。

A. 1YMa　　B. 1Ya　　　C. 1YNA　　　D. 1YNa

129. 控制电缆的编号"2UYH"表示该电缆归属于（　）。

A. 220kVⅡ段电压互感器间隔

B. 35kVⅡ段母线间隔

C. 35kVⅡ段电压互感器间隔

D. 220kVⅡ段母线间隔

130. 对于接线方式较为简单的小容量变电所，操作电源常常采用（　）。

A. 直流操作电源　　　　　B. 交流操作电源

C. 逆变操作电源　　　　　D. 蓄电池

131. 对于较为重要、容量较大的变电所，操作电源一般采用（　）。

A. 直流操作电源　　　　　B. 交流操作电源

C. 逆变操作电源　　　　　D. 照明电源

132. 变流器供给操作电源适用于（　）及以下容量不大的变电所。

A. 10kV　　B. 35kV　　　C. 110kV　　D. 220kV

133. 现在变电所用的操作电源一般以（　）为主。

A. 交流操作电源

B. 硅整流加储能电容直流操作电源

C. 铅酸蓄电池

D. 镉镍蓄电池

134. （　），只有在发生短路事故时或者在负荷电流较大时，变流器中才会有足够的二次电流作为继电保护跳闸之用。

A. 交流电压供给操作电源　　B. 变流器供给操作电源

C. 直流操作电源　　　　　　D. 照明电源

135. 铅酸蓄电池是以（　）为电解液，属于酸性储蓄池。

A．浓硫酸　B．稀硫酸　　C．浓盐酸　　D．稀盐酸

二、判断题

1．过负荷、频率降低、单相断线均属于电气设备故障。（　）

2．电能质量降低到不能允许的程度，不属于电力系统的事故。（　）

3．继电保护装置的任务之一是当电力系统中某电气元件发生故障时，保护装置能自动、迅速、有选择地将故障元件从电力系统中切除。（　）

4．继电保护的可靠性是指发生了属于它该动作的故障，它能可靠动作；而在不该动作时，它能可靠不动。（　）

5．衡量继电保护的好坏，最重要的是看其是否具有速动性。（　）

6．继电保护只需要可靠性，不需要灵敏性。（　）

7．灵敏性是指继电保护对整个系统内故障的反应能力。（　）

8．辅助保护是指当主保护或断路器拒动时用来切除故障的保护。（　）

9．动断接点是指继电器动作时处于断开状态的接点。（　）

10．继电器是一种在其输入物理量（电气量或非电气量）达到规定值时，其电气输出电路被接通的自动装置。（　）

11．继电器是一种在其输入物理量（电气量或非电气量）达到规定值时，其电气输出电路被断开的自动装置。（　）

12．能使继电器动合接点由断开状态到闭合状态的最小电流称为动作电流。（　）

13．继电器的动作电流除以返回电流，叫做动作系数。（　）

14．能使继电器动断接点由断开状态到闭合状态的最大电压称为动作电压。（　）

15．电压继电器的返回电压除以动作电压，叫做电压继电器的返回系数。（　）

16．低电压继电器是反应电压下降到某一整定值及以下动断接点由断开状态到闭合状态的继电器。（　）

17．继电保护中符号 KT 表示时间继电器。（　）

18．时间继电器的延时动合接点是指继电器通足够大的电时瞬时闭合的接点。（ ）

19．中间继电器的作用之一是用于增加触点数量。（ ）

20．中间继电器用于增加触点数量和触点容量，具有动合接点和动断接点。（ ）

21．信号继电器必须自保持。（ ）

22．信号继电器可以自保持，也可以不保持。（ ）

23．继电保护中符号 kA 表示电流继电器。（ ）

24．电流互感器可分为单相式和三相式。（ ）

25．两相不完全星形接线方式适用于对所有短路类型都要求动作的保护装置。（ ）

26．在中性点非直接接地的电力系统中广泛采用两相不完全星形接线方式来实现相间短路保护。（ ）

27．两相电流差接线方式主要应用于 Y/d 接线的变压器差动保护装置。（ ）

28．三角形接线方式主要应用于 Y/d 接线的变压器差动保护装置。（ ）

29．三角形接线方式在两相短路时，流过继电器线圈的电流为相电流的 2 倍。（ ）

30．三角形接线方式在正常运行或三相短路时，流过继电器线圈的电流为相电流的 1.732 倍，并且相位上相差 120°。（ ）

31．变压器异常运行状态主要包括：保护范围外部短路引起的过电流，电动机自起动等原因所引起的过负荷、油浸变压器油箱漏油造成油面降低、轻微匝间短路等。（ ）

32．变压器异常运行状态主要包括：保护范围内部短路引起的过电流，电动机自起动等原因所引起的过负荷、油浸变压器油箱漏油造成油面降低。（ ）

33．变压器异常运行状态主要包括：直接接地系统侧绕组的接地短路，电动机自起动等原因所引起的过负荷、油浸变压器油箱漏油造成油面降低等。（ ）

34．变压器容量在 6000kVA 以下的变压器、当过电流保护动作时间大于 0.5s 时，用户 3～10kV 配电变压器的继电保护，应装设电流速断保护。（　　）

35．容量在 2000kVA 及以上的油浸变压器，均应装设瓦斯保护。（　　）

36．室内装设的容量在 315kVA 及以上的油浸变压器，应装设瓦斯保护。（　　）

37．纵差动保护能反映变压器直接接地系统侧绕组的接地故障。（　　）

38．纵差动保护能反映变压器三角形侧的单相接地故障。（　　）

39．过电流保护是变压器内部故障的后备保护。（　　）

40．过电流保护是变压器的主保护。（　　）

41．零序保护能反映中性点直接接地变压器内部的各种接地故障。（　　）

42．变压器定时限过电流保护的动作电流按躲过变压器最大故障电流来整定。（　　）

43．时间继电器的触点不可以直接闭合断路器的跳闸线圈回路。（　　）

44．反时限过电流保护其动作时间随电流的大小而变化，电流越大动作时间越长，电流越小动作时间越短。（　　）

45．反时限过电流保护其动作时间随电流的大小而变化，电流越大动作时间越短，电流越小动作时间越长。（　　）

46．对于中、小容量变压器，可以装设单独的电流速断保护，作为变压器相间短路故障的主保护。（　　）

47．变压器的电流速断保护，其动作电流按躲过变压器负荷侧母线短路电流来整定，一般应大于额定电流 3～5 倍。（　　）

48．电流继电器的触点不可以直接闭合断路器的跳闸线圈回路。（　　）

49．电流速断保护和重瓦斯保护均不能反映变压器绕组的匝间短路故障。（　　）

50．纵差动保护能反映变压器的一切故障及异常运行。（　）

51．纵差动保护能反映变压器三角形侧的单相接地故障。（　）

52．变压器正常运行时，理想状态是希望流入差动回路的差流为零。（　）

53．变压器纵差保护的动作电流不需要躲过空载投运时的激磁涌流。（　）

54．Y/d11 接线的变压器，如果两侧电流互感器都按常规接成星形接线，在差动保护回路中会出现不平衡电流。为了消除此不平衡电流，可采用平衡系数补偿法。（　）

55．将变压器星形侧电流互感器的二次侧接成三角形，而将变压器三角形侧的电流互感器二次侧接成星形，可以补偿 Y/d11 接线的变压器两侧电流的相位差。（　）

56．对差动保护来说，变压器两侧的差动 CT 均应接成星型。
（　）

57．瓦斯保护的主要元件为气体继电器，将它安装在变压器油箱和油枕之间的连接管道中，并要注意使气体继电器上的箭头指向变压器本体一侧。（　）

58．即使变压器在换油时，也不能用连接片将重瓦斯接到信号回路运行。（　）

59．重瓦斯动作后，跳开变压器高压侧断路器即可。（　）

60．重瓦斯动作后必须有自保持回路。（　）

61．重瓦斯保护能反映变压器绕组的匝间短路。（　）

62．轻瓦斯动作后，跳开变压器各侧断路器。（　）

63．轻瓦斯动作后必须有自保持回路。（　）

64．电力用户 6～10kV 线路的继电保护，一般只配置电流速断保护。（　）

65．电力线路过电流保护的动作电流按躲过最大负荷电流整定。（　）

66．电力线路过电流保护动作时间的整定采取阶梯原则，时限阶段差 Δt 一般设置为 0.5s。（　）

67. 电力线路过电流保护的动作时间一般在 0.2～0.5s。（　　）

68. 在靠近线路末端附近发生短路故障时，过电流保护能正确反映。（　　）

69. 在本线路上电流速断保护没有死区。（　　）

70. 限时电流速断保护可以保护线路全长。（　　）

71. 限时电流速断保护的动作电流按下式整定：（　　）
$I_{dz}=K_K \times I'_{dz}$，$K_K$ 可靠系数，取 1.1～1.5（　　）

72. 电流速断保护、限时电流速断保护、过电流保护，这三种保护的组合构成三段式电流保护。（　　）

73. 一相绕组的匝间短路属于高压电动机的故障。（　　）

74. 高压电动机最严重的故障是一相绕组的匝间短路。（　　）

75. 堵转属于高压电动机的故障。（　　）

76. 供电电压过低或过高不属于高压电动机的故障。（　　）

77. 供电电压过低。是高压电动机最严重的故障。（　　）

78. 供电电压过低或过高属于断路器的故障。（　　）

79. 高压电动机发生定子绕组的相间短路故障后，必须将其切除。（　　）

80. 高压电动机的供电网络一般是中性点非直接接地系统。（　　）

81. 高压电动机发生单相接地故障后，必须将其切除。（　　）

82. 2000kW 以下的高压电动机，装设电流速断保护，保护宜采用两相不完全星形接线并动作于信号。（　　）

83. 1000kW 以下的高压电动机，装设电流速断保护时宜采用两相不完全星形接线并动作于跳闸。（　　）

84. 对于中性点不接地系统，单相接地电流为 10A 以下时，保护装置可动作于跳闸也可动作于信号。（　　）

85. 运行过程中易发生过负荷和需要防止起动或自起动时间过长的电动机应装设过负荷保护。（　　）

86. 2000kW 及以上大容量的高压电机，普遍采用失步保护代替电流速断保护。（　　）

87. 低电压保护是高压电动机的主要保护。（　　）

88．高压电动机纵差动保护工作原理与变压器纵差动保护相似。（　）

89．高压电动机不采用纵差动保护。（　）

90．高压电动机的过负荷保护根据需要可动作于跳闸或作用于信号。（　）

91．高压电动机的过负荷保护不能跳闸。（　）

92．电容器过负荷属于高压电力电容器常见故障及异常运行状态。（　）

93．电容器组失压不属于高压电力电容器常见故障及异常运行状态。（　）

94．中小容量的高压电容器组普遍采用电流速断保护或延时电流速断保护作为相间短路保护。（　）

95．中小容量高压电容器普遍采用零序电流保护作为相间短路保护。（　）

96．中小容量的高压电容器组如配置延时电流速断保护，动作电流可取电容器组额定电流的 2～2.5 倍，动作时限可取 0.2s。（　）

97．中小容量的高压电容器组如配置电流速断保护，动作电流可取电容器组额定电流的 2.5～3 倍。（　）

98．电容器过负荷属于高压电力电容器常见故障及异常运行状态。（　）

99．微机保护对硬件和软件都有自检功能，装置通电后硬软件有故障就会立即报警。（　）

100．微机保护监控装置的动作准确率与其他常规保护装置差不多。（　）

101．微机保护装置的自检与远方监控功能大大提高了其可靠性。（　）

102．微机保护监控装置只有在系统发生故障时才进行采样计算。（　）

103．微机保护监控装置在电力系统发生故障的暂态时期内，就能准确判断故障，但是，如果故障发生了变化或进一步发展，就

不能及时做出判断和自纠。（　　）

104．微机保护监控装置在电力系统发生故障的暂态时期内，不能准确判断故障。（　　）

105．微机保护有保护功能。（　　）

106．微机保护监控装置有自动重合闸功能。（　　）

107．微机保护都具有串行通讯功能。（　　）

108．微机保护监控装置具有远方监控特性。（　　）

109．微机保护装置的 CPU 在执行程序时，对由数据采集系统输入至 ROM 区的原始数据进行分析处理，以完成各种继电保护功能。（　　）

110．微机保护装置的 CPU 执行存放在 ROM 中的程序。（　　）

111．从功能上来划分，微机保护装置的硬件系统可分为 8 个部分。（　　）

112．微机保护装置的模拟量输入系统也叫数据采集系统。（　　）

113．三相一次或二次重合闸属于 110kV 及以下线路保护测控装置在测控方面的主要功能。（　　）

114．过负荷保护功能不属于 110kV 及以下线路保护测控装置在保护方面的主要功能。（　　）

115．110kV 及以下线路保护测控装置不具备低周减载保护功能。（　　）

116．开关事故分合次数统计及事件 SOE 不属于站用变保护测控装置在测控方面的主要功能。（　　）

117．110kV 及以下线路保护测控装置不能对装置硬压板的状态进行远方查看。（　　）

118．110kV 及以下线路保护测控装置可以对信号进行远方复归。（　　）

119．远方对装置进行信号复归属于 110kV 及以下线路保护测控装置在信息方面的主要功能。（　　）

120．高压侧接地保护是站用变保护测控装置在保护方面的一项功能。（　　）

121．高压侧接地保护不是站用变保护测控装置在保护方面的一项功能。（　）

122．低压侧接地保护是站用变保护测控装置在保护方面的一项功能。（　）

123．低电压保护属于 110kV 及以下并联电容器组保护测控装置在保护方面的主要功能。（　）

124．110kV 及以下线路保护测控装置的线路电压报警为：当重合闸方式为检无压或不检时，并且线路有流而无压，瞬时报线路电压异常。（　）

125．110kV 及以下线路保护测控装置，当装置检测既无合位又无分位时，延时 3 秒报控制回路断线。（　）

126．110kV 及以下线路保护测控装置，开关跳、合闸压力低为瞬时报警信号。（　）

127．110kV 及以下线路保护测控装置，当装置自产零序电压大于 40V 时，延时 15 秒报接地报警。（　）

128．纵差保护属于 110kV 及以下并联电容器组保护测控装置在保护方面的主要功能。（　）

129．备用电源自动投入装置属于自动调节装置。（　）

130．电力系统频率自动调节属于自动调节装置。（　）

131．频率自动调节装置可以提高电力系统的供电可靠性。（　）

132．自动调节装置的作用是为保证电能质量、消除系统异常运行状态。（　）

133．自动操作装置的作用是提高电力系统的供电可靠性和保证安全运行。（　）

134．自动操作装置的作用对象往往是发电机。（　）

135．自动重合闸只对永久性故障有效。（　）

136．自动重合闸只对瞬时性故障有效，对永久性故障毫无意义。（　）

137．线路装设自动重合装置后，对提高供电可靠性起很大作用。（　）

138．对于电力电缆专线供电的馈线，不采用自动重合闸。（　）

139．工作母线不论任何原因电压消失，备用电源均应投入，但当备用电源无电压时备自投装置不应动作。（　）

140．对备用电源自动投入装置，当工作母线电压消失时，备用电源应投入。（　）

141．当电压互感器二次断线时，备自投装置不应动作。（　）

142．明备用指正常情况下没有断开的备用电源或备用设备，而是工作在分段母线状态，靠分段断路器取得相互备用。（　）

143．明备用和暗备用是备用电源自动投入的两种方式。（　）

144．变压器备自投接线是备用电源自动投入的一种接线方案。
（　）

145．热备用是备用电源自动投入的方式之一。（　）

146．热备用和冷备用是备用电源自动投入的两种方式。（　）

147．一经操作即可接通电路的断路器工作状态称为热备用状态。（　）

148．必须通过相应的倒闸操作方可施加电压的断路器工作状态称为冷备用状态。（　）

149．在原理图中，引出端子不能表示出来，所以还要有展开图和安装图。（　）

150．在原理图中，回路标号不能表示出来，所以还要有展开图和安装图。（　）

151．在原理图中，各元件的连线不能表示出来，所以还要有展开图和安装图。（　）

152．以电气回路为基础，将继电器和各元件的线圈、触点按保护动作顺序，自左而右、自上而下绘制的接线图，称为展开图。（　）

153．以电气回路为基础，将继电器和各元件的线圈、触点按保护动作顺序，自左而右、自上而下绘制的接线图，称为安装图。
（　）

154．在展开图中，各继电器的线圈和触点分开，分别画在它们各自所属的回路中，并且属于同一个继电器或元件的所有部件都

注明同样的符号。（　）

155．在原理图中，各继电器的线圈和触点分开，分别画在它们各自所属的回路中，并且属于同一个继电器或元件的所有部件都注明同样的符号。（　）

156．绘制展开图时，回路的排列次序，一般是先直流回路及信号回路，后是交流电流、交流电压回路。（　）

157．绘制展开图时，每个回路内，各行的排列顺序，对交流回路是按 a、b、c 相序排列，直流回路按保护的动作顺序自上而下排列。（　）

158．阅读展开图的顺序是：先交流后直流再信号，从上而下，从左到右，层次分明。（　）

159．二次回路接线图，通常是指在图纸上使用数字符号及文字符号按一定规则连接来对二次回路进行描述。（　）

160．按图纸的作用，二次回路的图纸可分为设计图和安装图。（　）

161．归总式原理图及展开式原理图是电力系统二次回路的两种不同表现形式。（　）

162．展开式原理图就是将相互连接的电流回路、电压回路、直流回路等，都综合在一起。（　）

163．归总式原理图能反映各元件的内部接线。（　）

164．在实际使用中，广泛采用归总式原理图。（　）

165．展开式原理图以二次回路的每个独立电源来划分单元进行编制。（　）

166．展开图中体现交流电压回路。（　）

167．原理图中体现交流电流回路。（　）

168．展开式原理图的优点体现在复杂的继电保护装置的二次回路中。（　）

169．安装接线图标明了屏柜上每个元件引出端子之间的连接情况。（　）

170．安装接线图是以屏面布置图为基础，以原理图为依据而

绘制成的接线图，是一种指导屏柜上配线工作的图纸。（　　）

171．安装接线图对各元件和端子排都采用回路编号法进行编号。（　　）

172．二次回路的准确读图顺序是先直流、后交流，先上后下，先左后右。（　　）

173．二次回路的读图方法，对直流元件，要先看接点，再查线圈。（　　）

174．不在一起的二次设备之间的连接线应使用相对编号法。
（　　）

175．对于二次回路的标号，按线的性质、用途进行编号叫相对编号法。（　　）

176．在屏顶上的设备与屏内设备的连接，由于是同屏设备，故不宜使用回路编号法。（　　）

177．不在一起的二次设备之间的连接线应使用回路编号法。
（　　）

178．回路编号中，当需要标明回路的相别或某些主要特征时，不允许在数字编号的后面增注文字或字母符号。（　　）

179．在电气回路中，连于一点上的所有导线均标以相同的回路编号。（　　）

180．对直流回路编号，控制和保护回路按正极性回路由大到小进行编号。（　　）

181．在开关设备、控制回路的数字标号组中，如有 3 个控制开关 1KK、2KK、3KK，则 1KK 对应的控制回路数字标号必须选101～199。（　　）

182．对分相操作的断路器，其不同相别的控制回路常用在数字组前加小写的英文字母来区别，如 a107，b335 等。（　　）

183．相对编号常用于屏面布置图中。（　　）

184．在乙设备的接线端子上写上甲设备的编号及具体接线端子的标号，这种相互对应编号的方法称为回路编号法。（　　）

185．对于同一屏内或同一箱内的二次设备，相隔距离近，相

互之间的连线多，回路多，采用相对编号很难避免重号，而且不便查线和施工。（　　）

186．设备编号中，罗马数字表示安装单位数量。（　　）

187．设备编号是一种以英文小写字母和阿拉伯数字组合的编号。（　　）

188．1SA、2FA 属于直接编设备文字符号的设备编号法。（　　）

189．把设备编号和接线端子编号加在一起，每一个接线端子就有了唯一的相对编号。（　　）

190．把设备编号和接线端子编号加在一起，每一个接线端子就有了唯一的安装单位号。（　　）

191．控制电缆的编号，由打头字母加两位阿拉伯数字组成。

（　　）

192．控制电缆的编号中，打头字母表征电缆的归属，如"Y"就表示该电缆归属于 220kV 线路间隔单元。（　　）

193．控制电缆的编号中，打头字母表征电缆的归属，如"U"就表示该电缆归属于 330kV 线路间隔单元。（　　）

194．控制电缆的编号"3UYH"表示该电缆归属于 220kV Ⅲ段电压互感器间隔。（　　）

195．电缆编号 2U123 属于 220kV 线路间隔。（　　）

196．电缆编号 1YYH 属于 35kV Ⅰ段电压互感器间隔。（　　）

197．电缆编号 2UYH 属于 110kV Ⅱ段电压互感器间隔。（　　）

198．小母线编号中，直流信号母线正极用＋XM 表示。（　　）

199．小母线编号中，Ⅱ段直流控制母线正极用＋2KM 表示。

（　　）

200．Ⅰ段电压小母线 C 相用 1YNc 表示。（　　）

201．Ⅱ段电压小母线 B 相用 2YMB 表示。（　　）

202．变电所中的操作电源不允许出现短时中断。（　　）

203．变电所中，断路器控制所使用的电源称为操作电源。（　　）

204．变电所中，信号设备所使用的电源为操作电源。（　　）

205．对于重要变电所，操作电源一般采用由蓄电池供电的直

流操作电源。（ ）

206．对于较为重要、容量较大的变电所，操作电源一般采用逆变操作电源。（ ）

207．交流操作电源中，当电气设备发生短路事故时，利用短路电流经变流器供给操作回路作为跳闸操作电源，这种方式称为"交流电压供给操作电源"。（ ）

208．变流器供给操作电源适用于 110kV 及以下容量不大的变电所。（ ）

209．交流电压供给操作电源，只有在发生短路事故时或者在负荷电流较大时，变流器中才会有足够的二次电流作为继电保护跳闸之用。（ ）

210．电流互感器供给操作电源，只是用作事故跳闸时的跳闸电流，不能作为合闸用。（ ）

211．电流互感器供给操作电源，可以作为合闸用。（ ）

212．硅整流电容储能直流电源，正常运行时，由硅整流装置将所用电交流电源变成直流电源，作为操作电源同时向储能电容充电。（ ）

213．硅整流电容储能直流电源，当整流装置受电源发生短路故障时，采用电容器蓄能来补偿的办法。（ ）

214．采用硅整流加储能电容作为直流操作电源的变电所，运行性能可靠，但还是需要对这一系统进行严密监视。（ ）

215．硅整流加储能电容作为直流操作电源，即使维护不当也不会造成断路器拒动。（ ）

216．铅酸蓄电池是以浓硫酸为电解液，属于酸性储蓄池。（ ）

217．铅酸蓄电池使用时能把化学能转变为电能释放出来，其变化的过程是不可逆的。（ ）

218．现在变电所用的操作电源以镉镍蓄电池为主。（ ）

219．现在变电所用的电池以铅酸蓄电池为主。（ ）

220．维护方便是镉镍蓄电池的一大优点。（ ）

三、多选题

1. 继电保护装置是反映电力系统中各种电气设备（　）和（　）的自动装置。

  A．不正常运行状态　 B．安全运行

  C．正常运行状态　 D．故障

2. 下列（　）属于电气设备故障。

  A．过电压　 B．单相断线

  C．两相短路　 D．系统振荡

3. 下列属于事故的是（　）。

  A．人身伤亡　 B．电气设备损坏

  C．频率降低　 D．对用户少送电

4. 继电保护的基本要求是（　）。

  A．可靠性　 B．选择性　 C．安全性　 D．灵敏性

5. 继电保护装置按保护所起的作用分类，有（　）等。

  A．主保护　 B．后备保护

  C．辅助保护　 D．母线保护

6. 常用继电器有（　）。

  A．瓦斯继电器　 B．时间继电器

  C．中间继电器　 D．信号继电器

7. 电流互感器的接线方式有（　）。

  A．三相星形接线　 B．三相电流差接线方式

  C．两相电流差接线方式　 D．三角形接线方式

8. 变压器的油箱内故障有（　）。

  A．内部绕组匝间绝缘损坏造成的短路

  B．直接接地系统侧绕组的接地短路

  C．引出线上的多相短路

  D．油箱漏油造成油面降低

9. 变压器异常运行状态主要包括（　）。

  A．保护范围外部短路引起的过电流

  B．电动机自起动所引起的过负荷

C. 油浸变压器油箱漏油造成油面降低

D. 轻微匝间短路

10. （　）不能反映变压器绕组的轻微匝间短路。

A. 重瓦斯保护　　　　　　B. 电流速断保护

C. 差动速断保护　　　　　D. 过电流保护

11. 下列属于变压器主保护的有（　）。

A. 过电流保护　　　　　　B. 差动保护

C. 零序保护　　　　　　　D. 瓦斯保护

12. 下列说法正确的是（　）。

A. 限时电流速断保护不能保护线路全长

B. 限时电流速断不能保护到下线路的末端

C. 过电流保护能保护本线路及以下线路全长但动作时间较长

D. 电流速断保护能快速切除线路首端故障，但不能保护本线路全长

13. 继电保护绘制展开图时应遵守下列规则：（　）。

A. 回路的排列次序，一般是先交流电流、交流电压回路，后是直流回路及信号回路

B. 每个回路内，各行的排列顺序，对交流回路是按 a、b、c 相序排列，直流回路按保护的动作顺序自上而下排列

C. 每一行中各元件（继电器的线圈、触点等）按实际顺序绘制

D. 回路的排列次序，一般是先直流回路及信号回路，后是交流电流、交流电压回路

14. 高压电动机的主要保护有（　）。

A. 电流速断保护　　　　　B. 纵差动保护

C. 瓦斯保护　　　　　　　D. 过负荷保护

15. 高压电动机最常见异常运行状态有（　）。

A. 起动时间过长

B. 一相熔断器熔断或三相不平衡

C. 过负荷引起的过电流

D. 一相绕组的匝间短路

16. 高压电动机的主要故障有（　　）。

A. 定子绕组的相间短路故障

B. 单相接地短路

C. 一相绕组的匝间短路

D. 供电电压过低或过高

17. 中小容量的高压电容器组普遍采用（　　）或（　　）作为相间短路保护。

A. 电流速断保护　　　　　　　B. 延时电流速断保护

C. 低电压保护　　　　　　　　D. 过负荷保护

18. 微机保护监控装置的特点有（　　）。

A. 维护调试方便，可靠性高

B. 动作准确率高，容易获得各种附加功能

C. 保护性能容易得到提高，使用灵活、方便

D. 没有远方监控特性

19. 下列属于微机保护监控装置附加功能的有（　　）。

A. 低周减载　　　　　　　　　B. 电流保护

C. 故障录波　　　　　　　　　D. 故障测距

20. 微机保护装置的 CPU 主系统包括（　　）。

A. 低通滤波器

B. 只读存储器（EPROM）

C. 随机存取存储器（TLAM）

D. 定时器（TIMER）

21. 微机保护装置的开关量输入/输出回路由（　　）等组成。

A. 并行口　　　　　　　　　　B. 光电耦合电路

C. 有接点的中间继电器　　　　D. 人机接口

22. 微机保护装置的人机接口部分主要包括（　　）等。

A. 打印　　　　　　　　　　　B. CPU

C. 键盘　　　　　　　　　　　D. 各种面板开关

23. 微机保护的主要功能分为（　　）。

A. 保护　　　B. 测控　　　C. 防误　　　D. 信息

24. 微机保护装置中模拟量输入回路有两种方式，即（　　）。

A. A/D 转换　　　　　　　B. V/D 转换

C. VFC 转换　　　　　　　D. LFC 转换

25. 微机保护装置中 VFC 变换主要包括（　　）等环节。

A. 电压形成　　　　　　　B. VFC 回路

C. 低通滤波器　　　　　　D. 计数器

26. 110kV 及以下线路保护测控装置在保护方面的主要功能有（　　）等。

A. 正常断路器遥控分合

B. 三相一次或二次重合闸

C. 分散的低周减载保护

D. 三段式可经低电压闭锁的定时限方向过流保护

27. 110kV 线路保护测控装置在测控方面的主要功能有（　　）等。

A. 12 路自定义遥信开入采集

B. 装置遥信变位，事故遥信

C. 三相一次或二次重合闸

D. UAB，UBC，UCA，IA，IC，I0，P，Q，COSφ，F 等十个模拟量的遥测

28. 站用变保护测控装置在测控方面的主要功能有（　　）等。

A. 三段式复合电压闭锁过流保护

B. 装置遥信变位以及事故遥信

C. 变压器高压侧断路器正常遥控分合

D. 开关事故分合次数统计及事件 SOE

29. 站用变保护测控装置在保护方面的主要功能有（　　）等。

A. 三段式复合电压闭锁过流保护

B. 高压侧接地保护

C. 低压侧接地保护

D. 装置参数的远方查看

30. 110kV 及以下并联电容器组保护测控装置在保护方面的主要功能有（　）等。

　　A. 三段式定时限过流保护

　　B. 低电压保护

　　C. 开关事故分合次数统计及事件 SOE

　　D. 不平衡电压保护

31. 110kV 及以下线路保护测控装置，下列说法正确的是（　）。

　　A. 合闸压力降低开入为 1，瞬时报警

　　B. 自产零序电压大于 30V 时，延时 15 秒接地报警

　　C. 开关在跳位而线路有流，延时 10 秒报 TWJ 异常

　　D. 跳闸压力降低开入为 1，延时 5S 报警

32. 下列属于电力系统自动装置的有（　）。

　　A. 电力系统频率自动调节

　　B. 开关事故分合次数统计及事件 SOE

　　C. 线路自动重合闸装置

　　D. 低频减载装置

33. （　）可以提高电力系统的供电可靠性。

　　A. 频率自动调节装置　　　　B. 电压自动调节装置

　　C. 线路自动重合闸装置　　　D. 低频减载装置

34. 对备用电源自动投入装置的基本要求是（　）。

　　A. 应保证工作电源断开后，备用电源才能投入

　　B. 工作母线不论任何原因电压消失，备用电源均应投入

　　C. 备用电源投于故障时，继电保护应加速动作

　　D. 备用电源可以投入一次以上，但电压互感器二次断线时装置不应动作

35. 根据我国变电站一次主接线情况，备用电源自动投入的主要一次接线方案有（　）。

　　A. 低压母线分段备自投接线

　　B. 变压器备自投接线

　　C. 进线备自投接线

D. 发电机备自投接线

36. 按图纸的作用，二次回路的图纸可分为（　）和（　）。

　　A. 原理图　　B. 设计图　　C. 安装图　　D. 平面图

37. 下列（　）是归总式原理图的缺点。

　　A. 对二次回路的细节表示不够

　　B. 不能表示各元件之间接线的实际位置

　　C. 未反映各元件的动作逻辑

　　D. 未反映端子编号及回路编号

38. 展开式原理图的特点是（　）。

　　A. 以二次回路的每个独立电源来划分单元进行编制

　　B. 将同属于一个元件的电流线圈、电压线圈以及接点分别画在同一回路中

　　C. 属于同一元件的线圈、接点，采用不同的文字符号表示

　　D. 接线清晰，易于阅读

39. 安装接线图标明了屏柜上（　）。

　　A. 各个元件的代表符号

　　B. 各个元件的顺序

　　C. 每个元件引出端子之间的连接情况

　　D. 以上说法都不对

40. 下列（　）必须使用回路编号法。

　　A. 各设备间要用控制电缆经端子排进行联系的

　　B. 在屏顶上的设备与屏内设备的连接

　　C. 不在一起的二次设备之间的接线

　　D. 同屏设备

41. 关于二次回路的读图方法，下列说法正确的是（　）。

　　A. 先交流、后直流

　　B. 先上后下，先左后右

　　C. 对交流部分，要先看电源，再看所接元件

　　D. 对直流元件，要先看接点，再查线圈

42. 正极回路的线段按奇数标号，负极回路的线段按偶数编号，

332

每经过回路的主要元件如（　　）后，即行改变其极性，其奇偶顺序即随之改变。

    A．线圈   B．绕组   C．动断接点   D．电阻

43．信号回路的数字标号，按（　　）信号进行分组，按数字大小进行排列。

    A．事故   B．位置   C．预告   D．指挥

44．对于回路编号与相对编号，下列说法正确的是（　　）。

    A．回路编号可以将不同安装位置的二次设备通过编号连接起来

    B．对于同一屏内或同一箱内的二次设备，相隔距离近，相互之间的连线多，这是宜采用相对编号

    C．相对编号常用于安装接线图中

    D．回路编号常用于安装接线图中

45．变电所中，（　　）所使用的电源称为操作电源。

    A．测试仪   B．继电保护

    C．自动装置   D．信号设备

46．硅整流加储能电容作为直流操作电源，维护不当时会造成（　　）。

    A．断路器拒动   B．重大电气事故

    C．引起电气火灾   D．断路器误动

47．镉镍蓄电池与铅酸蓄电池相比，其优点有（　　）。

    A．放电电压平稳   B．寿命长

    C．维护方便   D．价格昂贵

四、案例分析及计算题

1．继电保护装置按保护原理分类，有（　　）等。

    A．电压保护   B．辅助保护

    C．零序保护   D．距离保护

2．三角形接线方式在三相短路时，流过继电器线圈的电流为相电流的（　　）倍，在二相短路时，流过继电器线圈的电流为相电流的（　　）倍。

    A．1.414   B．1.732   C．2   D．1

3．容量在 10000kVA 及以上的变压器当采用电流速断保护灵敏度不能满足要求时，应装设（　）。

    A．低电压保护   B．电流纵差动保护

    C．过电流保护   D．瓦斯保护

4．变压器定时限过电流保护的动作电流按躲过变压器（　）电流来整定。动作时间按（　）来整定。

    A．正常负荷   B．最大负荷

    C．最大故障   D．阶梯型时限

5．变压器纵差动保护的动作电流按躲过（　）整定。

    A．二次回路断线   B．空载投运时激磁涌流

    C．互感器二次电流不平衡   D．变压器最大负荷电流

6．下列说法不正确的是（　）。

    A．电流速断保护能快速切除线路首端故障，但不能保护本线路全长

    B．过电流保护能保护本线路及下线路全长但动作时间较长

    C．限时电流速断保护不能保护线路全长

    D．电流速断保护在本线路上无死区

7．在电流速断保护死区内发生短路事故时，一般由过电流保护动作跳闸，因此过电流保护是电流速断保护的（　）。

    A．近后备保护   B．远后备保护

    C．辅助保护   D．主保护

8．110kV 及以下线路保护测控装置，下列说法正确的是（　）。

    A．跳闸压力降低开入为 1，延时 5S 报警

    B．自产零序电压大于 30V 时，延时 15 秒接地报警

    C．开关在跳位而线路有流，延时 10 秒报 TWJ 异常

    D．合闸压力降低开入为 1，瞬时报警

9．110kV 及以下线路保护测控装置，满足以下条件，负序电压大于（　）V，延时（　）秒报母线 PT 断线。

    A．12   B．8   C．10   D．1.25

10. 下列关于回路编号的说法，正确的是（　　）。

A. 需要标明回路的某些主要特征时，不能在数字编号的后面增注文字

B. 在电气回路中，连于一点上的所有导线均标以相同的回路编号

C. 经动断触点相连的两段线路给于相同的回路编号

D. 对于在接线图中不经端子而在屏内直接连接的回路，不要编回路编号

11. 操作电源在变电所中是一个（　　）的电源，即使变电所发生短路事故，母线电压降到零，操作电源（　　）出现中断。

A. 独立　　　B. 非独立　　C. 不允许　　D. 允许

12. 对硅整流电容储能直流电源来说，当整流装置受电源发生短路故障时，会引起交流电源电压（　　），经整流后输出的直流电压常常不能满足继电保护装置动作的需要，所以（　　）作为变电所的操作电源用。

A. 上升　　　B. 下降　　　C. 不能　　　D. 能

本 章 答 案

一、单选题

1. D	2. B	3. D	4. C	5. A
6. B	7. C	8. B	9. C	10. B
11. B	12. C	13. D	14. B	15. B
16. B	17. A	18. A	19. D	20. D
21. C	22. C	23. B	24. B	25. D
26. C	27. B	28. B	29. D	30. B
31. B	32. D	33. C	34. D	35. B
36. A	37. D	38. C	39. B	40. C
41. B	42. B	43. A	44. A	45. A
46. D	47. D	48. D	49. A	50. B
51. B	52. C	53. D	54. B	55. D
56. D	57. B	58. C	59. A	60. B
61. B	62. B	63. B	64. C	65. B
66. A	67. C	68. B	69. B	70. B
71. B	72. B	73. C	74. C	75. D
76. B	77. A	78. B	79. D	80. C
81. D	82. C	83. B	84. B	85. B
86. C	87. D	88. C	89. B	90. C
91. A	92. C	93. B	94. B	95. B
96. C	97. B	98. A	99. A	100. C
101. A	102. B	103. C	104. D	105. C
106. D	107. D	108. B	109. A	110. A
111. D	112. C	113. A	114. C	115. A
116. C	117. C	118. D	119. A	120. D
121. B	122. C	123. B	124. A	125. C
126. C	127. C	128. A	129. C	130. B

131. A 132. A 133. C 134. B 135. B

二、判断题

1. ×   2. ×   3. √   4. √   5. ×
6. ×   7. ×   8. ×   9. √   10. ×
11. ×   12. √   13. ×   14. √   15. √
16. √   17. √   18. ×   19. √   20. √
21. √   22. ×   23. √   24. ×   25. ×
26. √   27. ×   28. √   29. √   30. ×
31. ×   32. ×   33. ×   34. ×   35. ×
36. ×   37. √   38. ×   39. √   40. ×
41. ×   42. ×   43. √   44. ×   45. √
46. √   47. √   48. √   49. ×   50. ×
51. √   52. √   53. ×   54. ×   55. √
56. ×   57. ×   58. ×   59. ×   60. √
61. √   62. ×   63. ×   64. ×   65. √
66. √   67. ×   68. ×   69. ×   70. ×
71. √   72. √   73. √   74. ×   75. ×
76. √   77. ×   78. ×   79. √   80. √
81. ×   82. ×   83. ×   84. √   85. √
86. ×   87. ×   88. √   89. ×   90. √
91. ×   92. √   93. ×   94. √   95. ×
96. ×   97. ×   98. √   99. √   100. ×
101. × 102. × 103. × 104. × 105. √
106. √ 107. √ 108. √ 109. × 110. ×
111. × 112. √ 113. × 114. × 115. ×
116. × 117. × 118. √ 119. √ 120. √
121. × 122. × 123. √ 124. × 125. √
126. × 127. × 128. × 129. × 130. √
131. × 132. √ 133. √ 134. × 135. ×
136. √ 137. √ 138. √ 139. √ 140. √

141. √	142. ×	143. √	144. √	145. ×
146. ×	147. √	148. √	149. √	150. √
151. ×	152. √	153. ×	154. √	155. ×
156. ×	157. √	158. √	159. ×	160. ×
161. √	162. ×	163. ×	164. ×	165. √
166. √	167. ×	168. √	169. ×	170. √
171. ×	172. ×	173. ×	174. ×	175. ×
176. ×	177. √	178. ×	179. √	180. ×
181. √	182. ×	183. ×	184. ×	185. ×
186. ×	187. ×	188. √	189. ×	190. ×
191. ×	192. ×	193. ×	194. √	195. ×
196. ×	197. ×	198. √	199. ×	200. ×
201. ×	202. √	203. √	204. √	205. √
206. ×	207. ×	208. ×	209. ×	210. √
211. ×	212. √	213. √	214. √	215. ×
216. ×	217. ×	218. √	219. √	220. √

三、多选题

1. D, A	2. BC	3. ABD	4. ABD
5. ABC	6. BCD	7. ACD	8. AB
9. ABC	10. BD	11. BD	12. CD
13. ABC	14. ABD	15. ABC	16. ABC
17. A, B	18. ABC	19. ACD	20. BCD
21. ABC	22. AC	23. ABD	24. AC
25. ABD	26. CD	27. ABD	28. BCD
29. ABC	30. ABD	31. AC	32. ACD
33. CD	34. ABC	35. ABC	36. A, C
37. ABCD	38. AD	39. ABC	40. ABC
41. ABC	42. ABD	43. ABCD	44. ABC
45. BCD	46. ABC	47. ABC	

四、案例分析及计算题

1. ACD   2. B，C   3. B   4. B，D   5. ABC

6. CD   7. AB   8. BCD   9. B，C   10. BD

11. A，C   12. B，C

第八章 电气安全技术

一、单选题

1. 正常情况下，第一种工作票应在进行工作的（ ）交给运行值班员。

  A. 前一天   B. 当天

  C. 工作完成后   D. 过程中

2. 电能作为人们生产和生活的重要能源，在给人们带来方便的同时，也具有很大的（ ）。

  A. 危险性和高电压   B. 危险性和破坏性

  C. 破坏性和高电压   D. 低电压和过电压

3. 通过人体的电流越大，人的生理反应越（ ）。

  A. 明显 B. 迟钝 C. 麻木 D. 没反应

4. 人体能够感觉到的最小电流称为（ ）。

  A. 感知电流   B. 持续电流

  C. 致命电流   D. 摆脱电流

5. 人体触电后能够自主摆脱的电流称为（ ）。

  A. 感知电流   B. 持续电流

  C. 致命电流   D. 摆脱电流

6. 人电击后危及生命的电流称为（ ）。

  A. 感知电流   B. 持续电流

  C. 致命电流   D. 摆脱电流

7. 电对人体的伤害，主要来自（ ）。

  A. 电压 B. 电流 C. 电磁场 D. 电弧

8. 通过人体的工频电流超过（ ）mA 时，就会在较短时间内危及人生命。

　　A．10～20　　B．20～30　　C．30～50　　D．50～80

　　9．当人体电阻一定时，作用于人体的电压越高，流过人体的电流（　　）。

　　　　A．越大　　　　B．越小　　　　C．不确定　　　D．不变

　　10．人触电碰到的电源频率越高或越低，对人体触电危险性（　　）。

　　　　A．不一定越大　　　　　　　B．一定越大

　　　　C．一定越小　　　　　　　　D．不一定越小

　　11．电流流过人体时，两个不同电击部位皮肤上的电极和皮下导电细胞之间的电阻和称为（　　）。

　　　　A．接触电阻　　　　　　　　B．表皮电阻

　　　　C．体内电阻　　　　　　　　D．接地电阻

　　12．人体的不同部分（如皮肤、血液、肌肉及关节等）对电流呈现的电阻称为（　　）。

　　　　A．接触电阻　　　　　　　　B．表皮电阻

　　　　C．绝缘电阻　　　　　　　　D．人体电阻

　　13．220V/380V 低压系统，如人体电阻为 1000Ω，则遭受两相触电时，通过人体的电流约为（　　）。

　　　　A．30mA　　　B．220mA　　C．380mA　　D．1000mA

　　14．220V/380V 低压系统，如人体电阻为 1000Ω，则遭受单相触电时，通过人体的电流约为（　　）。

　　　　A．30mA　　　B．220mA　　C．380mA　　D．1000mA

　　15．当电压为 250～300V 以内时，以（　　）频率的电流对人体的危害最大。

　　　　A．直流　　　　　　　　　　B．小于 20Hz

　　　　C．50～60Hz　　　　　　　　D．大于 100Hz

　　16．人体触电时，根据触电的体位不同，电流通过人体最危险途径是（　　）。

　　　　A．左手至双脚　　　　　　　B．右手至双脚

　　　　C．右手至左手　　　　　　　D．左脚至右脚

17. 人体触电时，当接触的电压一定，流过人体的电流大小就决定于人体（　　）的大小。

    A. 感知电流　　　　　　　　B. 摆脱电流

    C. 电阻　　　　　　　　　　D. 接触电阻

18. 身体不好或醉酒，则精力就不易集中，就容易发生触电事故；而且触电后，由于体力差，摆脱电流（　　）。

    A. 相对大　　　B. 相对小　　　C. 稳定　　　　D. 不确定

19. 电流对人体的伤害可分为（　　）两种类型。

    A. 电伤、电击　　　　　　　B. 触电、电击

    C. 电伤、电烙印　　　　　　D. 触电、电烙印

20. 由于高温电弧使周围金属熔化，蒸发并飞溅渗透到皮肤表面形成的伤害称为（　　）。

    A. 接触灼伤　　　　　　　　B. 电弧灼伤

    C. 电烙印　　　　　　　　　D. 皮肤金属化

21. 电灼伤一般分为接触灼伤和（　　）两种。

    A. 电弧灼伤　　　　　　　　B. 电击

    C. 电烙印　　　　　　　　　D. 皮肤金属化

22. 电灼伤一般分为电弧灼伤和（　　）两种。

    A. 电击　　　　　　　　　　B. 接触灼伤

    C. 电烙印　　　　　　　　　D. 皮肤金属化

23. 人体发生两相触电时，作用于人体的电压是（　　）。

    A. 线电压　　　　　　　　　B. 相电压

    C. 接触电压　　　　　　　　D. 接地电压

24. 人体发生单相触电时，作用于人体的电压是（　　）。

    A. 线电压　　　　　　　　　B. 相电压

    C. 接触电压　　　　　　　　D. 接地电压

25. 人体触电可分为间接接触触电和（　　）两大类。

    A. 跨步电压触电　　　　　　B. 接触电压触电

    C. 直接接触触电　　　　　　D. 单相触电

26. 人体与带电体的直接接触触电可分为两相触电、（　　）。

A．间接接触触电　　　　　　B．单相触电

C．跨步电压触电　　　　　　D．接触电压触电

27．中性点直接接地系统，如电气设备发生一相碰壳，人体接触电气设备，相当于发生（　　）。

A．单相触电　　　　　　　　B．灼伤

C．两相触电　　　　　　　　D．跨步电压触电

28．人体与带电体直接接触触电，以（　　）对人体的危险性最大。

A．中性点直接接地系统的单相触电

B．两相触电

C．中性点不直接接地系统的单相触电

D．单相触电

29．人手触及带电设备外壳发生触电，这种触电称为（　　）。

A．接触电压触电　　　　　　B．直接接触触电

C．跨步电压触电　　　　　　D．单相触电

30．中性点接地系统的单相触电比不接地系统的单相触电危险性（　　）。

A．大　　　　　B．小　　　　　C．相等　　　　　D．不确定

31．人体发生跨步电压触电时，作用于人体的电压是（　　）。

A．线电压　　　　　　　　　B．相电压

C．接触电压　　　　　　　　D．两脚之间的电位差

32．间接接触电击包括接触电压触电、（　　）。

A．单相触电　　　　　　　　B．接触电压触电

C．两相触电　　　　　　　　D．跨步电压触电

33．跨步电压触电属于（　　）。

A．单相触电　　　　　　　　B．直接接触触电

C．两相触电　　　　　　　　D．间接接触触电

34．当线路发生接地故障时，接地电流从接地点向大地四周流散，这时在地面上形成分布电位，人假如在接地点周围（20m 以内）行走，其两脚之间就有电位差，由这电位差造成人体触电称为（　　）。

A．两相触电　　　　　　　　B．直接接触触电

C. 跨步电压触电　　　　　D. 单相触电

35. 当带电体有接地故障时，离故障点越近，跨步电压触电的危险性越（　　）。

A. 大　　　B. 小　　　C. 相等　　　D. 不确定

36. 当带电体有接地故障时，离故障点越远，跨步电压触电的危险性越（　　）。

A. 大　　　B. 小　　　C. 相等　　　D. 不确定

37. 发生高压设备、导线接地故障时，室外人体不得接近接地故障点8m以内，在室内人体不得接近接地故障点（　　）以内。

A. 4m　　　B. 8m　　　C. 10m　　　D. 12m

38. 进网作业电工，应认真贯彻执行（　　）的方针，掌握电气安全技术，熟悉电气安全的各项措施，预防事故的发生。

A. 安全第一、预防为主、综合治理

B. 安全重于泰山

C. 科学技术是第一生产力

D. 人民电业为人民

39. 当人体触及漏电设备的外壳，加于人手与脚之间的电位差称为（　　）。

A. 短路电压　　　　　　　B. 接触电压

C. 跨步电压　　　　　　　D. 故障电压

40. 接触电压触电属于（　　）。

A. 单相触电　　　　　　　B. 间接接触触电

C. 两相触电　　　　　　　D. 跨步电压触电

41. 人手触及带电设备外壳发生触电，这种触电称为（　　）。

A. 接触电压触电　　　　　B. 直接接触触电

C. 跨步电压触电　　　　　D. 单相触电

42. 下列（　　）的连接方式称为保护接地。

A. 将电气设备金属外壳与中性线相连

B. 将电气设备金属外壳与接地装置相连

C. 将电气设备金属外壳与其中一条相线相连

D. 将电气设备的中性线与接地线相连

43. 保护接零是指低压配电系统中将电气设备（　　）部分与供电变压器的零线（三相四线制供电系统中的零干线）直接相连接。

    A. 内部可导电　　　　　　　B. 外露可导电

    C. 金属外壳　　　　　　　　D. 中性线

44. 实施保护接地和保护接零时必须注意在（　　）配电变压器供电的低压公共电网内，不准有的设备实施保护接地，而有的设备实施保护接零。

    A. 接地方式相同的　　　　　B. 接地方式不同的

    C. 同一台　　　　　　　　　D. 接地电阻不同的

45. IT 系统是指电源中性点不接地或经足够大阻抗（约 1000Ω）接地，电气设备的外露可导电部分经各自的（　　）分别直接接地的三相三线制低压配电系统。

    A. 保护线 PE　　　　　　　B. 中性线 N

    C. PEN 线　　　　　　　　D. 相线

46. TT 系统是指电源中性点直接接地，而设备的外露可导电部分经各自的 PE 线分别直接接地的（　　）低压供电系统。

    A. 三相五线制　　　　　　　B. 三相四线制

    C. 三相三线制　　　　　　　D. 单相

47. TT 系统是指电源中性点直接接地，而设备的外露可导电部分经各自的（　　）分别直接接地的三相四线制低压供电系统。

    A. 相线　　　　　　　　　　B. 中性线 N

    C. PEN 线　　　　　　　　D. 保护线 PE

48. TN 系统是指电源系统有一点（通常是中性点）接地，而设备的外露可导电部分（如金属外壳）通过（　　）连接到此接地点的低压配电系统。

    A. 相线　　　　　　　　　　B. 中性线 N

    C. PEN 线　　　　　　　　D. 保护线 PE

49. 低压电网中的 TN-C 系统，整个系统内（　　）。

    A. 中性线（零线）N 和保护线 PE 是合用的

B. 中性线（零线）N 和保护线 PE 是分开的

C. 中性线（零线）N 和保护线 PE 是部分合用的

D. 中性线（零线）N 和保护线 PE 是混合用的

50. 低压电网中的 TN-S 系统，整个系统内（　　）。

A. 中性线（零线）N 和保护线 PE 是合用的

B. 中性线（零线）N 和保护线 PE 是分开的

C. 中性线（零线）N 和保护线 PE 是部分合用的

D. 中性线（零线）N 和保护线 PE 是混合用的

51. 低压电网中的 TN-C-S 系统，整个系统内（　　）。

A. 中性线（零线）N 和保护线 PE 是合用的

B. 中性线（零线）N 和保护线 PE 是分开的

C. 中性线（零线）N 和保护线 PE 是部分合用的

D. 中性线（零线）N 和保护线 PE 是混合用的

52. 我国规定的交流安全电压为（　　）。

A. 220V、42V、36V、12V

B. 380V、42V、36V、12V

C. 42V、36V、24V、12V、6V

D. 220V、36V、12V、6V

53. 行灯的电压不应超过（　　）。

A. 42V　　　　B. 36V　　　　C. 24V　　　　D. 12V

54. 用于直接接触触电事故防护时，应选用一般型剩余电流保护器，其额定剩余电流不超过（　　）。

A. 10mA　　　B. 20mA　　　C. 30mA　　　D. 5mA

55. 在中性点直接接地电网中的剩余电流保护器后面的电气设备只准（　　），以免引起保护器误动作。

A. 重复接地　　　　　　　B. 直接接地

C. 保护接零　　　　　　　D. 保护接地

56. 安装剩余电流保护器后，被保护支路应有各自的专用（　　），以免引起保护误动作。

A. 接地线　　B. 零线　　　C. 保护线　　　D. 电源

57．安装剩余电流保护器的设备和没有安装剩余电流保护器的设备不能共用一套（　　）。

　　A．电源　　　B．零线　　　C．保护线　　　D．接地装置

58．在中性点直接接地电网中的剩余电流保护器后面的电网零线不准再（　　），以免引起保护器误动作。

　　A．重复接地　　　　　　　　B．直接接地

　　C．保护接零　　　　　　　　D．保护接地

59．在中性点直接接地电网中的剩余电流保护器后面的电网零线不准再重复接地，电气设备不准（　　）以免引起保护器误动作。

　　A．重复接地　　　　　　　　B．直接接地

　　C．保护接零　　　　　　　　D．保护接地

60．绝缘安全用具分为（　　）。

　　A．一般防护安全用具和接地装置

　　B．基本安全用具和辅助安全用具

　　C．辅助安全用具和接地装置

　　D．基本安全用具和一般防护安全用具

61．电气安全用具按其基本作用可分为（　　）。

　　A．绝缘安全用具和一般防护安全用具

　　B．基本安全用具和辅助安全用具

　　C．绝缘安全用具和辅助安全用具

　　D．基本安全用具和一般防护安全用具

62．选择剩余电流保护器的额定剩余动作电流值时，应充分考虑到被保护线路和设备可能发生的（　　）。

　　A．正常泄漏电流值　　　　　D．泄漏电流值

　　C．额定电流值　　　　　　　D．最小电流值

63．安全用具的技术性能必须符合规定，选用安全用具必须符合（　　）规定。

　　A．工作电压　　　　　　　　B．相电线

　　C．线电压　　　　　　　　　D．安全电压

64．高压绝缘棒属于（　　）。

    A. 绝缘安全用具   B. 防护安全用具
    C. 基本安全用具   D. 辅助安全用具

65. 各种标示牌属于（　　）。
    A. 绝缘安全用具   B. 一般防护安全用具
    C. 基本安全用具   D. 辅助安全用具

66. （　　）是指那些主要用来进一步加强基本安全用具绝缘强度的工具。
    A. 绝缘安全用具   B. 一般防护安全用具
    C. 基本安全用具   D. 辅助安全用具

67. 登高作业安全用具属于（　　）。
    A. 绝缘安全用具   B. 一般防护安全用具
    C. 基本安全用具   D. 辅助安全用具

68. 携带型短路接地线属于（　　）。
    A. 绝缘安全用具   B. 一般防护安全用具
    C. 基本安全用具   D. 辅助安全用具

69. 剩余电流保护器的动作电流值达到或超过给定电流值时，将自动（　　）。
    A. 重合闸   B. 切断电源
    C. 合上电源   D. 给出报警信号

70. 剩余电流保护器必须和（　　）一起做好，只有这样，才能有效地防止触电伤亡事故发生。
    A. 补充防护措施   B. 后备防护措施
    C. 基本防护措施   D. 间接防护措施

71. 剩余电流保护器作为直接接触触电保护的补充防护措施，以便在直接接触触电保护的基本防护失效时作为（　　）。
    A. 补充防护   B. 主要防护
    C. 主要保护   D. 后级保护

72. 装设剩余电流保护器虽然是一种很有效的触电防护措施，但不能作为单独的（　　）触电的防护手段，它必须和基本防护措施一起做好。

A．跨步电压　　　　　　　　B．基本防护

C．直接接触　　　　　　　　D．防护

73．剩余电流保护器的额定剩余动作电流值一般不小于电气线路和设备正常最大泄露电流值的（　）倍。

A．1　　　　　B．1.5　　　　　C．2　　　　　D．2.5

74．（　）是指那些绝缘强度能长期承受设备的工作电压，并且在该电压等级产生内部过电压时能保证工作人员安全的用具。

A．绝缘安全用具　　　　　　B．一般防护安全用具

C．基本安全用具　　　　　　D．辅助安全用具

75．验电器属于（　）。

A．绝缘安全用具　　　　　　B．一般防护安全用具

C．基本安全用具　　　　　　D．辅助安全用具

76．绝缘棒从结构上可分为（　）、绝缘部分和握手部分三部分。

A．工作部分　　　　　　　　B．接地部分

C．带电部分　　　　　　　　D．短路部分

77．绝缘棒工作部分不宜过长，一般长度为 5～8mm，以免操作时造成（　）。

A．相间或接地短路　　　　　B．跨步电击

C．两相触电　　　　　　　　D．单相触电

78．绝缘棒使用完后，应（　）在专用的架上，以防绝缘棒弯曲。

A．水平放置　　　　　　　　B．斜靠

C．垂直悬挂　　　　　　　　D．悬挂

79．绝缘夹钳的结构由（　）、钳绝缘部分和握手部分组成。

A．带电部分　　　　　　　　B．接地部分

C．短路部分　　　　　　　　D．工作钳口

80．（　）主要用于接通或断开隔离刀关、跌落保险，装卸携带型接地线以及带电测量和试验等工作。

A．验电器　　　　　　　　　B．绝缘杆

C．绝缘夹钳　　　　　　　　D．绝缘手套

81．绝缘棒工作部分不宜过长，一般长度为（　），以免操作

时造成相间或接地短路。

    A. 2～5cm   B. 5～8cm

    C. 8～10cm   D. 10～15cm

82. 绝缘夹钳的结构由工作钳口，（   ）和握手部分组成。

    A. 带电部分   B. 钳绝缘部分

    C. 短路部分   D. 接地部分

83. （   ）是用来安装和拆卸高压熔断器或执行其他类似工作的工具。

    A. 绝缘夹钳   B. 绝缘棒

    C. 验电器   D. 绝缘手套

84. 绝缘夹钳主要用于（   ）的电力系统。

    A. 35kV 及以下   B. 110kV

    C. 220kV   D. 500kV

85. 绝缘手套是用特种橡胶制成的，具有较高的（   ）。

    A. 机械强度   B. 绝缘强度

    C. 密封性   D. 防水性

86. 当带电体有接地故障时，（   ）可作为防护跨步电压的基本安全用具。

    A. 低压试电笔   B. 绝缘靴（鞋）

    C. 标识牌   D. 临时遮拦

87. 绝缘站台一般每（   ）进行一次绝缘试验。

    A. 6个月   B. 1年   C. 2年   D. 3年

88. 使用验电器验电前，除检查其外观、电压等级、试验合格期外，还应（   ）。

    A. 自测发光

    B. 自测音响

    C. 直接验电

    D. 在带电的设备上测试其好坏

89. 用高压验电器验电时应戴绝缘手套，并使用与被测设备（   ）的验电器。

A. 相应电压等级 　　　　B. 高一电压等级

C. 低一电压等级 　　　　D. 多电压等级

90. 回转式高压验电器主要由（ 　 ）和长度可以自由伸缩的绝缘杆组成。

A. 回转指示器 　　　　B. 接地器

C. 绝缘器 　　　　　　D. 电晕器

91. 电容型验电器试验周期一般为（ 　 ）。

A. 1 个月　　B. 3 个月　　C. 6 个月　　D. 12 个月

92. 按照电气安全用具使用要求，安全用具的技术性能必须符合规定，选用安全用具必须符合（ 　 ）规定。

A. 工作电压 　　　　B. 相电压

C. 线电压 　　　　　D. 安全电压

93. 绝缘罩一般每（ 　 ）进行一次绝缘试验。

A. 12 个月　　B. 6 个月　　C. 3 个月　　D. 1 个月

94. 绝缘挡板一般每（ 　 ）进行一次绝缘试验。

A. 12 个月　　B. 6 个月　　C. 3 个月　　D. 1 个月

95. 绝缘绳一般每（ 　 ）进行一次绝缘试验。

A. 1 个月　　B. 3 个月　　C. 6 个月　　D. 12 个月

96. 工作票要用钢笔或圆珠笔填写，一式（ 　 ）。

A. 一份　　B. 二份　　C. 三份　　D. 四份

97. 工作票是准许在（ 　 ）上工作的书面安全要求之一。

A. 电气设备或线路 　　　B. 电气设备或停电线路

C. 停电设备或线路 　　　D. 停电设备或停电线路

98. 在高压电气设备上进行检修、试验、清扫检查，需要全部停电或部分停电时应使用（ 　 ）。

A. 电气第一种工作票 　　B. 电气第二种工作票

C. 口头指令 　　　　　　D. 倒闸操作票

99. 在高压室内的二次接线及照明部分工作，需要将高压设备停电或做安全措施时应使用（ 　 ）。

A. 电气第一种工作票 　　B. 电气第二种工作票

C．口头指令 D．倒闸操作票

100．在高压电气设备上工作，需要全部停电或部分停电时应使用（ ）。

A．电气第一种工作票 B．电气第二种工作票

C．口头指令 D．倒闸操作票

101．在大于设备不停电时安全距离规定的相关场所工作，应使用（ ）。

A．电气第一种工作票 B．电气第二种工作票

C．口头指令 D．倒闸操作票

102．在带电设备外壳上的工作以及不可能触及带电设备导电部分的工作应使用（ ）。

A．电气第一种工作票 B．电气第二种工作票

C．口头指令 D．倒闸操作票

103．在电气设备上工作，保证安全的电气作业组织措施有（ ）；工作许可制度；工作监护制度；工作间断、转移和终结制度。

A．工作票制度 B．操作票制度

C．防火安全制度 D．安全保卫制度

104．工作票由（ ）签发或由经设备运行维护单位审核合格并批准的其他单位签发。承发包工程中，工作票可实行双方签发形式。

A．检修单位 B．试验检修

C．设备运行维护检修 D．操作电工

105．一式二份的工作票，一份必须经常保存在工作地点，由工作负责人收执，另一份由（ ）收执，按班移交。

A．工作负责人 B．工作票签发人

C．工作班成员 D．运行值班人员

106．一式二份的工作票，一份必须经常保存在工作地点，由（ ）收执，另一份由运行值班人员收执，按班移交。

A．工作负责人 B．工作票签发人

C．工作许可人 D．工作班成员

107．第二种工作票应在进行工作的当天预先交给（ ）。

  A．工作班成员   B．工作票签发人

  C．运行值班人员   D．工作负责人

  108．在变配电所内工作时，工作许可人应会同（　　）到现场检查所做的安全措施是否完备、可靠，并检验、证明、检修设备确无电压。

  A．工作负责人   B．工作许可人

  C．工作票签发人   D．工作班成员

  109．（　　）应将工作票号码、工作任务、许可时间及完工时间记入操作记录簿中。

  A．工作许可人   B．工作票签发人

  C．运行值班人员   D．工作负责人

  110．（　　）是指工作负责人、专责监护人必须始终在工作现场，对工作人员的安全认真监护，及时纠正违反安全的行为和动作的制度。

  A．工作票制度

  B．工作许可制度

  C．工作监护制度

  D．工作终结、验收和恢复送电制度

  111．工作票执行过程中，如需变更工作班成员时，须经过（　　）同意。

  A．运行值班人员   B．工作票签发人

  C．工作班成员   D．工作负责人

  112．一个（　　）不能同时执行多张工作票。

  A．工作负责人   B．工作班成员

  C．施工班组   D．施工单位

  113．在变配电所内工作时，工作许可人应会同（　　）到现场检查所做的安全措施是否完备、可靠，并检验、证明、检修设备确无电压。

  A．工作负责人   B．运行值班人员

  C．工作票签发人   D．工作班成员

  114．工作过程中，（　　）和工作许可人任何一方不得擅自变更

安全措施。

    A. 工作负责人   B. 运行值班人员

    C. 工作票签发人   D. 工作班成员

115. 工作监护人一般由（　）担任。

    A. 工作负责人   B. 运行值班人员

    C. 工作票签发人   D. 工作班成员

116. 在转移工作地点时，（　）应向工作人员交代带电范围、安全措施和注意事项。

    A. 工作许可人   B. 工作票签发人

    C. 运行值班人员   D. 工作负责人

117. 工作间断时，工作人员应从工作现场撤出，所有安全措施保持不动，工作票仍由（　）执存。

    A. 运行值班人员   B. 工作班成员

    C. 工作票签发人   D. 工作负责人

118. 在全部停电和部分停电的电气设备上工作，必须完成的技术措施有（　）。

    A. 停电；验电；挂接地线；装设遮拦和悬挂标示牌

    B. 停电；放电；挂接地线；装设遮拦和悬挂标示牌

    C. 停电；验电；放电；装设遮拦和悬挂标示牌

    D. 停电；放电；验电；挂接地线

119. 在同一电气连接部分用同一工作票依次在几个工作地点转移工作时，全部安全措施由（　）在开工前一次做完，不需要办理转移手续。

    A. 工作班成员   B. 工作票签发人

    C. 运行值班人员   D. 工作负责人

120. 工作期间，工作负责人或专责监护人若因故必须离开工作地点时，应指定（　）临时代替，离开前应将工作现场交代清楚，并告知工作班人员，使监护工作不间断。

    A. 工作许可人   B. 能胜任人员

    C. 运行值班员   D. 工作人员

121．电气设备检修时，工作票的有效期限以（　）为限。

A．当天

B．批准的检修计划工作时间

C．工作完成期

D．自行决定

122．电气第一种工作票、电气第二种工作票和电气带电作业工作票至预定时间，工作尚未完成，延期应（　）。

A．通知运行值班人员　　　B．报告工作票签发人

C．报告工作许可人　　　　D．办理延期手续

123．在工作地点，必须停电的设备为：（　）；与工作人员在进行工作中正常活动范围的安全距离小于规定的设备；工作人员与35kV及以下设备的距离大于工作中正常活动范围规定的安全距离，但小于设备停电时规定的安全距离，同时又无绝缘隔板、安全遮拦等措施的设备；带电部分邻近工作人员，且无可靠安全措施的设备。

A．周边带电设备

B．检修的设备

C．备用设备

D．与工作人员在进行工作中正常活动范围的安全距离小于规定的设备

124．停电检修线路，应将所有（　）及联络断路器和隔离开关都拉开。

A．断路器　　B．电源　　　C．接地刀闸　D．负荷

125．停电检修线路，应将所有断路器及联络断路器和（　）都拉开。

A．接地刀闸　　　　　　B．电源

C．隔离开关　　　　　　D．负荷

126．验电时应在检修设备（　）各相分别验电。

A．进出线两侧　　　　　B．进线侧

C．出线侧　　　　　　　D．停电

127．在工作地点，必须停电的设备为：检修的设备、（　）、

带电部分邻近工作人员且无可靠安全措施的设备。

    A．无可靠安全措施的设备

    B．运行的设备

    C．备用设备

    D．工作人员与设备带电部分的安全距离大于规程规定

128．检修设备停电，除了必须把各方面的电源完全断开，还必须拉开（　），使各方面至少有一个明显的断开点。

    A．断路器　　　　　　　　B．SF$_6$断路器

    C．隔离开关　　　　　　　D．真空断路器

129．检修的电气设备和线路停电后，在装设（　）之前必须用验电器检验无电压。

    A．绝缘垫　　B．接地线　　C．隔离遮拦　　D．标示牌

130．线路验电应逐相进行，同杆架设的多层电力线路验电时，先验低压后验高压（　）。

    A．先验上层后验下层　　　B．验下层

    C．先验下层后验上层　　　D．验近身的

131．线路验电应逐相进行，同杆架设的多层电力线路验电时，先（　），先验下层后验上层。

    A．验低压　　　　　　　　B．验高压或低压

    C．先验低压后验高压　　　D．验低压或高压

132．验电时应在检修设备的（　）逐相分别验电。

    A．接地处　　　　　　　　B．进线侧

    C．出线侧　　　　　　　　D．检修处

133．（　）的作用是警告工作人员不得接近设备的带电部分，提醒工作人员在工作地点采取安全措施，以及禁止向某设备合闸送电等。

    A．绝缘台　　B．绝缘垫　　C．标示牌　　D．遮拦

134．在全部停电和部分停电的电气设备上工作时，必须完成的技术措施有：停电、验电、挂接地线、（　）。

    A．放电　　　　　　　　　B．测量接地电阻

C．设置安全措施　　　　　D．装设遮拦和悬挂标示牌

135．在工作人员上、下的临近带电设备的铁钩架上和运行中变压器的梯子上应悬挂（　）标示牌。

A．止步，高压危险　　　　B．禁止攀登，高压危险

C．在此工作　　　　　　　D．禁止合闸，有人工作

136．验明设备确已无电后，应立即将检修设备用接地线（　）并接地。

A．单相短路　　　　　　　B．两相短路

C．三相短路　　　　　　　D．任意

137．标示牌的悬挂和拆除，应按（　）的命令执行。

A．调度员　　　　　　　　B．运行值班人员

C．工作负责人　　　　　　D．工作许可人

138．当验明设备确已无电压后，应立即将检修设备（　）并三相短路。

A．放电　　　　　　　　　B．测量接地电阻

C．设置安全措施　　　　　D．接地

139．接地线应采用多股软铜线，其截面积应符合短路电流的要求，但不得小于（　）mm^2。

A．10　　　　B．16　　　　C．25　　　　　D．35

140．接地线必须使用专用的线夹固定在导体上，严禁采用（　）的方法进行接地或短路。

A．绑扎　　　B．螺栓连接　C．缠绕　　　　D．压接

141．携带型接地线应采用（　）。

A．多股铜绞线　　　　　　B．钢芯铝绞线

C．多股软裸铜线　　　　　D．多股软绝缘铜线

142．对于可能送电至停电设备的各方面或停电设备可能产生（　）的都应装设接地线。

A．感应电压　　　　　　　B．过电压

C．电流　　　　　　　　　D．电荷

143．变压器或线路等设备的检修工作，在工作地点应悬挂：（　）。

A．止步、高压危险　　　　B．禁止攀登、高压危险

C．禁止合闸、有人工作　　D．在此工作

144．在工作人员上、下的临近带电设备的铁构架上和运行中变压器的梯子上应悬挂（　　）标示牌。

A．止步、高压危险　　　　B．禁止攀登、高压危险

C．在此工作　　　　　　　D．禁止合闸、有人工作

145．在已停电的断路器和隔离开关上的操作把手上挂（　　）标示牌，防止运行人员误合断路器和隔离开关。

A．禁止合闸、有人工作　　B．在此工作

C．止步、高压危险　　　　D．从此上下

146．（　　）是警告工作人员不得接近设备的带电部分，提醒工作人员在工作地点采取安全措施，以及禁止向某设备合闸送电等。

A．绝缘台　　B．绝缘垫　　C．标示牌　　D．遮拦

147．高压电气设备停电检修时，为防止检修人员走错位置，误入带电间隔及过分接近带电部分，一般采用（　　）进行防护。

A．绝缘台　　B．绝缘垫　　C．标示牌　　D．遮拦

148．交接班工作必须（　　），决不能马虎了事。

A．准时　　　　　　　　　B．严肃认真

C．书面交接　　　　　　　D．口头交接

149．保证变配电所安全运行的"两票三制"的两票是指工作票、（　　）。

A．操作票　　　　　　　　B．业务传票

C．工作记录票　　　　　　D．工作流程传票

150．"两票三制"是从长期的生产运行中总结出来的安全工作制度，是防止电气事故的有效（　　）。

A．组织措施　　　　　　　B．安全措施

C．技术措施　　　　　　　D．绝缘措施

151．"两票三制"是从长期的生产运行中总结出来的（　　），是防止电气事故的有效组织措施。

A．安全工作制度　　　　　B．安全措施

C．工作票制度　　　　　　D．技术规定

152．操作票填写要严格按倒闸操作原则，根据电气主接线和运行方式及（　）和操作中的要求进行，操作步骤要绝对正确，不能遗漏。

A．设备状况　　　　　　　B．操作任务

C．接地方式　　　　　　　D．工作状态

153．操作票上要用正规的调度术语，设备要写双重名称：（　）。

A．设备编号、设备型号　　B．设备名称、设备型号

C．设备编号、设备名称　　D．设备编号或设备名称

154．倒闸操作票由（　）填写。

A．操作人　　B．监护人　　　C．许可人　　　D．签发人

155．操作票填写要严格按倒闸操作原则，根据（　）和运行方式及操作任务和操作中的要求进行，操作步骤要绝对正确，不能遗漏。

A．设备状况　　　　　　　B．电气主接线

C．接地方式　　　　　　　D．工作状态

156．交接班制度中的"四交接"就是要进行（　）、图板交接、现场交接、实物交接。

A．站队交接　　　　　　　B．口头交接

C．资料交接　　　　　　　D．岗位交接

157．交接班制度中的"四交接"就是要进行站队交接、（　）、现场交接、实物交接。

A．口头交接　　　　　　　B．图板交接

C．岗位交接　　　　　　　D．资料交接

158．交接班制度中的"四交接"就是要进行站队交接、图板交接、现场交接、（　）。

A．资料交接　　　　　　　B．岗位交接

C．口头交接　　　　　　　D．实物交接

159．除定期巡回检查外，还应根据设备情况、（　）、自然条件及气候情况增加巡查次数。

A．人员情况   B．负荷情况

C．运行情况   D．交接班情况

160．交接班时要做到"五清"，其中"听清"是指（ ）。

A．接班人员在接班时一定要将交班人员讲述的情况听清楚，必要时并做好记录

B．运行值班人员向工作负责人交代清楚工作票中所列的安全措施已设置完毕

C．运行值班人员向工作负责人交代清楚工作范围和带电设备运行状态

D．工作负责人向工作班成员交代清楚工作内容和安全注意事项

161．交接班时要做到"五清"，其中"点清"是指（ ）。

A．接班人员要对交班人员所移交的工具、物品等一件件点清楚，看是否移交齐全，接班人员还应点清本班到班人员，并做好记录

B．运行值班负责人应向工作负责人点清工作票中所列的安全措施已设置完毕，数量齐全

C．工作负责人应按工作票所列点清各项安全措施

D．在完成工作任务后，工作负责人应先认真检查，待全体工作人员撤离工作地点并检查无遗留工具等物件，再办理工作票终结手续

162．除定期巡回检查外，还应根据设备情况、负荷情况、（ ）增加巡查次数。

A．人员情况   B．交接班情况

C．运行情况   D．自然条件及气候情况

163．对变配电所内的电气设备、备用设备及继电保护自动装置等需定期进行试验和（ ）。

A．检修   B．轮换   C．更换   D．完善

164．（ ）是沿着预先拟订好的科学的符合实际的路线，以规定的巡视周期对所有电气设备按运行规程规定的检查监视项目依

次巡视检查。

    A. 设备定期试验轮换制度　B. 操作票制度

    C. 交接班制度　　　　　　D. 巡回检查

165. 对变配电所内的电气设备、备用设备及继电保护自动装置等需定期进行（　　）和轮换。

    A. 检修　　　B. 试验　　　C. 更换　　　　D. 完善

166. 电气设备有三种工作状态，即（　　）、备用、检修状态。

    A. 运行　　　B. 热备用　　C. 试验　　　　D. 冷备用

167. 电气设备备用状态分（　　）备用和热备用两种状态。

    A. 运行　　　B. 检修　　　C. 试验　　　　D. 冷

168. 电气设备备用状态分冷备用和（　　）备用两种状况。

    A. 运行　　　B. 检修　　　C. 热　　　　　D. 试验

169. 电气设备有三种工作状态，即运行、备用、（　　）。

    A. 冷备用　　B. 热备用　　C. 试验　　　　D. 检修状态

170. 热备用状态指设备的（　　），只要开关合上，就能送电。

    A. 刀闸已合上，开关未合　B. 开关未合

    C. 刀闸已合上　　　　　　D. 刀闸未合上，开关未合

171. 检修状态指设备的（　　），而且接地线等安全措施均已做好，这时设备就处在检修状态。

    A. 开关已拉开　　　　　　B. 操作电源已断开

    C. 刀闸已拉开　　　　　　D. 开关和刀闸均已拉开

172. 检修状态指设备的（　　），而且接地线等安全措施均已做好，这时设备就处在检修状态。

    A. 开关已拉开，刀闸在合上位置

    B. 开关和刀闸均已拉开

    C. 开关和刀闸均在合上位置

    D. 开关在断开位置，刀闸在合上位置

173. 电气设备在冷备用状态时，设备的开关和刀闸的位置应符合下列情况中的（　　）。

    A. 开关在打开位置，刀闸在合上位置

B. 开关在合上位置，刀闸在打开位置

C. 开关和刀闸均在打开位置

D. 开关和刀闸均在合上位置

174. 热备用状态指设备（ ）。

A. 刀闸已合上，开关未合，只要开关合上，就能送电

B. 开关和刀闸均在打开位置，要合上刀闸和开关才能送电

C. 刀闸和开关均已合上

D. 开关已合上，只要合上刀闸，就能送电

175. 倒闸操作要有正确的调度命令和合格的（ ）。

A. 工作票   B. 操作票

C. 安全用具   D. 操作工具

176. 操作票操作完毕后，（ ）应在操作票的相应栏目内各自签名。并在操作票上加盖"已执行"的图章。

A. 操作人和值班人员   B. 监护人和值长

C. 监护人和操作人   D. 值长和操作人员

177. 每一项倒闸操作结束后，（ ）一起应认真检查被操作的设备状态，被操作的设备状态应与操作项目的要求相符合，并处于良好状态。

A. 操作人和监护人   B. 值长和值班人员

C. 值长和监护人   D. 值班人员和操作人员

178. 倒闸操作中发生疑问时，应立即停止操作并向（ ）或值班负责人报告，弄清问题后，再进行操作。

A. 监护人   B. 值班人员

C. 值班调度员   D. 上级领导

179. 倒闸操作的监护操作，是指有人监护的操作。一般由两人进行，一人操作，一人（ ）。

A. 监护   B. 唱票   C. 指挥   D. 监督

180. 倒闸操作准备工作由（ ）准备好必要的合格操作工具和安全用具。

A. 值班人员   B. 值长

　　C. 监护人　　　　　　　　　D. 操作人员

181. 倒闸操作前（　）按操作项目核对操作设备名称，设备编号，核对结果应与操作票全部符合。

　　A. 值班人员　　　　　　　　B. 值长

　　C. 监护人　　　　　　　　　D. 操作人员

182. （　）听操作人对操作内容复诵，认为一切无误后，便发布"对、执行"的命令。

　　A. 值班人员　　　　　　　　B. 监护人

　　C. 值长　　　　　　　　　　D. 操作人

183. 监护人听（　）对操作内容复诵，认为一切无误后，便发布"对，执行"的命令。

　　A. 值班人员　　　　　　　　B. 监护人

　　C. 值长　　　　　　　　　　D. 操作人员

184. 隔离开关与断路器串联使用时，送电的操作顺序是（　）。

　　A. 先合上隔离开关后合上断路器

　　B. 先合上断路器后合上隔离开关

　　C. 同时合上断路器和隔离开关

　　D. 无先后顺序要求

185. 隔离开关与断路器串联使用时，停电的操作顺序是（　）。

　　A. 先拉开隔离开关，后断开断路器

　　B. 先断开断路器，再拉开隔离开关

　　C. 同时断（拉）开断路器和隔离开关

　　D. 任意顺序

186. 送电时断路器与隔离开关合闸的操作顺序为（　）。

　　A. 先合上断路器后合上隔离开关

　　B. 先合上隔离开关后合上断路器

　　C. 隔离开关与断路器同时合闸

　　D. 检查断路器处于合闸位置后合上隔离开关

187. 在运行中，电流的热量和（　）或电弧等都是电气火灾的直接原因。

      A．电火花　　　　　　　　B．电压高低

      C．环境温度　　　　　　　D．干燥天气

188．在运行中，（　）和电火花或电弧等都是电气火灾的直接原因。

      A．电流的热量　　　　　　B．电压高低

      C．环境温度　　　　　　　D．干燥天气

189．引发电气火灾要具备的两个条件为：现场有可燃物质和现场有（　）。

      A．引燃条件　　　　　　　B．湿度

      C．温度　　　　　　　　　D．干燥天气

190．室内电气装置或设备发生火灾时应尽快（　），并及时正确选用灭火器进行扑救。

      A．拉掉开关切断电源　　　B．拉开开关

      C．迅速灭火　　　　　　　D．控制火灾

191．带电灭火很重要的一条就是正确选择（　）。

      A．绝缘工具　　　　　　　B．灭火位置

      C．灭火器材　　　　　　　D．操作工具

192．工作票应由（　）签发。

      A．工作负责人　　　　　　B．工作票签发人

      C．工作许可人　　　　　　D．工作班成员

193．执行第一种工作票时，如工作未按时完成，应由工作负责人向（　）申请办理延期手续。

      A．工作许可人　　　　　　B．值班负责人

      C．工作票签发人　　　　　D．工作班成员

194．在工作地点，必须停电的设备：检修的设备、（　）、带电部分邻近工作人员且无可靠安全措施的设备。

      A．无可靠安全措施的设备

      B．运行的设备

      C．备用设备

      D．工作人员与设备带电部分的安全距离大于规程规定，

且又小于设备不停电时的安全距离，同时又无绝缘隔板，安全遮拦等设施的设备

二、判断题

1．电工进网作业必须严格遵守规程规范，掌握电气安全技术，熟悉保证电气安全的各项措施，防止事故发生。（　）

2．电流通过人体非常危险，尤其是通过心脏、中枢神经和呼吸系统危险性更大。（　）

3．在电压相同的情况下，不同种类的电流对人体的伤害程度是一样的。（　）

4．电流通过人体时，对人的危害程度与人体电阻状况和人体健康状况等有密切关系。（　）

5．电流通过人体，对人的危害程度与电流大小、持续时间等有密切关系。（　）

6．使人体能够感觉，但不遭受伤害的电流称为摆脱电流。（　）

7．通过人体的电流越大，人的生理反应越明显，致命的危险就越大。（　）

8．电流通过人体的时间越长，对人体组织破坏越厉害，触电后果越严重。（　）

9．在同等电击情况下，患有心脏病、精神病、结核病等疾病或酒醉的人比正常人受电击造成的伤害更严重。（　）

10．电流总是从电阻最小的途径通过。（　）

11．电流通过人体，对人的危害程度与频率无关。（　）

12．人触电碰到的电源频率越低，对人体触电危险性就越低。（　）

13．人触电碰到的电源频率越高，对人体触电危险性就越大。（　）

14．电流流过人体时，人体内部器官呈现的电阻称为体内电阻。（　）

15．身体健康，精神饱满，思想就集中，工作中就不容易发生触电。（　）

16．人体触电时，人体电阻越大，流过人体的电流就越大，也就越危险。（　　）

17．身体不好或醉酒，工作中精力就不易集中，就容易发生触电事故。（　　）

18．电弧烧伤是最常见也是极严重的电击。（　　）

19．电弧烧伤是最常见也是极严重的电伤。（　　）

20．电击是电流通过人体对人体皮肤组织的一种伤害。（　　）

21．电伤是指触电时电流的热效应、化学效应以及电刺击引起的生物效应对人体外表造成的伤害。（　　）

22．大部分触电伤亡都因电伤所至。（　　）

23．人体触电方式有单相触电、两相触电。（　　）

24．如果人体同时接触电气设备或电力线路中两相带电导体，则电流将从一相导体通过人体流入另一相导体，这种触电现象称为两相触电。（　　）

25．如果人体直接碰到电气设备一相带电导体，这时电流将通过人体流入大地，这种触电称为单相触电。（　　）

26．人体过分接近带电体，其间距小于放电距离时，会直接产生强烈的电弧对人放电，造成人触电伤亡。（　　）

27．如果人体直接碰到电气设备或电力线路中一相带电导体，或者与高压系统中一相带电导体的距离小于该电压的放电距离而造成对人体放电，这时电流将通过人体流入大地，这种触电称为单相触电。（　　）

28．两相触电通过人体的电流与系统中性点运行方式无关。

（　　）

29．发生两相触电危害比单相触电更严重。（　　）

30．接地系统的单相触电比不接地系统的单相触电危险性小。

（　　）

31．单相触电的危险程度与电网运行方式有关。（　　）

32．人体距 10kV 及以下带电线路的安全距离，应不小于 0.7m。

（　　）

33. 雷雨天气，需要巡视室外高压设备时，应撑伞并不得靠近避雷器和避雷针。（　　）

34. 防止人身触电，要时刻具有"安全第一"的思想，在工作中一丝不苟。（　　）

35. 接触电压是指人站在带电外壳旁（水平方向 0.8m 处），人手触及带电外壳时，其两手之间承受的电位差。（　　）

36. 人体距离高压带电体太近，造成对人体放电，这种情况的触电称为间接接触触电。（　　）

37. 电气设备的金属外壳，不应该带电，由于内部绝缘老化，造成击穿碰壳，造成电气设备金属外壳带电；人若碰到带电外壳，就会发生触电事故，这种触电称为接触电压触电。（　　）

38. 当人体触及带电导体、漏电设备的金属外壳或距离高压电太近以及遭遇雷击、电容器放电等情况下，都可以导致触电。（　　）

39. 接触电压触电是由于电气设备绝缘损坏发生漏电，造成设备金属外壳带电并与地之间出现对地电压引起的触电。（　　）

40. 接地体和接地线的总称为接地装置。（　　）

41. 接地装置中的接地线是埋在地下与土壤直接接触的金属导体。（　　）

42. 采用保护接地后，假如电气设备发生带电部分碰壳漏电，人体触及带电外壳时，人体电阻与接地装置的接地电阻是并联的。
（　　）

43. 保护接零是指低压配电系统中将电气设备外露可导电部分与供电变压器的零线直接相连接。（　　）

44. 在三相四线制的供电系统中采用保护接零时，在零干线上不准装熔断器和闸刀等开关设备。（　　）

45. 在二相四线制的供电系统中采用保护接零时，可在零线上装熔断器。（　　）

46. 重复接地，是指将变压器零线（三相四线制供电系统中的零干线）多点接地。（　　）

47. 重复接地的接地电阻要求小于 4Ω。（　　）

48．低压电网的配电制及保护方式为 IT、TT、TN-C 三类。（　）

49．低压电网的配电制及保护方式分为 IT、TT、TN、TN-C 四类。（　）

50．实施保护接地和保护接零时必须注意在同一配电变压器供电的低压公共电网内，允许根据需要有的设备实施保护接地，有的设备实施保护接零。（　）

51．IT 系统是指电源中性点不接地或经足够大阻抗接地，电气设备的外露可导电部分经各自的保护线 PE 分别直接接地的三相三线制低压配电系统。（　）

52．实施保护接地和保护接零时必须注意在同一配电变压器供电的低压公共电网内，不准有的设备实施保护接地，而有的设备实施保护接零。（　）

53．TT 系统是指电源中性点直接接地，而设备的外露可导电部分经各自的 PE 线分别直接接地的三相四线制低压供电系统。（　）

54．TN-S 系统整个系统内中性线（零线）N 与保护线 PE 是分开的。（　）

55．TN-C-S 系统整个系统内中性线（零线）N 与保护线 PE 是部分合用的。（　）

56．安全电压是低压，但低压不一定是安全电压。（　）

57．安全电压是指会使人发生触电危险的电压。（　）

58．机床的局部照明应采用 42V 及以下安全电压。（　）

59．行灯的电压不应超过 36V。（　）

60．我国规定的交流安全电压为 220V、42V、36V、12V。（　）

61．在特别潮湿场所或工作地点狭窄、行动不方便场所（如金属容器内）应采用 12V、6V 安全电压。（　）

62．在低压配电系统中，广泛采用额定动作电流不超过 30mA，无延时动作的剩余电流动作保护器，作为直接接触触电保护的补充防护措施（附加防护）。（　）

63．剩余电流动作保护器的全网保护方式由于断电范围较小，所以一般只用于较大的电网。（　）

64．安装剩余电流动作保护器各电气设备的 N 线应各自与 N 线的干线直接相连。（　）

65．安装保护器的设备和没有安装保护器的设备不能共用一套接地装置。（　）

66．安装在中性点直接接地电网中的剩余电流动作保护器后面的电网零线允许重复接地，电气设备只准保护接地，不准保护接零，以免引起保护误动作。（　）

67．选用的剩余电流动作保护器的额定剩余动作电流值一般应不小于电气线路和设备正常最大泄漏电流值的 3 倍。（　）

68．辅助安全用具是指那些绝缘强度能长期承受设备的工作电压，并且在该电压等级产生内部过电压时能保证工作人员安全的用具。（　）

69．电气安全用具按其基本作用可分为基本安全用具和辅助安全用具。（　）

70．在低压带电设备上，辅助安全工具不可作为基本安全用具使用。（　）

71．常用的辅助绝缘安全用具有绝缘棒、绝缘夹钳、验电器等。
（　）

72．电气安全用具都要按规定进行定期试验和检查。（　）

73．绝缘棒应存放在潮湿的地方，靠墙放好。（　）

74．绝缘棒工作部分不宜过长，以免操作时造成相间与接地短路。（　）

75．户内使用绝缘棒的最小长度：10kV 及以下，绝缘部分长度 0.70m，握手部分长度 0.30m。（　）

76．绝缘夹钳主要用于 35kV 及以下的电力系统。（　）

77．雨天室外倒闸操作应按规定使用带有防雨罩的绝缘棒。
（　）

78．绝缘夹钳主要用于接通或断开隔离开关，跌落保险，装卸携带型接地线以及带电测量和实验等工作。（　）

79．普通的医疗、化验用的手套可临时代替绝缘手套。（　）

80．为保证操作安全，绝缘夹钳使用时应可靠与接地线相连。

（　）

81．绝缘手套使用前应检查有无漏气或裂口等缺陷。（　）

82．绝缘手套使用后应擦净、晾干，并在绝缘手套上洒一些滑石粉。（　）

83．绝缘手套使用后应擦净、晾干，并在绝缘手套上洒一些石灰。（　）

84．绝缘靴（鞋）是在任何电压等级的电气设备上工作时，用来与地保持绝缘的基本安全用具。（　）

85．绝缘靴（鞋）要放在柜子内，并应与其他工具分开放置。

（　）

86．从事电气工作穿绝缘鞋是属于防止人身触电的技术措施。

（　）

87．绝缘鞋由特种橡胶制成，以保证足够的防水性。（　）

88．高压验电器用于测量高压电器设备或线路上是否带有电压（包括感应电压）。（　）

89．高压验电器可用于低压验电，而低压验电器不能用于高压验电。（　）

90．声光型高压验电器使用前应作自检试验。（　）

91．验电前后应在有电的设备上或线路上进行试验，以检验所使用的验电器是否良好。（　）

92．回转式高压验电器一般用于 220V/380V 的交流系统。（　）

93．电气安全用具不准作其他用具使用。（　）

94．事故应急处理可以不用操作票。（　）

95．在无人值班的设备上工作时，第二份工作票由工作许可人收执。（　）

96．一个工作负责人只能发给一张工作票，工作票上所列的工作地点，以一个电气连接部分为限。（　）

97．对工作负责人最多可同时发给两张工作票。（　）

98．在变配电所内工作时，工作许可人应到现场检查所做的安

全措施是否完备、可靠，并检验、证明、检修设备确无电压。（　）

99．工作票的执行中，未经值班人员的许可，一律不许擅自进行工作。（　）

100．工作票的执行中，未经工作许可人的许可，一律不许擅自进行工作。（　）

101．在工作票执行期间，一旦工作开始，工作负责人必须始终在工作现场参与工作。（　）

102．所有工作人员（包括工作负责人）不许单独留在高压室内，不许单独留在室外变、配电所高压设备区内，以免发生意外触电或电弧灼伤事故。（　）

103．当日工作间断后继续工作，无须通过工作许可人。（　）

104．因工作间断，次日复工时，应得到工作许可人的许可，取回工作票，才能继续工作。（　）

105．因工作间断，隔日复工时，应得到工作许可人的许可，且工作负责人应重新检查安全措施。工作人员应在工作负责人或专责监护人的带领下进入工作地点。（　）

106．在同一电气连接部分填用同一工作票依次在几个工作地点转移工作时，全部安全措施由工作许可人在开工前一次做完，工作地点转移时需要办理转移手续。（　）

107．只有在同一停电系统的所有工作票都已终结，并得到值班调度员或运行值班员得许可指令后，方可合闸送电。（　）

108．因工作间断，次日复工时，应得到运行值班员许可，取回工作票，工作负责人必须在工作现场重新认真检查安全措施是否符合工作票的要求，然后才能继续工作。（　）

109．线路验电应逐相进行。（　）

110．验电时，应使用相应电压等级、合格的验电器，在装设接地线或合接地刀闸（装置）处逐相分别验电。（　）

111．低压电气设备检修时，为防止检修人员走错位置，误入带电间隔及过分接近带电部分，一般采用遮拦进行防护。（　）

112．携带型接地线应用多股软铜线组成，其截面不得小于

$16mm^2$。（ ）

113．携带型接地线应由透明护套的多股软铜线和专用线夹组成，其截面不得小于$25mm^2$。（ ）

114．携带型接地线所用导线必须是多股硬绝缘铜线。（ ）

115．接地线安装时，接地线直接缠绕在须接地的设备上即可。
（ ）

116．接地线必须是三相短路接地线，不得采用三相分别接地或单相接地。（ ）

117．需要时可用其他导线作接地线或短路线。（ ）

118．"禁止合闸，有人工作！"标示牌挂在已停电的断路器和隔离开关上的操作把手上，防止运行人员误合断路器和隔离开关。
（ ）

119．装设临时接地线时，必须先接导体端，后接接地端。（ ）

120．拆接地线的顺序应同时拆导体端和接地端。（ ）

121．在邻近可能误登的其他铁构架上，应悬挂"从此上下！"的标示牌。（ ）

122．在一经合闸即可送电到工作地点的断路器（开关）和隔离开关（刀闸）的操作把手上，均应悬挂"禁止合闸，有人工作"的标示牌。（ ）

123．在室内高压设备上工作，应在工作地点两旁及对面运行设备间隔的遮拦（围栏）上和禁止通行的过道遮拦（围栏）上悬挂"止步，高压危险！"的标示牌。（ ）

124．工作人员根据工作需要可移动或拆除遮拦（围栏）、标示牌。（ ）

125．"两票三制"是从长期的生产运行中总结出来的安全工作制度，是保证变配电所安全运行的重要组织措施。（ ）

126．"两票三制"是从长期的生产运行中总结出来的安全工作制度，是防止电气事故的有效技术措施。（ ）

127．同一变电站的操作票应事先连续编号，操作票按编号顺序使用。（ ）

128. 倒闸操作票由操作人填写、一张操作票只准填写两个操作任务。（ ）

129. 倒闸操作票由监护人填写。（ ）

130. 操作票上要用正规的操作术语。（ ）

131. 操作票上设备要写双重名称（设备编号、设备名称）。（ ）

132. 变电所在事故处理及倒闸操作中禁止交换班。（ ）

133. 变电所运行中，如交接班时发生事故，应由接班人员负责处理。（ ）

134. 巡回检查是沿着预先拟订好的科学的符合实际的路线，以规定的巡视周期对所有电气设备按运行规程规定的检查监视项目依次巡视检查。（ ）

135. 在用户受送电装置上从事倒闸操作人员和监护人员经过严格培训考核，可以不持电工进网作业许可证上岗。（ ）

136. 倒闸操作中要使用统一的操作术语。（ ）

137. 必须通过相应的倒闸操作方可施加电压的断路器工作状态称为冷备用状态。（ ）

138. 作废的操作票，应注明"作废"字样。（ ）

139. 电气设备冷备用状态指设备的开关在打开位置，刀闸在合闸位置，要合上开关后才能投入运行。（ ）

140. 检修状态指设备的开关和刀闸均已拉开，而且接地线等安全措施均已做好，这时设备就处在检修状态。（ ）

141. 倒闸操作要有正确的调度命令和合格的操作票。（ ）

142. 倒闸操作要有合格的操作工具、安全用具和设施。（ ）

143. 倒闸操作前，应先在模拟图板上进行模拟操作。（ ）

144. 操作人员和监护人员应经过严格培训考核，有合格的《电工进网作业许可证》。（ ）

145. 倒闸操作票操作完毕后，监护人应记录操作的起止时间。
（ ）

146. 倒闸操作中发生疑问时，不准擅自更改操作票，不准随意解除闭锁装置。（ ）

147．倒闸操作每一个操作项目执行完毕后，监护人应用红笔将该项目打"√"勾销。然后准备进行下一项操作。（　）

148．停电拉闸操作必须按照断路器（开关）→负荷侧隔离开关（刀闸）→母线侧隔离开关（刀闸）的顺序依次操作。（　）

149．绝缘不良造成电气闪络等也都会有电火花、电弧产生。
（　）

150．万一发生电气火灾时，必须迅速采取正确有效措施，及时扑灭电气火灾。（　）

151．电气设备正常工作时或正常操作时会发生电火花和电弧。
（　）

152．对运行中可能产生电火花、电弧和高温危险的电气设备和装置，不应放置在易燃的危险场所。（　）

153．断电灭火，紧急切断低压导线时，应三相同时剪断。（　）

154．万一发生电气火灾时，必须迅速向领导汇报，以便采取措施，扑灭电气火灾。（　）

155．如果线路上带有负载时，电气火灾扑救应先切断灭火现场电源，再切除负载。（　）

156．人体过分接近带电体，其间距小于放电距离时，会直接产生强烈的电弧对人放电，造成大面积烧伤而死亡。（　）

157．对带电设备应使用不导电的灭火剂灭火。（　）

158．不准使用泡沫灭火器对有电的设备进行灭火。（　）

159．扑灭火灾时，灭火人员应站在下风侧进行灭火。（　）

160．我国规定的直流安全电压的上限为72V。（　）

161．转动中的发电机、同期调相机的励磁回路或高压电动机转子电阻回路上的工作；需填用第二种工作票。（　）

162．对停电的注油设备应使用干燥的沙子或泡沫灭火器等灭火。（　）

三、多选题

1．电工进网作业必须（　），防止事故发生。

A．严格遵守规程规范

B．掌握电气安全技术

C．有较高的专业知识

D．熟悉保证电气安全的各项措施

2．电流通过人体，它的热效应、化学效应会造成人体（　　）。

A．颤动　　　　　　　　　B．电灼伤

C．电烙印　　　　　　　　D．皮肤金属化

3．电击使人致死的原因有（　　）。

A．流过心脏的电流过大、持续时间过长，引起"心室纤维性颤动"

B．高温电弧使周围金属熔化、蒸发并飞溅渗透到皮肤表面形成的伤害

C．电流大，使人产生窒息

D．电流作用使心脏停止跳动

4．电流通过人体，对人的危害程度与通过的（　　）等有密切关系。

A．电流大小　　B．电压高低　　C．持续时间　　D．频率

5．电流通过人体的时间越长（　　）。

A．生理反应越明显　　　　B．无法摆脱

C．对人体组织破坏越厉害　　D．触电后果越严重

6．触电时，按电流通过人体时的生理机能反应和对人体的伤害程度，电流可分为（　　）几类。

A．感知电流　　　　　　　B．持续电流

C．致命电流　　　　　　　D．摆脱电流

7．人体电阻由（　　）组成。

A．接触电阻　　　　　　　B．表皮电阻

C．体内电阻　　　　　　　D．接地电阻

8．人体皮肤表面电阻，随皮肤表面的（　　）等而变化。

A．干湿程度　　　　　　　B．有无破伤

C．接触的电压大小　　　　D．身体状况

9．电流通过人体，对人的危害程度与通过人体的（　　）等有

密切关系。

    A．途径   B．电阻状况

    C．皮肤干湿状况   D．人体健康状况

10．人体电阻主要由两部分组成，即人体内部电阻和皮肤表面电阻，（　　）。

    A．人体内部电阻与接触电压和外界条件无关

    B．皮肤表面电阻随皮肤表面的干湿程度、有无破伤、以及接触的电压大小等而变化

    C．人体内部电阻与接触电压和外界条件有关

    D．皮肤表面电阻随皮肤表面的干湿程度、有无破伤而变化，但与接触的电压大小无关

11．（　　），工作中就不容易发生触电，万一发生触电时，其摆脱电流相对也大。

    A．身体健康   B．服从命令

    C．思想集中   D．精神饱满

12．在高压系统中由于误操作，如（　　）等，会产生强烈的电弧，将人严重灼伤。

    A．带负荷拉合隔离开关   B．错分断路器

    C．错合断路器   D．带电挂接地线

13．人身触电类型有（　　）。

    A．两相触电   B．直接接触触电

    C．单相触电   D．间接接触触电

14．下列（　　）造成的触电称为直接接触触电。

    A．人体直接碰到带电导体

    B．离高压带电体距离太近造成对人体放电

    C．跨步电压触电

    D．接触电压触电

15．（　　）造成的触电称为单相触电。

    A．人体直接碰到电气设备带电的金属外壳

    B．人体直接碰到电力线路中一相带电导体

　　C．人体直接碰到电气设备一相带电导体

　　D．高压系统中一相带电导体的距离小于该电压的放电距离而造成对人体放电，这时电流将通过人体流入大地

16．（　　）造成的触电称为两相触电。

　　A．在高压系统中，人体同时过分靠近两相带电导体而发生电弧放电，则电流将从一相导体通过人体流入另一相导体

　　B．人体同时接触电力线路中两相带电导体

　　C．人体同时接触电气设备两相带电导体

　　D．人体二处碰及电气设备带电的金属外壳

17．防止人身触电的技术措施有（　　）等。

　　A．保护接地和保护接零

　　B．装设剩余电流保护器

　　C．采用安全电压

　　D．绝缘和屏护措施

18．将电气设备的（　　）等通过接地装置与大地相连称为保护接地。

　　A．金属外壳　　B．中性线　　　C．金属构架　　D．零线

19．低压电网的配电制及保护方式分为（　　）三类。

　　A．IT　　　　　B．TT　　　　　C．TN　　　　　D．TN−C

20．低压电网的配电制及保护方式分为IT、TT、TN三类，以下正确的表述是（　　）。

　　A．IT系统是指电源中性点不接地或经足够大阻抗接地，电气设备的外露可导电部分经各自的保护线PE分别直接接地的三相三线制低压配电系统

　　B．TT系统是指电源中性点直接接地，而设备的外露可导电部分经各自的PE线分别直接接地的三相四线制低压供电系统

　　C．TN系统电源系统有一点（通常是中性点）接地，而设备的外露可导电部分通过保护线连接到此接地点的低

压配电系统

D．TN-S 系统整个系统内中性线（零线）N 与保护线 PE 是合用的

21．安全电压应根据（   ）等因素选用。

    A．作业场所   B．使用方式

    C．操作员条件   D．供电方式

    E．线路状况   F．设备状况

22．下面宜采用 36V 及以下安全电压的场所有（   ）。

    A．机床的局部照明   B．行灯

    C．工作地点狭窄   D．行动不方便场所

23．下面宜采用 12V 及以下安全电压的场所有（   ）。

    A．机床的局部照明   B．行灯

    C．工作地点狭窄   D．行动不方便场所

24．防止人身触电的技术措施有（   ）等。

    A．采用安全电压   B．装设剩余电流保护器

    C．保护接地   D．保护接零

25．剩余电流保护器中的电流互感器作为检测元件，可以安装在（   ）。

    A．系统工作接地线上，构成全网保护方式

    B．线路末端保护用电设备

    C．干线上构成干线保护

    D．分支线上构成分支保护

26．剩余电流保护器由（   ）等部件组成。

    A．分合机构   B．电流互感器

    C．主开关   D．脱扣机构

27．装在中性点直接接地电网中的剩余电流保护器后面的电网零线（   ），以免引起保护器误动作。

    A．不准再重复接地   B．电气设备只准保护接地

    C．电气设备不准保护接零   D．电气设备不准保护接地

28．关于装设剩余电流保护器，以下说法正确的是（   ）。

　　A. 不能作为单独的直接接触触电的防护手段

　　B. 必须与基本防护措施同时使用

　　C. 可以作为单独的直接接触触电的防护手段

　　D. 不需要和基本防护措施配合使用

29. 电气安全用具按其基本作用可分为（　　）。

　　A. 绝缘安全用具　　　　　　　　B. 一般防护安全用具

　　C. 基本安全用具　　　　　　　　D. 辅助安全用具

30. 电气安全用具中的绝缘安全用具可分为（　　）。

　　A. 绝缘安全用具　　　　　　　　B. 辅助安全用具

　　C. 基本安全用具　　　　　　　　D. 一般防护安全用具

31. 下面（　　）属于基本安全用具。

　　A. 绝缘棒　　B. 绝缘垫　　C. 绝缘夹钳　　D. 验电器

32. 绝缘垫可以用来防止（　　）对人体的伤害。

　　A. 放电电压　　　　　　　　　　B. 接触电压

　　C. 电气操作　　　　　　　　　　D. 跨步电压

33. 辅助安全用具的绝缘强度（　　），只能起加强基本安全用具的保护作用。

　　A. 不能承受电气设备的工作电压

　　B. 能承受线路的工作电压

　　C. 能承受电气设备的工作电压

　　D. 不能承受线路的工作电压

34. 常用的辅助安全用具有（　　）等。

　　A. 绝缘手套　　　　　　　　　　B. 绝缘靴

　　C. 绝缘垫　　　　　　　　　　　D. 绝缘站台

35. 辅助安全用具主要用来防止（　　）对工作人员的危害，不能直接接触高压电气设备的带电部分。

　　A. 接触电流　　　　　　　　　　B. 漏电电压

　　C. 接触电压　　　　　　　　　　D. 跨步电压

36. 下面（　　）属于一般防护安全用具。

　　A. 携带型接地线、临时遮拦

B．绝缘手套、绝缘靴

C．标示牌、警告牌

D．安全带、防护目镜

37．常用的一般防护安全用具有（　　）。

A．携带型接地线　　　　　　　　B．临时遮拦

C．安全带　　　　　　　　　　　D．警告牌和标示牌

E．防护目镜

38．下面（　　）属于一般防护安全用具。

A．携带型接地线　　　　　　　　B．标示牌

C．绝缘棒　　　　　　　　　　　D．安全带

39．一般防护安全用具是用来防止工作人员（　　）。

A．触电　　　　　　　　　　　　B．电弧灼伤

C．高空摔跌　　　　　　　　　　D．误入工作区间

40．安全用具的技术性能必须符合规定，选用安全用具必须符合（　　）。

A．工作电压　　　　　　　　　　B．电气安全工作制度

C．安全可靠　　　　　　　　　　D．电业安全工作规程

41．绝缘棒主要用来（　　）等工作。

A．断开或闭合高压隔离开关

B．断开或闭合跌落式熔断器

C．安装和拆除携带型接地线

D．进行带电测量和试验

42．绝缘棒使用时，操作人员应（　　），雨天室外倒闸操作应按规定使用带有防雨罩的绝缘棒。

A．戴好安全帽

B．要戴绝缘手套

C．手应放在握手部分，不能超过护环

D．穿绝缘靴（鞋）

E．装好接地线

43．正确使用绝缘手套的表述是（　　）。

A．使用前应检查有无漏气或裂口等缺陷

B．戴绝缘手套时，应将外衣袖口放入手套的伸长部分

C．绝缘手套定期试验周期为每年一次

D．绝缘手套用后应擦净晾干，撒上一些滑石粉以免粘连，并应放在通风、阴凉的柜子里

44．绝缘垫可以用来防止（ ）对人体的伤害。

　　A．放电电压　　　　　　　　B．接触电压

　　C．电气操作　　　　　　　　D．跨步电压

45．使用绝缘夹钳夹熔断器时应（ ）。

　　A．操作人的头部不可超过握手部分

　　B．戴防护目镜、绝缘手套

　　C．穿绝缘靴（鞋）或站在绝缘台（垫）上

　　D．装好接地线

46．下面绝缘安全工具试验周期为半年的是（ ）。

　　A．绝缘杆　　B．绝缘手套　　C．绝缘夹钳　　D．绝缘靴

47．声光型高压验电器的操作杆、指示器严禁（ ），以免损坏。

　　A．敲击　　　　　　　　　　B．碰撞

　　C．剧烈震动　　　　　　　　D．擅自拆卸

48．声光型高压验电器在携带与保管中，除了要避免跌落、挤压和强烈冲击振动，还应（ ）。

　　A．不要用带腐蚀性的化学溶剂擦拭

　　B．不要用洗涤剂擦拭

　　C．不能放在露天烈日下曝晒，需经常保持清洁

　　D．及时放入包装袋

49．声光型高压验电器在携带与保管中，要避免（ ）。

　　A．跌落　　　　　　　　　　B．挤压

　　C．强烈冲击振动　　　　　　D．长期不用

50．安全用具的技术性能必须符合规定，选用安全用具（ ）。

　　A．必须符合工作电压

　　B．必须符合电气安全工作制度

C. 必须安全可靠

D. 必须符合电力安全工作规程的规定

51. 填写工作票要求（　　）。

A. 应正确清楚　　　　　　　B. 用钢笔或圆珠笔填写

C. 不得任意涂改　　　　　　D. 一式两份

52. 以下（　　）应填用第一种工作票。

A. 在高压电气设备（包括线路）上工作，需要全部停电、部分停电或做安全措施

B. 带电作业和在带电设备外壳（包括线路）上工作时

C. 在高压室内的二次接线和照明回路上工作，需要将高压设备停电或做安全措施

D. 在二次接线回路上工作，无需将高压设备停电

53. 以下（　　）应填用第二种工作票。

A. 在控制盘、低压配电盘、低压配电箱、低压电源干线（包括运行中的配电变压器台上或电变压器室内）上工作

B. 在带电设备外壳上工作以及不可能触及带电设备导电部分的工作

C. 在高压室内的二次接线和照明回路上工作，需要将高压设备停电或做安全措施

D. 非当班值班人员用钳形电流表测量高压回路的电流

54. 在高压电气设备上工作，保证安全的组织措施有（　　）。

A. 工作许可制度

B. 工作监护制度

C. 工作票制度

D. 安全保卫制度

E. 操作票制度

F. 工作间断、转移和终结制度

55. （　　）的有效时间，以批准的检修期为限。

A. 第一种工作票　　　　　　B. 第二种工作票

C. 检修任务单　　　　　　　D. 操作票

56. 完成工作许可手续后，工作负责人（监护人）应向工作班人员交代（　　）。

　　A．现场安全措施　　　　　　B．带电部位

　　C．其他注意事项　　　　　　D．是否符合现场工作条件

57. 一张工作票中，（　　）不得互相兼任。

　　A．工作许可人　　　　　　　B．工作负责人

　　C．专职安全员　　　　　　　D．工作票签发人

58. 工作许可人（运行值班负责人）应负责审查工作票（　　）。

　　A．所列安全措施是否正确完善

　　B．是否符合现场条件

　　C．并负责落实施工现场的安全措施

　　D．工作班人员是否符合要求

59. 工作负责人、专责监护人必须始终在工作现场，（　　）。

　　A．对工作班人员的安全认真监护

　　B．及时纠正违反安全的动作

　　C．可以临时改变安全措施

　　D．本人可以参加工作

60. 线路停电检修，运行值班员必须在变、配电所（　　），然后才能发出许可工作的命令。

　　A．将线路可能受电的各方面均拉闸停电

　　B．并挂好接地线

　　C．将工作班组数目、工作负责人姓名、工作地点做好记录

　　D．将工作任务记入记录簿内

　　E．确定工作范围

61. 工作期间，所有工作人员（包括工作负责人）不许单独留在（　　）或室外变、配电所高压设备区内，以免发生意外触电或电弧灼伤事故。

　　A．室外场地

　　B．高压室内

　　C．室外变电所高压设备区内

D．室外配电所高压设备区内

62．工作间断，次日复工时（　　），然后才能继续工作。

　　A．应得到运行值班员许可

　　B．取回工作票

　　C．工作负责人必须在工作前重新认真检查安全措施是否符合工作票的要求

　　D．交回工作票

63．工作间断时，应（　　），工作票仍由工作负责人执存。

　　A．工作人员应从工作现场撤出

　　B．拆除所有安全措施

　　C．得到工作许可

　　D．所有安全措施保持不动

64．只有在同一停电系统的（　　），并得到运行值班调度员或运行值班负责人的许可命令，方可合闸送电。

　　A．所有工作结束　　　　　　B．工作票全部终结收回

　　C．拆除所有安全措施　　　　D．恢复常设遮拦

　　E．检修工作结束

65．只有在同一停电系统的所有工作结束，工作票全部收回，拆除（　　）恢复常设遮拦，并得到运行值班调度员或运行值班负责人的许可命令，方可合闸送电。

　　A．所有接地线　　　　　　　B．临时遮拦

　　C．标示牌　　　　　　　　　D．警示牌

66．在同一电气连接部分用同一工作票依次在几个工作地点转移工作时，以下哪些说法是正确的（　　）。

　　A．全部安全措施由运行值班人员在开工前一次做完

　　B．不需要办理转移手续

　　C．由运行值班人员在开工后一次做完安全措施

　　D．需要办理转移手续

67．在同一电气连接部分用同一工作票依次在几个工作地点转移工作时，工作负责人在转移工作地点时，应向工作人员交代（　　）。

A. 工作地点 　　　　　　　B. 带电范围

C. 安全措施 　　　　　　　D. 注意事项

68. 在电气设备上工作保证安全的技术措施有（ ）。

A. 停电 　　　　　　　　　B. 验电

C. 放电 　　　　　　　　　D. 装设遮拦和悬挂标识牌

E. 挂接地线 　　　　　　　F. 安全巡视

69. 检修设备停电，应把各方面的电源完全断开，与停电设备有关的（ ）必须高压、低压两侧开关都断开，防止向停电设备反送电。

A. 变压器 　　　　　　　　B. 电压互感器

C. 电流互感器 　　　　　　D. 临时电源

70. 用高压验电器验电时注意事项有（ ）。

A. 用相应电压等级的验电器

B. 要在检修设备的接地处逐相验电

C. 验电之前先在有电设备上进行试验，确证验电器良好

D. 高压验电时必须戴绝缘手套

71. 停电检修设备，切断电源时应注意（ ）。

A. 应把各方面的电源完全断开

B. 断路器（开关）应断开检修设备的电源

C. 禁止在只经断路器（开关）断开电源的设备上工作

D. 必须拉开隔离开关，使各方面至少有一个明显的断开点

72. 线路停电作业时，应先将该线路所有（ ）全部拉开。

A. 断路器（开关） 　　　　B. 线路隔离开关（刀闸）

C. 联络断路器 　　　　　　D. 接地刀闸

73. 在工作地点进行检修工作，为保证安全，（ ）必须停电。

A. 检修的设备

B. 与工作人员在进行工作中正常活动范围的距离小于规定的设备

C. 带电部分在工作人员后面、两侧、上下，且无可靠安全措施的设备

D. 在 35kV 及以下的设备处工作，安全距离不符合规程规定，同时又无绝缘隔板、安全遮拦措施的设备

E. 电气试验设备

74. 线路停电时，在验明确无电压后，在线路上所有可能来电的各端（　　）。

    A. 装设接地线   B. 或合上接地刀闸（装置）

    C. 悬挂标示牌   D. 打开线路隔离开关（刀闸）

75. 装、拆接地线均应（　　）。

    A. 使用绝缘棒

    B. 戴绝缘手套

    C. 装设接地线必须由两人进行

    D. 装设接地线可由一人进行

76. 装设接地线必须（　　），而且接触必须良好。

    A. 先接接地端   B. 后接导体端

    C. 后接接地端   D. 先接导体端

77. 拆除接地线应（　　）。

    A. 先拆导体端   B. 后拆接地端

    C. 后拆导体端   D. 先拆接地端

78. 遮拦用途正确表述是（　　）。

    A. 用来防护工作人员意外碰触带电部分而造成人身事故的一种安全防护用具

    B. 用来防护工作人员过分接近带电部分而造成人身事故的一种安全防护用具

    C. 在检修时，工作人员的工作位置与带电设备之间安全距离不够时的隔离用具

    D. 一般遮拦上应注有"止步、高压危险！"字样、或悬挂其他标示牌，以提醒工作人员注意

79. 在全部停电或部分停电的电气设备上工作，必须完成（　　）。

    A. 挂标示牌和装设遮拦   B. 验电

    C. 装设接地线   D. 停电

　　E．工作票

80．在电气设备上悬挂标示牌是用来　（　）。

　　A．警告作业人员不得接近设备的带电部分

　　B．提醒作业人员在工作地点采取安全措施

　　C．指明应检修的工作地点，以及警示值班人员禁止向某
　　　设备合闸送电

　　D．介绍设备运行状态

81．如果线路上有人工作，应在线路（　　）操作把手上悬挂"禁
止合闸，线路有人工作！"的标示牌。

　　A．断路器（开关）　　　　　B．隔离开关（刀闸）

　　C．接地刀闸　　　　　　　　D．二次电源开关

82．保证变配电所安全运行的"两票三制"是指（　）。

　　A．工作票制度　　　　　　　B．操作票制度

　　C．工作监护制度　　　　　　D．交接班制度

　　E．巡回检查制度　　　　　　F．设备定期试验和轮换制度

83．变配电所安全运行的"两票三制"中的"两票"是指（　）。

　　A．执行工作票　　　　　　　B．执行操作票

　　C．第一种工作票　　　　　　D．第二种工作票

84．变配电所安全运行的"两票三制"中的"三制"指（　）。

　　A．巡回检查制度　　　　　　B．执行交接班制度

　　C．设备定期试验和轮换制度　D．执行操作票制

85．执行（　）是防止电气误操作事故的重要手段。

　　A．操作票制度　　　　　　　B．操作监护制度

　　C．交接班制度　　　　　　　D．工作票

86．严禁工作人员在工作中移动或拆除（　），以确保工作安全。

　　A．遮拦　　　　　　　　　　B．接地线

　　C．标示牌　　　　　　　　　D．隔离开关（刀闸）

87．临时遮拦可用（　）制成，装设应牢固。

　　A．干燥木材　　　　　　　　B．不锈钢材料

　　C．其他坚韧绝缘材料　　　　D．橡胶

88．操作票上要按规定严格地写明每一步操作。操作票上（　　）。

  A．要用正规的调度术语   B．监护人填写

  C．设备要写双重名称   D．值班人员填写

89．电气工作现场交接是指对现场设备（包括电气二次设备）（　　）等交接清楚。

  A．运行情况   B．接地线设置情况

  C．继电保护方式   D．定值变更情况

  E．检修情况   F．试验情况

90．电气工作交接班时要做到"五清四交接"。所谓"四交接"就是要进行（　　）。

  A．站队交接   B．图板交接

  C．现场交接   D．实物交接

  E．记录交接   F．人员交接

91．电气工作交接班时要做到"五清四交接"。所谓"五清"是指对交接的内容要（　　）。

  A．讲清 B．听清 C．问清 D．看清

  E．点清 F．交清

92．电气工作实物交接是指具体实物，如（　　）等物件要交接清楚。

  A．工作票和操作票   B．通知

  C．文件   D．仪器仪表

  E．工具   F．运行设备

93．进行变配电所电气设备巡回检查时应（　　）。

  A．思想集中   B．一丝不苟

  C．不能漏查设备和漏查项目 D．防止事故发生

94．电气工作在完成交接手续、双方在值班记录上签字后，值班负责人应向电网有关值班调度员汇报设备的（　　）等情况，并核对时钟，组织本值人员简要分析运行情况和应做哪些工作，然后分赴各自岗位，开始工作。

  A．检修   B．重要缺陷

C. 本变电所的运行方式　　D. 气候

E. 电气试验情况　　F. 运行设备

95. 电气设备除定期巡回检查外，还应根据（　）增加巡查次数。

A. 设备情况　　　　　　B. 负荷情况

C. 自然条件　　　　　　D. 气候情况

96. 如果在电气工作交接班过程中，需要 （　），仍由交班人员负责处理，必要时可请接班人员协助工作。

A. 接地线设置　　　　　B. 异常情况要处理

C. 进行重要操作　　　　D. 有事故要处理

97. 巡回检查制度是以规定的巡视周期对所有电气设备按运行规程规定的检查监视项目依次巡视检查，通过巡视检查及时发现（　）。

A. 事故隐患　　　　　　B. 负荷情况

C. 防止事故发生　　　　D. 设备状况

98. 设备定期试验轮换制度指对变配电所内的（　）等需定期进行试验和轮换，以便及时发现缺陷、消除缺陷，使这些设备始终保持完好状态，确保安全运行。

A. 电气设备　　　　　　B. 备用设备

C. 继电保护自动装置　　D. 试验设备

99. 对变配电所内的电气设备、备用设备及继电保护自动装置等需定期进行试验和轮换，以便及时（　），使这些设备始终保持完好状态，确保安全运行。

A. 检修　　　　　　　　B. 发现缺陷

C. 消除缺陷　　　　　　D. 试验

100. 电气设备有三种工作状态，即（　）状态。

A. 运行　　B. 检修　　C. 试验　　D. 备用

101. 电气设备有（　）等三种工作状态。从一种工作状态转换到另一种工作状态所进行的一系列操作称为倒闸操作。

A. 运行　　　B. 检修　　　C. 试验　　　D. 备用

102. 倒闸操作一定要严格做到"五防"，即（　），保证操作安全准确。

  A. 防止带接地线（接地刀）合闸

  B. 防止带电挂接地线（接地刀）

  C. 防止误拉合开关

  D. 防止未经许可拉合刀闸

  E. 防止带负荷拉合刀闸

  F. 防止误入带电间隔

103. 电气设备冷备用状态是指（　　）。

  A. 设备的开关在打开位置

  B. 设备的刀闸在打开位置

  C. 要合上刀闸和开关后才能投入运行

  D. 检修状态

104. 电气设备热备用状态指（　　）。

  A. 设备的刀闸已合上

  B. 设备的开关未合

  C. 只要开关合上，就能送电

  D. 试验状态

105. 电气设备检修状态指（　　）。

  A. 设备的开关已拉开

  B. 设备的刀闸已拉开

  C. 设备的接地线等安全措施均已做好

  D. 工作票已签发

106. 要将电气设备从运行状态变换到检修状态，就要（　　）等，这些工作即为倒闸操作。

  A. 拉开关   B. 拉刀闸

  C. 验电、装设接地线 D. 悬挂标示牌、装设遮拦

  E. 填写操作票   F. 工作许可

107. 倒闸操作要有与现场设备实际接线一致的（　　）。

  A. 一次系统模拟图 B. 继电保护回路展开图

  C. 整定值揭示图   D. 其他相关的二次接线图

108. 倒闸操作前准备工作由操作人员准备好必要的合格的（　　）。

　　A．标示牌　　　　　　　　　B．操作工具

　　C．安全用具　　　　　　　　D．工作票

109. 典型的电气误操作包括（　　）。

　　A．带负荷拉、合隔离开关　　B．带地线合闸

　　C．带电挂接地线　　　　　　D．误拉、合断路器

　　E．误入带电间隔

110. 电气火灾的原因包括（　　）。

　　A．设备缺陷　　　　　　　　B．设备安装不当

　　C．制造和施工方面的原因　　D．运行中出现电火花或电弧

111. 电气着火可能产生的原因有（　　）。

　　A．电气设备或电气线路过热

　　B．电花和电弧

　　C．静电

　　D．照明器具或电热设备使用不当

112. 引起电气设备过热的主要原因有（　　）。

　　A．过负荷　　　　　　　　　B．散热不良

　　C．接触不良　　　　　　　　D．安装或使用不当

113. 电气装置或设备发生火灾，首先要切断电源；进行切断电源操作时应（　　）。

　　A．戴绝缘手套

　　B．穿绝缘靴

　　C．使用相应电压等级的绝缘工具

　　D．办理工作票

114. 紧急切断电源灭火，切断带电线路导线时，切断点应选择在电源侧的支持物附近，以防导线断落后（　　）。

　　A．触及人身　　　　　　　　B．引起跨步电压触电

　　C．短路　　　　　　　　　　D．断路

115. 遇有电气设备火灾时，应立即将有关设备的电源切断，然后进行救火。对带电设备应使用（　　）等灭火。

A. 二氧化碳灭火器　　　　B. 干式灭火器

C. 1211 灭火器　　　　　D. 泡沫灭火剂

E. 四氯化碳灭火器

116. 带电灭火很重要的一条就是正确选用灭火器材。（　）对有电的设备进行灭火。

A. 不准使用泡沫灭火剂　　B. 可用化学干粉灭火剂

C. 可用二氧化碳灭火器　　D. 用水

117. 制作标示牌的材质可用（　）。

A. 木材　　　　　　　　　B. 绝缘材料

C. 不锈钢薄板　　　　　　D. 铝板

118. 标示牌根据其用途可分为（　）等。

A. 警告类　　　　　　　　B. 允许类

C. 提示类　　　　　　　　D. 禁止类

119. 工作票由（　）填写。

A. 工作许可人　　　　　　B. 工作票签发人

C. 工作负责人填写　　　　D. 安全员

120. 工作票签发人应由检修部门熟悉人员技术水平、熟悉设备情况、熟悉《电业安全工作规程》的（　）担任。

A. 生产领导人

B. 技术人员

C. 经有关领导批准的人员

D. 检修人员

121. 在变电所电气部分，下列的（　）工作可以不用操作票。

A. 拉合断路器的单一操作

B. 事故处理

C. 变压器运行转检修操作

D. 拉开接地隔离开关或拆除全所仅有的一组接地线

四、案例分析及计算题

1. 成为一名合格的进网作业电工必须具有以下哪几方面的素质？（　）

    A. 必须严格遵守规程规范

    B. 掌握电气安全技术

    C. 熟悉保证电气安全的各项措施，防止事故发生

    D. 熟悉防止人身触电的技术措施

2. 作用于人体的电压对人体触电的影响表述正确的是（　　）。

    A. 当人体电阻一定时，作用于人体的电压越高，流过人体的电流就越大

    B. 作用于人体的电压升高，人体电阻还会下降，致使电流更大，对人体的伤害更严重

    C. 作用于人体的电压升高，人体电阻也会升高，致使电流减小，对人体的伤害减轻

    D. 人触电碰到的电源电压频率越高或越低，对人体触电危险性无关

3. 在同一配电变压器供电的低压公共电网内，不准有的设备实施保护接地，而有的设备实施保护接零。下面分析正确的是（　　）。

    A. 假如有的采用保护接地，有的采用保护接零，那当保护接地的设备发生带电部分碰壳会使变压器零线（三相四线制系统中的零干线）电位升高，造成所有采用保护接零的设备外壳带电，构成触电危险

    B. 假如有的采用保护接地，有的采用保护接零，那当保护接地的设备发生带电部分漏电时，会使变压器零线（三相四线制系统中的零干线）电位升高，造成所有采用保护接零的设备外壳带电，构成触电危险

    C. 使实施保护接地或保护接零设备失去安全保护

    D. 使实施保护接地或保护接零设备接地电阻增加

4. 为了防止变压器零线断线造成该线路上电气设备金属外壳带电的危险后果，应采取（　　）等措施。

    A. 在三相四线制的供电系统中，规定在零干线上不准装熔断器

    B. 在零干线上安装闸刀开关

  C. 在三相四线制供电系统中的零干线实施零线重复接地

  D. 在三相四线制的供电系统中，规定在零干线上不准装闸刀等开关设备

5. 实施保护接零时，发生零线断线，会产生的后果有（ ）。

  A. 使接零设备失去安全保护，因为这时等于没有实施保护接零

  B. 某一接零设备发生漏电或相线碰壳时，会使同线路上的其他完好的接零设备外壳、保安插座的保安触头带电

  C. 引起同线路上大范围电气设备和移动电器（例如家用电器）外壳带电，造成可怕的触电危险

  D. 假如接地电阻不符合要求，电阻越大，那流过人体的电流就越大，就不能起到安全保护的作用

6. 下面对 TT、TN 低压电网的配电制及保护方式的正确表述是（ ）。

  A. TT 系统指电源中性点不接地或经足够大阻抗（约 1000Ω）接地，电气设备的外露可导电部分（如电气设备的金属外壳）经各自的保护线 PE 分别直接接地的三相三线低压配电系统

  B. TT 系统指电源中性点直接接地，而设备的外露可导电部分经各自的 PE 线分别直接接地的三相四线制低压供电系统

  C. TN 系统指电源系统有一点（通常是中性点）接地，而设备的外露可导电部分（如金属外壳）通过保护线连接到此接地点的低压配电系统

  D. 整个系统内中性线（零线）N 与保护线 PE 是部分合用的

7. 安装和使用剩余电流保护器必须注意的问题有（ ）。

  A. 装在中性点直接接地电网中的保护器后面的电网零线不准再重复接地，电气设备只准保护接地，不准保护接零，以免引起保护器误动作

  B. 被保护支路应有各自的专用零线，以免引起保护器误动作

C. 用电设备的接线应正确无误，以保证保护器能正确工作

D. 安装剩余电流保护器的设备和没有安装保护器的设备不能共用一套接地装置

E. 正常工作条件下的直接接触触电防护作用

8. 低压配电系统中装设了剩余电流保护器，如果发生严重漏电、单相接地短路或有人触电时，剩余电流保护器没有动作或系统正常时却动作，可能的原因有（　　）。

A. 剩余电流保护器本身控制失灵

B. 剩余电流保护器本身损坏

C. 剩余电流保护器与系统配合不当

D. 剩余电流保护器选用、安装不当

E. 安装保护器的设备和没有安装保护器的设备不能共用一套接地装置

9. 低压配电网装设剩余电流保护器的作用，下列表述正确的是（　　）。

A. 有效的触电防护措施

B. 不能作为单独的直接接触触电的防护手段

C. 必须和基本防护措施一起配合起作用

D. 能在规定条件下，当电流值达到或超过给定的动作电流值时有效地自动切断电源，起到人身触电的防护作用

E. 能作为单独的直接接触触电的防护手段

F. 剩余电流保护器只是在基本防护失效后发挥补充防护的作用

10. 对停电设备（或线路）进行验电的正确操作方法是：（　　）。

A. 验电时，必须用电压等级合适而且合格的验电器，在检修设备进出线两侧各相分别验电

B. 线路验电应逐相进行

C. 同杆架设的多层电力线路验电时，先验低压后验高压；先验下层后验上层

D. 高压验电时必须戴绝缘手套

E. 同杆架设的多层电力线路验电时，先验远处后验近处；先验下层后验上层

11. 在电气设备上的工作，应填用第一种工作票的工作包括：（　　）。

A. 高压设备上工作需要全部停电或部分停电者

B. 二次系统和照明等回路上的工作，需要将高压设备停电者或做安全措施者

C. 高压电力电缆需停电的工作

D. 其他工作需要将高压设备停电或要做安全措施者

E. 控制盘和低压配电盘、配电箱、电源干线上的工作

12. 关于工作票签发，以下说法正确的是（　　）。

A. 熟悉人员技术水平的人签发

B. 检修单位签发

C. 设备运行维护单位签发

D. 经设备运行维护单位审核并批准的其他单位签发

13. 为确保电气工作安全，在工作地点，必须停电的设备为（　　）。

A. 检修的设备

B. 与工作人员在进行工作中正常活动范围的安全距离小于规定的设备

C. 带电部分在工作人员后面或两侧无可靠安全措施的设备

D. 其他需要停电的设备

14. 对停电设备进行验电，验电器应做好以下准备工作：（　　）。

A. 应选择使用相应电压等级、合格的接触式验电器

B. 验电前，应先在有电设备上进行试验，确证验电器是良好的，然后进行验电

C. 无法在有电设备上进行试验时可用工频高压发生器等确证验电器良好

D. 应选择以前使用过的验电器

15. 某检修人员未办理任何工作手续，擅自进入变电所要对已停电的间隔2号10kV开关进行消除缺陷处理，结果误入了带电的

甲路 1 号 10kV 开关间隔，造成触电死亡。他违反了电气工作安全的相关组织措施是（　　）。

  A．未办理工作票　　　　　B．未穿绝缘靴

  C．未经工作许可　　　　　D．未执行监护制度

  E．误入带电间隔

16．装、拆接地线正确的操作方法是（　　）。

  A．装设接地线必须先接接地端，后接导体端，而且接触必须良好

  B．装、拆接地线均应使用绝缘棒和戴绝缘手套

  C．装设接地线可以由单人进行

  D．拆接地线应先拆导体端，后拆接地端

  E．装设接地线必须先接导体端，后接接地端，而且接触必须良好

17．检修设备在完成停电、验电、装设接地线后还不能工作，还必须完成悬挂标示牌和装设遮拦工作，原因是：（　　）。

  A．防工作中工作人员误碰带电设备或距离带电设备太近造成带电设备对人放电

  B．防工作中工作工具误碰带电设备或距离带电设备太近造成带电设备对人放电

  C．防止误合闸造成误送电

  D．防止工作失误

18．"止步，高压危险！"标示牌，应悬挂在（　　）。

  A．施工地点临近带电设备的遮拦上

  B．室内工作地点的围栏上

  C．禁止通行的过道上

  D．高压试验地点

  E．室外构架上

  F．工作地点临近带电设备的横梁上

19．填写操作票的要求包括：（　　）。

  A．操作票应用黑色或蓝色的钢（水）笔或圆珠笔逐项填写

    B. 用计算机开出的操作票应与手写票面统一

    C. 操作票票面应清楚整洁，不得任意涂改

    D. 操作票应填写设备的双重名称，即设备名称和编号

    E. 操作票由工作许可人填写

20. 如何判断检修设备为停电状态，（　　）。

    A. 各方面的电源已全断开（任何运行中的星形接线设备的中性点，应视为带电设备）

    B. 拉开隔离开关（刀闸），手车开关应拉至试验或检修位置，应使各方面有一个明显的断开点

    C. 与停电设备有关的变压器和电压互感器，应将设备各侧断开，防止向停电检修设备反送电

    D. 接到调度命令已停电的设备

21. 电气火灾的危害很大，当发生电气火灾时如何进行灭火：（　　）。

    A. 当电气装置或设备发生火灾或引燃附近可燃物时，首先要切断电源

    B. 室外高压线路或杆上配电变压器起火时，应立即打电话与供电部门联系拉断电源

    C. 室内电气装置或设备发生火灾时应尽快拉掉开关切断电源

    D. 选用不导电的灭火剂进行灭火

    E. 选用泡沫灭火剂进行灭火

22. 一台三相变压器的一二次侧绕组匝数分别为 1500 和 300，若一次侧电流为 10A，则二次侧电流为（　　）A。

    A. 5   B. 2   C. 50   D. 20

23. 一台三相变压器的一二次侧额定电压分别为 10kV 和 0.4kV，则该变压器的变比为（　　）。

    A. 10   B. 0.4   C. 25   D. 30

24. 在电气设备上的工作，应填用第二种工作票的工作包括：（　　）。

A. 高压电力电缆不需停电的工作

B. 控制盘和低压配电盘、配电箱、电源干线上的工作

C. 二次系统和照明等回路上的工作，无需将高压设备停电者或做安全措施者

D. 非运行人员用绝缘棒、核相器和电压互感器定相或用钳形电流表测量高压回路的电流

E. 高压设备上工作需要全部停电或部分停电者

25. 关于工作票签发人，以下说法是正确的是（　　）。

A. 熟悉人员技术水平

B. 熟悉设备情况

C. 熟悉《电业安全工作规程》

D. 可以兼任工作负责人

26. 某变电所全所停电，对全所设备进行检修，全部进、出线断路器已分闸，此时进线断路器间隔的进线电缆有电显示器显示有电，柜门不能打开，而进线断路器间隔属于本次检修项目，为了完成检修任务可采取（　　）。

A. 合上接地刀闸，设法打开柜门

B. 解除进线电缆有电闭锁装置打开柜门

C. 将电源引入点线路刀闸（第一断路器）拉开，并做好安全措施后打开柜门

D. 更改工作票内容，取消进线断路器间隔的检修项目

27. 根据上级调度指令，下级变电站将于上午 8：00 停电检修，第二天下午 14：00 恢复送电，在第二天的下午 14：00 本站运行人员应（　　）。

A. 可以按照预定的时间向下级变电站送电

B. 需等待下级变电站工作票终结确认后恢复送电

C. 随时均可送电

D. 工作负责人确认工作结束后恢复送电

28. 某电气作业人员办理工作票后，在没采取任何安全措施的情况下对停电 10kV 高压系统中设备进行检修作业，在作业过程中

由于人体与相临高压系统中带电导体的距离小于该电压的放电距离，使得带电导体对人体放电，造成电弧严重灼伤，造成电弧严重灼伤的主要原因是（　）。

  A. 没有安全监护

  B. 对相临带电设备没有采取绝缘隔离措施

  C. 没有设置安全标示牌

  D. 没有得到工作许可

  E. 自己没有设置安全措施

  F. 当作业电气安全距离小于规程规定时，没有申请停运相临带电设备

29. 某天，一电线杆被风吹倒，引起一相电线断线掉地，此时应该采取（　　）等措施。

  A. 不得接近并阻止行人距接地点 8m 以内

  B. 进入故障范围的人员必须穿绝缘靴

  C. 上前把掉落在地上的电线移开

  D. 进入故障区域检查

本 章 答 案

一、单选题

1. A	2. B	3. A	4. A	5. D
6. C	7. B	8. C	9. A	10. A
11. B	12. D	13. C	14. B	15. C
16. A	17. C	18. B	19. A	20. D
21. A	22. B	23. A	24. B	25. C
26. B	27. A	28. B	29. A	30. A
31. D	32. D	33. D	34. C	35. A
36. B	37. A	38. A	39. B	40. A
41. A	42. B	43. B	44. C	45. A
46. B	47. D	48. D	49. A	50. B
51. C	52. C	53. B	54. C	55. D
56. B	57. D	58. A	59. C	60. B
61. A	62. A	63. A	64. C	65. B
66. D	67. B	68. B	69. B	70. C
71. A	72. C	73. C	74. C	75. C
76. A	77. A	78. C	79. D	80. B
81. B	82. B	83. A	84. A	85. B
86. B	87. B	88. D	89. A	90. A
91. D	92. A	93. A	94. A	95. C
96. B	97. A	98. A	99. A	100. A
101. B	102. B	103. A	104. C	105. C
106. A	107. C	108. A	109. C	110. C
111. D	112. A	113. A	114. A	115. A
116. D	117. D	118. A	119. C	120. B
121. B	122. D	123. B	124. B	125. C
126. A	127. A	128. C	129. B	130. C

131. C	132. A	133. C	134. D	135. B
136. C	137. B	138. D	139. C	140. C
141. D	142. A	143. D	144. B	145. A
146. C	147. D	148. B	149. A	150. A
151. A	152. B	153. C	154. A	155. B
156. A	157. B	158. D	159. B	160. A
161. A	162. D	163. B	164. D	165. B
166. A	167. D	168. C	169. D	170. A
171. D	172. B	173. C	174. A	175. B
176. C	177. A	178. C	179. A	180. D
181. C	182. B	183. D	184. A	185. B
186. B	187. A	188. A	189. A	190. A
191. C	192. B	193. B	194. D	

二、判断题

1. √	2. √	3. ×	4. √	5. √
6. ×	7. √	8. √	9. √	10. √
11. ×	12. √	13. ×	14. √	15. √
16. ×	17. √	18. ×	19. √	20. ×
21. √	22. ×	23. ×	24. √	25. √
26. √	27. √	28. √	29. √	30. ×
31. √	32. √	33. ×	34. √	35. ×
36. ×	37. √	38. √	39. √	40. √
41. ×	42. √	43. √	44. √	45. ×
46. √	47. ×	48. ×	49. ×	50. ×
51. √	52. √	53. √	54. √	55. √
56. √	57. ×	58. ×	59. √	60. ×
61. √	62. √	63. ×	64. √	65. √
66. ×	67. ×	68. ×	69. ×	70. √
71. ×	72. √	73. ×	74. √	75. ×
76. √	77. √	78. ×	79. ×	80. ×

81. √ 82. √ 83. × 84. × 85. √

86. × 87. × 88. √ 89. × 90. √

91. √ 92. × 93. √ 94. √ 95. √

96. √ 97. × 98. × 99. √ 100. ×

101. × 102. √ 103. √ 104. × 105. ×

106. × 107. √ 108. √ 109. √ 110. ×

111. √ 112. × 113. √ 114. × 115. ×

116. √ 117. × 118. √ 119. × 120. ×

121. × 122. √ 123. √ 124. × 125. √

126. × 127. √ 128. × 129. × 130. ×

131. √ 132. √ 133. × 134. √ 135. ×

136. × 137. √ 138. √ 139. × 140. √

141. √ 142. √ 143. √ 144. √ 145. √

146. √ 147. √ 148. √ 149. √ 150. √

151. √ 152. √ 153. × 154. × 155. ×

156. √ 157. √ 158. √ 159. × 160. √

161. √ 162. √

三、多选题

1. ABD 2. BCD 3. ACD 4. ABCD

5. CD 6. ACD 7. BC 8. ABC

9. ABCD 10. AB 11. ACD 12. AD

13. BD 14. AB 15. BCD 16. ABC

17. ABC 18. ACD 19. ABC 20. ABC

21. ABCDE 22. AB 23. CD 24. ABCD

25. ACD 26. BCD 27. ABC 28. AB

29. AB 30. BC 31. ACD 32. BD

33. AD 34. ABCD 35. CD 36. ACD

37. ABCDE 38. ABD 39. ABC 40. AC

41. ABCD 42. ABCD 43. ABD 44. BD

45. ABC 46. BD 47. ABCD 48. ABCD

49. ABCD	50. ABD	51. ABCD	52. AC
53. ABD	54. ABCF	55. AB	56. ABCD
57. BC	58. ABC	59. AB	60. ABCD
61. BCD	62. ABC	63. AD	64. ABCD
65. ABC	66. AB	67. BCD	68. ABDE
69. ABC	70. ABCD	71. ABCD	72. ABC
73. ABCDE	74. ABCD	75. ABC	76. AB
77. AB	78. ABCD	79. ABCD	80. ABC
81. AB	82. ABDEF	83. AB	84. ABC
85. AB	86. ABC	87. ACD	88. AC
89. ABCD	90. ABCD	91. ABCDE	92. ABCDE
93. ABC	94. ABCD	95. ABCD	96. BCD
97. AC	98. ABC	99. BC	100. ABD
101. ABD	102. ABCEF	103. ABC	104. ABC
105. ABC	106. ABCD	107. ABCD	108. BC
109. ABCDE	110. ABCD	111. ABCD	112. ABCD
113. ABC	114. ABC	115. ABC	116. ABC
117. AB	118. ABD	119. BC	120. AB
121. ABD			

四、案例分析及计算题

1. ABCD	2. AB	3. AB	4. ACD
5. ABCD	6. BC	7. ABCD	8. ABCDE
9. ABCDF	10. ABCD	11. ABCD	12. CD
13. ABCD	14. AB	15. ACD	16. ABD
17. ABC	18. ABCDF	19. ABCD	20. ABC
21. ABCD	22. C	23. C	24. BCD
25. ABC	26. ABC	27. B	28. ABCDF
29. ABCD			

附录 1 公式汇总

电压（电位差） $U_{AB}=U_A-U_B$

$1kV=10^3V$ $\qquad$ $1V=10^3mV$

电流强度 $\qquad$ $I=Q/t$ $\quad$ $1kA=10^3A$ $\quad$ $1mA=10^{-3}A$

$1\mu A=1\times10^{-3}A$ $\quad$ $mA=1\times10^{-6}A$

电流密度 $\qquad$ $J=I/S$ $\quad$ A/mm^2

电阻与电导 $\qquad$ $R=\rho L/S$ $\quad$ $1k\Omega=1\times10^3\Omega$

$1M\Omega=1\times10^3k\Omega=1\times10^6\Omega$ $\qquad$ $G=1/R$

部分电路欧姆定律 $\qquad$ $I=U/R$ $\qquad$ 全电路欧姆定律

$I=E/R_0+R$

电阻并联电路 $\qquad$ $R=R_1R_2/R_1+R_2$ （两个电阻并联）

电能 $\qquad$ $W=I^2Rt=UIt$

电功率 $\qquad$ $P=W/t=IU=I^2R=U^2/R$

$1kW=1\times10^3W$ $\qquad$ $1W=1\times10^3mW$

磁通 $\qquad$ $1Wb$（韦）$=10^8Mx$

磁感应强度 $\qquad$ $B=\Phi/S$ $\quad$ $1T=10^4Gs$

真空磁导率 $\qquad$ $\mu_0=4\pi\times10^{-7}H/m$

磁场强度 $\qquad$ $H=B/\mu$ 单位 A/m（安/米）1 奥斯特＝80 安/米

电磁感应 $\qquad$ $e=BvL\sin\alpha$

法拉第电磁感应定律 $\qquad$ $e=-N\Delta\Phi/\Delta t$

磁场对通电导体的作用 $\qquad$ $F=BIL\sin\alpha$

交流电流最大值 $\qquad$ $I_m=\sqrt{2}I$

交流电流平均值 $\qquad$ $I_p=0.637I_m$

$T=1/f$ 或 $f=1/T$ $\qquad$ $\omega=2\pi f$ 或 $f=\omega/2\pi$

纯电阻电路中的功率 $\qquad$ $P=UI$

感抗 $\quad$ $XL=2\pi fL$（Ω）$\quad$ $IL=U/XL$

容抗　$X_c = 1/2\pi fc$　　　　$I_c = U/X_c$

三相负载消耗的总功率　$P = Pu + Pv + Pw$

$$P = 3U_P I_P \cos\varphi = \sqrt{3}\, U_L I_L \cos\varphi$$

$$Q = 3U_P I_P \sin\varphi = \sqrt{3}\, U_L I_L \sin\varphi \qquad S = 3UPIP = \sqrt{3}\, ULIL$$

电压损失计算公式　$\Delta U = (P_{r0} + Q_{x0})\, L/UN$　（线路）

避雷针的保护范围　　$r = 1.5h$

当 $h_b > 0.5h$ 时：$r_b = (h - h_b)\,P = h_a P$　$h < 30m$ 时 $P = 1$

当 $h_b < 0.5h$ 时：$r_b = (1.5h - 2h_b)P$　$30m < h < 120m$ 时 $P = 5.5/\sqrt{h}$

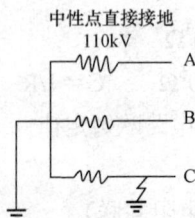

中性点直接接地　110kV　>不升高　绝缘水平取决于（相电压）

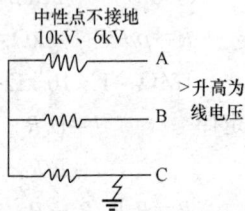

中性点不接地　10kV、6kV　>升高为线电压　对地电压等于0

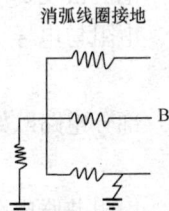

消弧线圈接地　与不接地相同减小接地电流

额定电压	3	10	20	35	60	110	单位：kV
最高工作电压	3.6	12	24	40.5	72	126	单位：kV

附录2 概要汇总

电力系统及其组成
- 电力系统是由发电厂、输配电线路、变配电所和用电单位组成的整体。
- 火力发电：以煤、石油、天然气等作为燃料，燃料燃烧时的化学能转换为热能，然后借助气轮机等热力机械将热能变为机械能，并由气轮机带动发电机将机械能变为电能。
- 热电厂：即发电又供热。
- 水力发电：利用江河所蕴藏的水力资源，将水能变为机械能，水轮机转子再带动发电机转子旋转发电。
- 核能发电：核燃料在反应堆内产生核裂变，释放出大量热能，由冷却剂（水或气体）带出，在蒸发器中将水加热为蒸汽，然后像一般火力发电厂一样，用高温高压蒸汽推动气轮机，再带动发电机发电。
- 其他电站：地热电站、风力电站、潮汐电站等等。

用电负荷分类
- 特别重要负荷：在一类用电负荷中，当中断供电将发生中毒、爆炸和火灾等情况的负荷时，以及特别重要场所的不允许中断供电的负荷。
- 一类负荷：中断供电时将造成人身伤亡，在经济上造成重大损失，影响有重大政治、经济意义的用电单位的正常工作。
- 二类负荷：中断供电时将在经济上造成较大损失，将影响重要单位的正常工作。
- 三类负荷：凡不属于一类和二类负荷的用电单位。

电能质量
- 电压：电压质量包含电压允许偏差、允许波动与闪变等。
  - 35kV 及以上电压供电的，电压正、负偏差绝对值之和不超过额定电压的 10%。
  - 10kV 及以下三相供电的，电压允许偏差为额定电压的为±7%。
  - 低压照明用户供电压允许偏差为额定电压的+7%～-10%。
- 频率：电网中发电机发出的正弦交流电每秒钟交变的次数，叫供电频率。
  - 电网装机容量在3000MW 及以上的为±0.2Hz。
  - 电网装机容量在3000MW 及以下的为±0.5Hz。
  - 在电力系统非正常状态下，供电频率允许偏差可超过±1.0Hz。
  - 在并联运行的同一电力系统中，不论装机容量的大小，任一瞬间的频率在全系统都是一致的。
- 波形：日常用的交流电是正弦交流电，正弦交流电的波形要求是严格的正弦波。

短路的危害
1. 短路电流通过导体时，使导体大量发热，温度急剧升高，从而破坏设备绝缘；同时，通过短路电流的导体会受到很大的电动力作用，可能使导体变形甚至损坏。
2. 短路点的电弧可能烧毁电气设备的载流部分。
3. 短路电流通过的过程中，要产生很大的电压降，使系统的电压水平骤降，引起电动机转数突然下降，甚至损坏，严重影响电气设备的正常运行。
4. 短路可造成停电，而且越靠近电源，停电范围越大，损失也越大。
5. 严重的短路故障若发生在靠近电源的地方，且维持时间较长，可使并联运行的发电机组失去同步，严重的可能造成系统解列。
6. 不对称的接地短路，其不平衡电流将产生较强的不平衡磁场，对附近的通信线路、电子设备及其他弱电控制系统产生干扰信号，使通信失真、控制失灵、设备产生误动作。

高压电器及成套配电装置

高压断路器
- 作用：在正常运行时接通或断开电路，故障情况下在继电保护装置的作用下迅速断开电路，特殊情况（如自动重合到故障线路时）下可靠地接通短路电流。
- 安装地点：户内、户外。
- 种类：
  - 油断路器：多油断路器、少油断路器。
  - 真空断路器。
  - 六氟化硫（SF_6）断路器。

隔离开关
- 作用：隔离电源、倒闸操作，拉、合小电流电路。
- 安装地点：户内、户外。
- 类型：
  - 刀闸运动方式：水平旋转式、垂直旋转和插入式。
  - 每相支柱绝缘子数目：单柱式、双柱式和三柱式。
  - 操作特点：单级式和三级式。
  - 有无接地刀闸：带接地刀闸和无接地刀闸。
- 操作机构：手动、电动、液压。

高压负荷开关
- 作用：在额定电压下接通或断开负荷电流的开关电器，虽有灭弧装置，但灭弧能力较弱，只能切断和接通正常的负荷电流，而不能用来切断短路电流。
- 使用场所：户内、户外。
- 灭弧方式：油浸式、产气式、压气式、真空和六氟化硫负荷开关。
- 操作机构：手动、电动弹簧储能和电动操作机构。

交流高压真空接触器
- 作用：增加了高压限流熔断器作短路保护。
- 结构：真空开关管、操作机构、控制电磁铁、电源模块。
- 性能：合闸电流不大于 6A，分闸电流不大于 2A。当一相或多相熔断器熔断时，在熔断器撞击器的作用下，可实现自动分闸。电气寿命 20 万次以上，机械寿命 30 万次以上。
- 自保持方式：机械保持方式、电磁保持方式。

高压熔断器
- 作用：在通过短路电流或严重过负荷电流时熔断，保护电气设备。
- 安装地点：户内、户外。
- 安装方式：插入式和固定式。
- 按动作特性：固定式和自动跌落式。
- 按工作特性：限流作用和无限流作用。

高压电熔器
- 作用：无功补偿可提高功率因数，降低线损、节约电能和提高设备利用效率。
- 按功能分：移相并联电熔器、串联电熔器、耦合电熔器、脉冲电熔器。
- 结构：出线套管、电熔元件组和外壳。

高压成套配电装置
- KYN28-10 型高压开关柜
- XGN-10 型金属封闭固定式开关柜
- RGC 型金属封闭单元组合 SF_6 开关柜
- 环网开关柜
- FZN(XGN)12-40.5kV SF_6 气体绝缘高压开关柜
  - RGCC 电缆开关单元
  - RGCV 断路器单元
  - RGCF 负荷开关熔断器单元
  - RGCS 母线分段单元
  - RGCM 空气绝缘测量单元
  - RGCE 侧面出线空柜单元
  - RGCB 正面出线空柜单元

箱式变电站
- 组合式箱式变电站（俗称美式箱变）
- 预装式箱式变电站（俗称欧式箱变）

线路
- 输电线路
  - 特高压：1000kV
  - 超高压：330kV、500kV、750kV
  - 高压：220kV
- 配电线路
  - 高压：35kV、110kV
  - 中压：10kV、20kV
  - 低压：220/380V

架空线
1. 导线：传导电流、输送电能
   - 裸导线：TJ、LJ、LGJ、LGJQ、LGJJ、LHJ、GJ
   - 绝缘导线
     - 聚氯乙烯绝缘线　JV
     - 聚乙烯绝缘线　　JY
     - 交联聚乙烯绝缘线 JKYJ
2. 杆塔：
   - 钢筋混凝土杆
     - 等径环形截面
     - 拔梢环形截面
   - 金属杆塔
     - 铁塔
     - 钢管杆
     - 型钢杆
   - 直线杆塔 Z、耐张杆塔 N
   - 转角杆塔 J、终端杆塔 D
   - 跨越杆塔 K、分支杆塔 F
3. 绝缘子：针式、柱式、瓷横担、悬式、棒式、蝶式
4. 金具：支持、连接、接续、保护、拉线
5. 拉线：普通、水平、弓形、共同、V 形
6. 基础：
   - 混凝土电杆：底盘、卡盘、拉盘 （电杆埋设深度）
   - 铁塔：宽基、窄基
7. 防雷设施及接地装置

电缆
- 结构：线芯、绝缘层、屏蔽层、保护层
- 种类：
  - 不滴漏油浸纸带绝缘型电缆
  - 不滴漏油浸纸绝缘分相型电缆
  - 橡塑电缆
    - 交联聚乙烯绝缘电缆
    - 聚氯乙烯绝缘电缆
    - 橡胶绝缘电缆
- 型号：
  - YJV：　交联聚乙烯绝缘铜芯聚氯乙烯护套电力电缆
  - YJV32：交联聚乙烯绝缘铜芯细钢丝铠装聚氯乙烯护套电力电缆
  - VV：　　聚氯乙烯铜芯聚氯乙烯护套电力电缆
  - VV32：　聚氯乙烯铜芯细钢丝铠装聚氯乙烯护套电力电缆

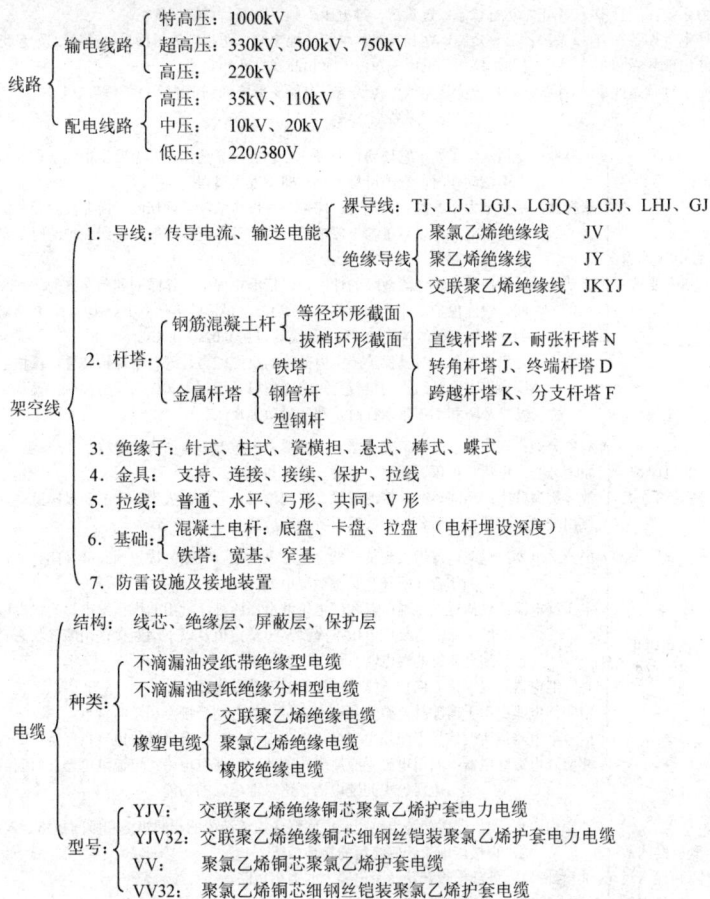

电缆型式	允许最高工作温度℃	
	长期	短期（最长持续 5S）
不滴油电缆	65	175
充油电缆	80	160
充气电缆	75	220
聚乙烯绝缘电缆	70	140
交联聚乙烯电缆	90	250
聚氯乙烯绝缘电缆	65	120
橡皮绝缘电缆	65	150

电力系统在运行中各种电气设备都有可能出现故障和不正常运行状态或事故

不正常运行状态：过负荷、过电压、频率降低、系统振荡。

故障：三相短路、两相短路、单相接地短路、两相接地短路、电动机以及变压器绕组间的匝间短路、单相断线、两相断线。

事故：对用户少送电或停止送电、电能质量降低到不能允许的程度、造成人身伤亡及电气设备损坏。

继电保护的基本要求

可靠性：是指发生了属于它该动作的故障，它能可靠动作，即不发生拒绝动作；而在不该动作时，它能可靠不动，即不发生错误动作。

选择性：是指电力系统发生故障时，保护装置仅将故障元件切除，而非故障元件仍能正常运行，以尽量缩小停电范围的一种性能。一般上下级保护的时限差取 0.3s～0.7s。

速动性：是指保护快速切除故障的性能，包括继电保护动作时间和断路器的跳闸时间。快速保护动作时间为 0.06s～0.12s，最快的可达 0.01s～0.04s。断路器的动作时间为 0.06s～0.15s，最快的可达 0.02s～0.06s。

灵敏性：是指继电保护对其保护范围内故障的反应能力，既要求保护装置在保护范围内，不论短路点的位置、短路类型以及运行方式如何，对被保护设备在发生故障和不正常运行时，都能灵敏地反应。

继电保护装置的分类

对象分类：线路、发电机、变压器、电容器、电抗器、电动机和母线。

原理分类：电流、电压、距离、差动、方向和零序。

故障类型分类：相间短路、接地故障、匝间短路、断线、失步、失磁及过励磁。

作用分类：主保护、后备保护（远后备和近后备）、辅助后备。

常用继电气介绍

电流继电器：反应电流增大到某一整定值及以上动合（断）接点由断开（闭合）状态到闭合（断开）状态的继电器。

电压继电器：包括过电压继电器和低电压继电器两种，常用的电压继电器为低电压继电器，是反应电压下降到某一整定值及以下动断接点由断开状态到闭合状态的继电器。

时间继电器：用于建立保护所需要的延时时间的继电器。

中间继电器：用于增加触点数量和触点容量，具有动合接点和动断接点。

信号继电器：所发信号不应随电气量的消失而消失，要有机械或电气自保持。

感应式电流继电器：利用电磁感应原理构成的，它兼有电磁式电流继电器、时间继电器、中间继电器、信号继电器的功能。

变压器的故障和异常运行状态

油箱内：1. 变压器内部绕组匝间或层间绝缘损坏造成的相间短路和匝间短路。
2. 直接接地系统侧绕组的接地短路。

油箱外：1. 外部绝缘套管及引出线上的多相短路。
2. 单相接地短路。

异常运行状态：1. 保护范围外部（保护区外）短路引起的过电流。
2. 电动机自起动等原因所引起的过负荷。
3. 油浸变压器油箱漏油造成油面降低。

高压电动机的故障和异常运行状态

高压电动机通常指 3kV～10kV 供电电压的电动机。

主要故障：最严重的故障是定子绕组的相间短路，供电电缆相间短路、单相接地短路以及一相绕组的匝间短路。

异常运行状态：起动时间过长、一相熔断器熔断或三相不平衡、堵转、过负荷引起的过电流、供电电压过低或过高。

继电保护用 电流互感器	电流互感器均是单相式，一次通入的是电源，二次接相应负载。 三相星形接线：三相均装有电流互感器，各相电流互感器二次绕组和电流继电器的线圈串联，然后接成星形连接。能反应三相短路、两相短路、单相接地短路等各种形式的故障。所以，三相星形接线适用于对所有短路类型都要求动作的保护装置。 两相不完全星形接线方式：在中性点非直接接地的电力系统中，由于允许短时间的单相接地运行，并且在大多数情况下都装有单相接地信号装置，所以，在这种系统中广泛采用此方式来实现相间短路保护。 两相电流差接线方式：电流互感器装在两相上，其差电流接入电流继电器线圈，通常用在6kV～10kV中性点不接地系统中以保护较小容量的高压电动机。 三角形接线方式：主要应用于Y,d接线的变压器差动保护装置。在正常运行或三相短路时，流过继电器线圈的电流为相电流的$\sqrt{3}$倍，并且在相位上相差30°。
变压器保护 设置要求	电流速断保护：容量在10000kVA以下的变压器、当过电流保护动作时间大于0.5s时，用户3kV～10kV配电变压器的继电保护，应装设电流速断保护。 瓦斯保护：油浸式变压器容量在800kVA及以上，室内设装的容量在400kVA及以上的油浸变压器，应装设瓦斯保护，用于反应变压器油箱内部故障和油面降低。 纵差动保护：容量在10000kVA及以，或容量在6300kVA及以上并列运行变压器或用户中的重要变压器；容量在2000kVA及以上当采用电流速断保护灵敏度不能满足要求时，应装设电流纵差动保护。用于反应变压器绕组、套管及引出线上的多相短路，直接接地系统侧绕组、套管及引出线上的接地短路和绕组匝间短路。 过电流保护：防止保护范围外部故障引起的过电流并作为变压器保护范围内部故障的后备保护。 零序保护：对于反应中心点直接接地变压器高压侧绕组接地短路故障，以及高压侧系统的接地短路故障，作为变压器主保护及相邻元件接地故障的后备保护。 过负荷保护：用于反应400kVA及以上变压器过负荷。
微机保护 监控装置 的特点	1. 维护调试方便 2. 可靠性高 3. 动作准确率高 4. 容易获得各种附加功能 5. 保护功能容易得到提高 6. 使用灵活、方便 7. 具有远方监控的特性

微机保护
装置硬件
系统的一
般构成

1. 模拟量输入系统（或称数据采集系统）
2. 继电功能回路（CPU主系统）
3. 开关量输入/输出回路
4. 人机接口回路
5. 通信回路
6. 电源回路

411

微机保护的主要功能包括保护、测控、信息三个方面。

110kV 及以下线路保护测控装置的功能

保护方面：三段式可经低电压闭锁的定时限方向过流保护，其中第三段可整定为反时限；三段式可经方向闭锁的零序过流保护；三相一次从合闸，可以选择检同期、检无压或不检方式；过负荷保护；独立的过流或零序电流合闸加速保护，可以是前加速或后加速；分散的低周减载保护；独立的操作回路。

测控方面：12 路自定义遥信采集，装置遥信变位，事故遥信；正常断路器遥控分合，小电流接地探测遥控分合；U_{AB}、U_{BC}、U_{CA}、I_A、I_C、I_0、P、Q、$\cos\varphi$、F 等 10 个模拟量的遥测；开关事故分合次数统计及事件 SOE 等；四路脉冲输入。

信息方面：装置描述的远方查看；装置参数的远方查看；保护定值、区号的远方查看、修改功能；保护功能软压板状态的远方查看、投退；装置硬压板状态的远方查看；远方对装置进行信号复归；故障录波。

站用变压器或接地变压器的保护测控装置的功能

保护方面：三段式复合电压闭锁的过流保护；高压侧正序反时限保护；过负荷报警，两段定时限负序过流保护；高压侧接地保护，包括三段式定时限零序过流保护，零序过流保护；低压侧接地保护，包括三段式定时限零序过流保护，零序反时限保护，低电压保护；非电量保护，包括重瓦斯跳闸，轻瓦斯报警，超温报警或跳闸；压力释放跳闸；一路备用非电量报警或跳闸；独立的操作回路及故障录波功能。

测控方面：开关位置，弹簧未储能接点、重瓦斯、轻瓦斯、油温高、压力释放等非电量遥信；四路备用遥信开入接点；装置遥信变位以及事故遥信；变压器高压侧断路器正常遥控分合；小电流接地探测遥控分合；U_{AB}、U_{BC}、U_{CA}、I_A、I_C、I_0、P、Q、$\cos\varphi$、F 等 10 个模拟量的遥测；开关事故分合次数统计及事件 SOE 等；四路脉冲输入。

信息方面：装置描述的远方查看；装置参数的远方查看；保护定值、区号的远方查看、修改功能；保护功能软压板状态的远方查看、投退；装置硬压板状态的远方查看；远方对装置进行信号复归；故障录波。

110kV 及以下并联电容器组保护测控装置的功能

保护方面：三段式定时限过流保护，其中第三段可整定为反时限；低电压保护；过电压保护；不平衡电压保护；不平衡电流保护；电容器自动投切功能；零序过流保护；非电量保护，包括重瓦斯跳闸，轻瓦斯报警，超温报警或跳闸；独立的操作回路。

测控方面：五路遥信开入采集；装置遥信变位；事故遥信；正常断路器遥控分合；小电流接地探测遥控分合；三相电压、三相电流以及 P、Q、$\cos\varphi$ 等 9 个模拟量的遥测；开关事故分合次数统计及事件 SOE 等；4 路脉冲输入。

信息方面：装置描述的远方查看；装置参数的远方查看；保护定值、区号的远方查看、修改功能；保护功能软压板状态的远方查看、投退；装置保护开入态的远方查看；装置运行状态的远方查看；远方对装置进行信号复归；故障录波。

IEC 对配电网接地方式的分类

国际电工委员会（IEC）将低压电网的配电制及保护方式分为三类。

IT 系统：是指电源中性点不接地或经足够大的阻抗（1000Ω）接地，电气设备的外露可导电部分（如电气设备的金属外壳）经各自的保护线 PE 分别直接接地的三相三线制低压配电系统。

TT 系统：是指电源中性点直接接地，而设备的外露可导电部分经各自的PE 线分别直接接地的三相四线制低压配电系统。

TN 系统：
- TN-C 系统：整个系统内中性线（零线）N 和保护线 PE 是合用的且标为PEN。
- TN-S 系统：整个系统内中性线（零线）N 与保护线 PE 是分开的。
- TN-C-S 系统：整个系统内中性线（零线）N 与保护线 PE 是部分合用的。即前边为 TN-C 系统（N 线和 PE 线是合一的）后边是 TN-S 系统（N 线与 PE 线是分开的）。

电器安全用具（两大类）

绝缘安全用具：
- 基本安全用具：绝缘棒（杆）、绝缘夹钳、验电器 —— 工作中保证人身安全（试验周期一年）
- 辅助安全用具：绝缘手套、绝缘靴、绝缘垫（毯）、绝缘站台 —— 防止接触电压、跨步电压对人员的危害

一般防护安全用具：携带型接地线、临时遮栏、标示牌、警示牌、安全带、防护目镜 —— 防止触电，电弧灼伤及高空摔跌

"两票三制"

工作票、操作票、交接班制度、巡回检查制度、设备定期试验轮换制度

"五防联锁"
1. 防止带接地线（接地刀）合闸
2. 防止带电挂接地线（接地刀）
3. 防止误拉合开关
4. 防止带负荷拉合刀闸
5. 防止误入带电间隔

触电对人体的影响

1. 通过人体的电流越大，人的生理反应越明显，引起心室颤动所需的时间越短，致命的危险就越大（感知电流、摆脱电流、致命电流）。
2. 电流通过人体的时间越长，对人体组织破坏越厉害，触电后果越严重。
3. 当人体电阻一定时，作用于人体的电压越高，流过人体的电流就越大，这样就越危险。
4. 对人体伤害最严重的交流电频率是 50～60Hz。
5. 人体触电时，当接触的电压一定，人体电阻越小，流过人体的电流就越大，也就越危险。
6. 电流总是从电阻最小的途径通过，所以触电情况不同，电流通过人体的主要途径也不同。很明显，电流从左手到脚是最危险的途径。
7. 身体健康，精神饱满，思想集中，工作中就不容易发生触电，万一发生触电其摆脱电流相对也大。